机械类"3+4"贯通培养规划教材

金属切削机床设计

主　编　杨建军　李长河

副主编　孙晋美　杨发展

　　　　周　燕　张学峰

主　审　黄传真

科学出版社

北京

内 容 简 介

本书是按照高等学校机械类"3+4"贯通培养本科专业规范、培养方案和课程教学大纲的要求，结合山东省本科教学质量与教学改革工程项目(项目名称：以工程素质培养和创新能力提升为核心的"3+4"中职-本科对口贯通分段培养模式的探索与实践、"三三三"卓越工程人才培养模式构建与实施)、山东省高水平应用型立项建设专业(群)项目以及编者所在学校的教育教学改革、课程改革经验编写而成的机械类"3+4"贯通培养规划教材。

本书系统地介绍金属切削机床设计的一般理论和方法，主要内容包括绪论、机床的运动分析、车床、齿轮加工机床、其他机床、金属切削机床的总体设计、机床的传动设计、机床主要部件设计、组合机床设计等。每章后面附有习题与思考题。

为了培养学生获取知识、分析问题及解决工程技术问题的能力，特别是提高学生工程素质与创新能力，本书在编写内容上加强了针对性和实用性，并适当反映机床设计领域的新技术、新方法，力求适应机械专业的教学需要。

本书可作为高等学校机械类、近机类各专业的教材，也可作为高职类工科院校及机械工程技术人员的参考书。

图书在版编目(CIP)数据

金属切削机床设计 / 杨建军，李长河主编. —北京：科学出版社，2019.3
机械类"3+4"贯通培养规划教材

ISBN 978-7-03-060790-4

Ⅰ. ①金… Ⅱ. ①杨… ②李… Ⅲ. ①金属切削—机床—设计—高等学校—教材 Ⅳ. ①TG502

中国版本图书馆 CIP 数据核字(2019)第 043800 号

责任编辑：邓 静 张丽花 王晓丽 / 责任校对：郭瑞芝
责任印制：张 伟 / 封面设计：迷底书装

科学出版社 出版
北京东黄城根北街 16 号
邮政编码：100717
http://www.sciencep.com

北京凌奇印刷有限责任公司印刷
科学出版社发行 各地新华书店经销
*
2019 年 3 月第 一 版 开本：787×1092 1/16
2024 年 8 月第四次印刷 印张：14 1/2
字数：350 000

定价：59.00 元
(如有印装质量问题，我社负责调换)

机械类"3+4"贯通培养规划教材

编 委 会

前　　言

　　"金属切削机床设计"是高等工科院校机械类、近机类各专业的一门核心专业课程，是联系专业基础课和实践教学环节之间的纽带。"金属切削机床设计"是学生进入工程领域必学的专业课程，内容包括：绪论、机床的运动分析、车床、齿轮加工机床、其他机床、金属切削机床的总体设计、机床的传动设计、机床主要部件设计、组合机床设计等，是机械类专业建立机床设计相关知识与技能的基础平台。

　　本书根据高等学校"金属切削机床设计"机械类"3+4"贯通培养课程教学大纲要求，按照近几年来全国高等学校教学改革的有关精神，结合编者多年教学实践并参照国内外有关资料和书籍编写而成。全书体现了以下特点。

　　(1)将原课程体系中"金属切削机床概论"和"机械制造装备设计"进行整合，避免了原课程体系中机床设计理论和方法与机床结构内容的脱节；另外将"机械制造装备设计"原课程体系中的"数控机床"内容整合到"数控技术与数控机床"课程中讲授；将"机床夹具设计"内容整合到"机械制造工艺学"课程中讲授；将"专用刀具设计"内容整合到"金属切削原理与刀具"课程中讲授。

　　(2)统筹考虑并整合"金属切削机床设计"课程体系，重组课程结构、整合优化课程内容，合理进行教学设计，使每门课程在局部优化的基础上，实现前后衔接，最终达到全局优化的目的。

　　(3)对于整合后的"金属切削机床设计"课程体系，深入研讨与前导课、后续课的关联，理顺了与前导课、后续课之间相互支撑的关系，整合了关联课程中内容重叠的部分，补上了知识盲点的讲解。

　　(4)紧密结合教学大纲，注重强基础、重能力的培养，内容做到系统性强、少而精。

　　(5)全书采用最新国家标准及法定计量单位。

　　(6)为方便学生自学和进一步理解课程的主要内容，在各章后均编入了一定数量的习题与思考题，以达到理论联系实际、学以致用的目的。

　　本书由青岛理工大学杨建军、李长河任主编，青岛理工大学琴岛学院孙晋美、青岛理工大学杨发展、青岛理工大学琴岛学院周燕、青岛理工大学临沂校区张学峰任副主编。本书第1、2、7章由杨建军编写，第3、4、5章由李长河、周燕编写，第6章由张学峰、杨建军编写，第8章由孙晋美编写，第9章由杨发展、杨建军编写。全书由杨建军统稿和定稿。

　　本书承蒙教育部"长江学者"特聘教授、山东大学博士生导师黄传真教授主审。黄传真教授提出了许多宝贵的建议，在此表示衷心的感谢！

　　在本书编写过程中得到了许多专家、同仁的大力支持和帮助，参考了许多教授、专家的有关文献，在此也一并向他们表示衷心的感谢！

　　本书得到了科学出版社和青岛理工大学的大力支持，在此表示衷心感谢！

　　由于编者水平有限，书中若存在疏漏和不当之处，恳请广大读者批评指正。

编　者
2018 年 10 月

目 录

第1章 绪 论

本章知识要点

(1) 了解机床在国民经济中的地位及其发展简史。

(2) 掌握机床的分类和型号编制方法。

1.1 金属切削机床及其在国民经济中的地位

机床是对金属或其他材料的坯料或工件进行加工,使之获得所要求的几何形状、尺寸精度和表面质量的机器。机械产品的零件通常都是用机床加工出来的。机床是制造机器的机器,也是能制造机床本身的机器,这是机床区别于其他机器的主要特点,故机床又称为"工作母机"或"工具机"。

机床的种类很多,包括金属切削机床、锻压机床、特种加工机床、木工机床、快速成型机、铸造设备、焊接设备等。特种加工机床传统上归于金属切削机床类中。

金属切削机床是用切削、特种加工等方法加工金属工件,使之获得所要求的几何形状、尺寸精度和表面质量的机器。金属切削机床行业资产规模在机床各子行业中居第一位,远高于其他各类子行业。狭义的机床仅指使用最广泛、数量最多的金属切削机床。(如无特殊说明,本书以后章节所述的机床均指金属切削机床。)

现代机械制造中加工机械零件的方法很多,除切削加工外,还有铸造、锻造、冲压、焊接等,但对形状、尺寸精度和表面质量要求较高的零件,主要依靠在机床上用切削的方法来进行最终加工。在各类机械制造部门中,金属切削机床是加工机器零件的主要设备,其担负的加工工作量占机械制造总工作量的 40%~60%,在其所拥有的所有装备中,机床占 50%以上。机床的技术水平直接影响机械制造工业的产品质量和生产率。

机械制造业是国民经济各部门赖以发展的基础,是国民经济的重要支柱。在我国,工业(主体是制造业)占国民经济的 45%,制造业是我国经济的战略重点。机械制造业是制造业的核心,不仅为工业、农业、交通运输业、科研和国防等行业提供各种机器、仪器和工具,而且为制造业包括机械制造业本身提供机械制造装备。机械制造业的生产能力和发展水平,标志着一个国家或地区国民经济现代化的程度,其主要取决于机械制造装备的先进程度。而机械制造装备的核心是金属切削机床。因此,机床工业是机械制造工业的基础。一个国家的机床工业水平,在很大程度上代表着这个国家的工业生产能力和科学技术水平。显然,金属切削机床在国民经济现代化建设中起着不可替代的作用。

1.2 机床发展概况

金属切削机床是人类在改造自然的长期生产实践中，不断改进生产工具的基础上产生和发展起来的。

公元前 2000 多年出现的树木车床是机床最早的雏形。15 世纪由于制造钟表和武器的需要，出现了钟表匠用的螺纹车床和齿轮加工机床，以及水力驱动的炮筒镗床。中国明朝出版的《天工开物》中就记载有磨床的结构。18 世纪的工业革命促进了各种机床的产生和改进。1797 年，英国人莫兹利创制成的车床有丝杠传动刀架，能实现机动进给和车削螺纹，这是机床结构的一次重大变革。19 世纪，由于纺织、动力、交通运输机械和军火生产的推动，各种类型的机床相继出现。1817 年，英国人罗伯茨创制龙门刨床；1818 年美国人惠特尼制成卧式铣床；1876 年，制成万能外圆磨床；1835 年和 1897 年又先后发明滚齿机和插齿机。19 世纪40 年代研制成功了一种转塔式六角车床。随着电动机的发明，机床开始先采用电动机集中驱动，后又广泛使用单独电动机驱动。20 世纪初，为了加工精度更高的工件、夹具和螺纹加工工具，相继创制出坐标镗床和螺纹磨床。19 世纪末到 20 世纪初，单一的车床已逐渐演化出了铣床、刨床、磨床、钻床等，这些主要机床已经基本定型，这为 20 世纪前期的精密机床和生产机械化与半自动化创造了条件。美国人诺顿于 1900 年用金刚砂和刚玉石制成直径大而宽的砂轮，以及刚度大而牢固的重型磨床。磨床的发展，使机械制造技术进入了精密化的新阶段。在 1920 年以后的 30 年中，机械制造技术进入了半自动化时期，液压和电气元件在机床与其他机械上逐渐得到了应用。第二次世界大战以后，由于数控、群控机床和自动线的出现，机床的发展从 1950 年进入自动化时期。

20 世纪 80 年代以来，随着电子技术、计算机技术、信息技术以及激光技术等的发展并应用于机床领域，机床的发展进入了一个新时代。自动化、精密化、高效化和多样化成为这一时代机床发展的特征，用以满足社会生产多种多样、越来越高的要求，推动社会生产力的发展。

新技术的迅猛发展和客观需求的多样化决定了机床必须多品种，技术的加速更新和产品更新换代的加快，使机床主要面对多品种的中小批生产。因此，现代机床不仅要保证加工精度、效率和高度自动化，还必须有一定的柔性，即灵活性，使之能够方便地适应加工任务的改变。

不断提高生产率和自动化程度是机床发展的基本方向。近 20 年来，数控机床已经成为机床发展的主流。数控机床无须人工操作，靠数控程序完成加工循环，调整方便，适应灵活多变的产品，使得中小批生产的自动化成为可能。数控机床的应用可全面提高机械制造工业的技术水平。（有关数控机床的内容在其他相关课程"数控技术与数控机床"中详细讲述。）

我国目前是世界第一大机床生产和消费国，虽然机床工业取得了较大成就，但与世界先进水平相比还有很大差距。主要表现在：大部分高精度和超精密机床还不能满足现实需求，精度保持性较差；高效自动化和数控自动化机床的产量、技术水平、质量、可靠性指标等方面与国外先进水平相比落后 5～10 年，在高精技术、尖端技术方面的差距则达 10～15 年；国外数控系统平均无故障工作时间为 10000h，我国自主开发的数控系统仅 3000～5000h；整机平均无故障工作时间，国外数控机床为 800h，国内数控机床仅为 300h。2004 年，我国数控机床的产量仅为全部机床产量的 13.3%，远低于日本同期的 75.5%、德国和美国的 60%，2015 年，我国金属切削机床的产量为 75.5 万台，同期数控金属切削机床的产量为 23.3 万台，占总产量的比重仅有 30.9%。我国 5～6 轴联动数控机床、加工中心的年产量不足千台，而德国、日本等机床制造业发达国家加工中心的年产量均在万台以上。

我国机床工业面临严峻的挑战，我们必须发奋图强，努力工作，不断扩大技术队伍和提高人员技术素质，学习和引进国外的先进科学技术，大力开展科学研究，尽快达到世界先进水平。

《中国制造 2025》规划中明确提出，高端数控机床与基础设施装备的具体目标如下：到 2020 年，高档数控机床与基础制造装备国内市场占有率超过 70%，数控系统标准型、智能型国内市场占有率分别达到 60%、10%，主轴、丝杠、导轨等中高档功能部件国内市场占有率达到 50%；到 2025 年，高档数控机床与基础制造装备国内市场占有率超过 80%。高档数控机床与基础制造装备总体进入世界强国行列。

未来，随着汽车及零部件、航空航天、模具、铁路运输装备、工程机械以及其他各类装备制造业的生产规模扩张和全球产业转移等趋势的形成，相关行业对多层次机床产品的强劲需求，将进一步推动中国金属切削机床制造行业的快速成长。在政策方面，中国政府已将金属切削机床行业中发展大型、精密、高速数控设备和功能部件列为国家重要的振兴目标之一，这也将促进行业的快速发展。

1.3　金属切削机床的分类和型号编制

1.3.1　机床的分类

机床主要是按其加工性质和所用的刀具进行分类。根据我国制定的《金属切削机床　型号编制方法》（GB/T 15375—2008），目前将机床分为 11 大类：车床、钻床、镗床、磨床、齿轮加工机床、螺纹加工机床、铣床、刨插床、拉床、锯床和其他机床。在每一类机床中，又按工艺特点、布局形式和结构等不同，分为若干组，每一组又分为若干个系(系列)。

除上述基本分类方法外，还有其他分类方法。

同类机床按照工艺范围(通用性程度)可分为通用机床、专用机床和专门化机床。通用机床可以加工多种零件的不同工序，工艺范围较宽，通用性较好，但结构复杂，主要适用于单件小批生产，如普通车床、万能升降台铣床、万能外圆磨床、摇臂钻床等均属于通用机床。专用机床是为某一特定零件的特定工序而专门设计、制造的，工艺范围最窄，其生产率较高，机床的自动化程度也较高，通常适用于大批大量生产，如汽车变速器专用镗床、车床导轨的专用磨床和各种组合机床等。专门化机床只能用于加工形状相似而尺寸不同的工件的特定工序，工艺范围较窄，适用于成批生产，如凸轮轴车床、曲轴磨床等。

同类机床按工作精度可分为普通精度机床、精密机床和高精度机床。大多数通用机床属于普通精度机床。精密机床是在普通机床的基础上提高其主要零部件的制造精度得到的。高精度机床是特殊设计、制造的，并采用了能够保证高精度的机床结构等技术措施，因而其造价比较高，甚至是同类普通机床价格的十几倍或更高。

同类机床按自动化程度可分为手动、机动、半自动和自动机床。

同类机床按机床的重量和尺寸又可分为仪表机床、中型机床(一般机床)、大型机床(重量达到 10t)、重型机床(重量大于 30t)和超重型机床(重量大于 100t)。

同类机床按主要工作部件的数目可分为单轴、多轴机床或单刀、多刀机床等。

随着机床的发展,其分类方法也将不断变化。现代机床正向数控化方向发展,数控机床的功能日趋多样化,工序也更加集中。特别是加工中心,集中了多种类型机床的功能。可见,机床数控化引起了机床传统分类方法的变化,即机床品种不是越分越细,而是趋向综合。

1.3.2 机床型号的编制方法

机床型号即机床产品的代号,用以表明机床的类型、通用和结构特性,以及主要技术参数等。我国现行的机床型号是按照 2008 年颁布的标准《金属切削机床 型号编制方法》(GB/T 15375—2008)进行编制的。该标准中机床型号是由汉语拼音字母和数字按一定规律组合而成的,该标准适用于新设计的各类通用及专用金属切削机床、自动线,不适用于组合机床和特种加工机床。特种加工机床的型号编制方法参见标准《特种加工机床 第 2 部分:型号编制方法》(JB/T 7445.2—2012)。

1. 通用机床型号

1)型号表示方法

通用机床的型号由基本部分和辅助部分组成,中间用"/"隔开,读作"之"。基本部分统一管理,辅助部分是否纳入型号由企业自定。通用机床型号用下列方式表示:

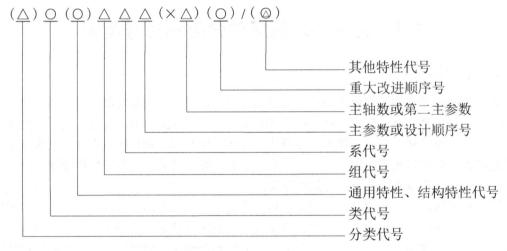

注:(1)有"()"的代号或数字,当无内容时,不表示;若有内容则不带括号。

(2)有"○"符号的,为大写的汉语拼音字母。

(3)有"△"符号的,为阿拉伯数字。

(4)有"◎"符号的,为大写的汉语拼音字母或阿拉伯数字,或两者兼有之。

2)类代号

机床类代号用大写的汉语拼音字母表示,必要时,每类可分为若干分类。分类代号在类代号之前,作为型号的首位,并用阿拉伯数字表示。第一分类代号前的"1"省略,第"2"、"3"分类代号则应予以表示。例如,磨床类分为 M、2M、3M 三个分类。机床的类别代号及其读音如表 1-1 所示。

表 1-1 机床类别代号及其读音

类别	车床	钻床	镗床	磨床			齿轮加工机床	螺纹加工机床	铣床	刨插床	拉床	锯床	其他机床
代号	C	Z	T	M	2M	3M	Y	S	X	B	L	G	Q
读音	车	钻	镗	磨	二磨	三磨	牙	丝	铣	刨	拉	割	其

3) 机床通用特性和结构特性代号

这两种特性代号用大写的汉语拼音字母表示，位于类代号之后。

通用特性代号有统一的固定含义，它在各类机床型号中表示的意义相同。例如，"CK"表示数控车床。当某类型机床除了有普通型，还具有某些通用特性时，在类代号之后加通用特性代号予以区分。如果某类型机床仅有某种通用特性，而无普通型，则通用特性不予表示。如 C1107 型单轴纵切自动车床，由于这类自动车床没有"非自动"型，所以不必用"Z"。当在一个型号中需同时使用两至三个通用特性代号时，一般按重要程度排序。例如，"MBG"表示半自动高精度磨床。机床通用特性代号见表 1-2。

表 1-2 机床通用特性代号

通用特性	高精度	精密	自动	半自动	数控	加工中心(自动换刀)	仿形	轻型	加重型	柔性加工单元	数显	高速
代号	G	M	Z	B	K	H	F	Q	C	R	X	S
读音	高	密	自	半	控	换	仿	轻	重	柔	显	速

对主参数相同而结构、性能不同的机床，在型号中加结构特性代号予以区分，它在型号中没有统一的含义，根据各类机床的情况分别规定。当型号中有通用特性代号时，结构特性代号应排在通用特性代号之后。结构特性代号用汉语拼音字母表示，但不许采用通用特性代号已采用过的字母和 I、O 两个字母。例如，CA6140 型卧式车床中的"A"，可以理解为这种车床在结构上区别于 C6140 型机床。当单个字母不够用时，可将两个字母组合起来使用。

4) 组、系代号

每类机床划分为 10 个组，每个组又划分为 10 个系(系列)。在同一类机床中，主要布局或使用范围基本相同的机床，即为同一组。在同一组机床中，其主参数相同、主要结构及布局形式相同的机床，即为同一系。机床的组用一位阿拉伯数字表示，位于类代号或通用特性代号、结构特性代号之后。机床的系用一位阿拉伯数字表示，位于组代号之后。金属切削机床类、组划分见表 1-3。

表 1-3 金属切削机床类、组划分

级别＼类别	0	1	2	3	4	5	6	7	8	9
车床 C	仪表小型车床	单轴自动车床	多轴自动、半自动车床	回轮、转塔车床	曲轴及凸轮轴车床	立式车床	落地及卧式车床	仿形及多刀车床	轮、轴、辊、锭及铲齿车床	其他车床
钻床 Z	—	坐标镗钻床	深孔钻床	摇臂钻床	台式钻床	立式钻床	卧式钻床	铣钻床	中心孔钻床	其他钻床
镗床 T	—	—	深孔镗床	—	坐标镗床	立式镗床	卧式铣镗床	精镗床	汽车、拖拉机修理用镗床	其他镗床

续表

类别\级别		0	1	2	3	4	5	6	7	8	9
磨床	M	仪表磨床	外圆磨床	内圆磨床	砂轮机	坐标磨床	导轨磨床	刀具刃磨床	平面及端面磨床	曲轴、凸轮轴、花键轴及轧辊磨床	工具磨床
	2M	—	超精机	内圆珩磨机	外圆及其他珩磨机	抛光机	砂带抛光及磨削机床	刀具刃磨及研磨机床	可转位刀片磨削机床	研磨机	其他磨床
	3M	—	球轴承圈沟磨床	滚子轴承套圈滚道磨床	轴承套圈超精机	—	叶片磨削机床	滚子加工机床	钢球加工机床	气门、活塞及活塞环磨削机床	汽车、拖拉机修磨机床
齿轮加工机床 Y		仪表齿轮加工机	—	锥齿轮加工机	滚齿及铣齿机	剃齿及珩齿机	插齿机	花键轴铣床	齿轮磨齿机	其他齿轮加工机	齿轮倒角及检查机
螺纹加工机床 S		—	—	—	套丝机	攻丝机	—	螺纹铣床	螺纹磨床	螺纹车床	—
铣床 X		仪表铣床	悬臂及滑枕铣床	龙门铣床	平面铣床	仿形铣床	立式升降台铣床	卧式升降台铣床	床身铣床	工具铣床	其他铣床
刨插床 B		—	悬臂刨床	龙门刨床	—	—	插床	牛头刨床	—	边缘及模具刨床	其他刨床
拉床 L		—	—	侧拉床	卧式外拉床	连续拉床	立式内拉床	卧式内拉床	立式外拉床	键槽、轴瓦及螺纹拉床	其他拉床
锯床 G		—	—	砂轮片锯床	—	卧式带锯机	立式带锯机	圆锯床	弓锯床	锉锯床	—
其他机床 Q		其他仪表机床	管子加工机床	木螺钉加工机	—	刻线机	切断机	多功能机床			

系别的划分内容较多，详细可查阅相关标准，这里仅列出车床第 6 组的系代号、名称及主参数，见表 1-4。

表 1-4 车床第 6 组的系代号、名称及主参数

系		主参数	
代号	名称	折算系数	名称
0	落地车床	1/100	最大工件回转直径
1	卧式车床	1/10	床身上最大回转直径
2	马鞍车床	1/10	床身上最大回转直径
3	轴车床	1/10	床身上最大回转直径
4	卡盘车床	1/10	床身上最大回转直径
5	球面车床	1/10	刀架上最大回转直径
6	主轴箱移动型卡盘车床	1/10	床身上最大回转直径

5) 机床主参数和设计顺序号

机床主参数代表机床规格的大小，用折算值(主参数乘以折算系数，通常折算系数取为 1、1/10 或 1/100)表示，位于系代号之后。当折算值大于 1 时，取整数，前面不加"0"；当折算值小于 1 时，取小数点后第一位数，并在前面加 "0"。常用机床型号中主参数有规定的表示方法，各类主要机床的主参数和折算系数如表 1-5 所示，表 1-4 中列出了车床第 6 组各系别的主参数。

表 1-5　各类主要机床的主参数和折算系数

机床名称	主参数名称	折算系数
卧式车床	床身上最大回转直径	1/10
立式车床	最大车削直径	1/100
摇臂钻床	最大钻孔直径	1
卧式镗床	镗轴直径	1/10
坐标镗床	工作台面宽度	1/10
外圆磨床	最大磨削直径	1/10
内圆磨床	最大磨削孔径	1/10
矩台平面磨床	工作台面宽度	1/10
齿轮加工机床	最大工件直径	1/10
龙门铣床	工作台面宽度	1/100
升降台铣床	工作台面宽度	1/10
龙门刨床	最大刨削宽度	1/100
插床及牛头刨床	最大插削及刨削长度	1/10
拉床	额定拉力	1/10

某些通用机床，当无法用一个主参数表示时，在型号中用设计顺序号表示。设计顺序号由 1 开始，当设计顺序号小于 10 时，由 01 开始编号。

6) 主轴数和第二主参数

对于多轴车床、多轴钻床、排式钻床等机床，其主轴数应以实际数值列入型号，置于主参数之后，用 "×" 分开，读作 "乘"。对于单轴，可省略，不予表示。

第二主参数(多轴机床的主轴数除外)一般不予表示。如有特殊情况，需在型号中表示。在型号中表示的第二主参数，一般以折算成两位数为宜，最多不超过三位数。以长度、深度值等表示的，其折算系数为 1/100；以直径、宽度值等表示的，其折算系数为 1/10；以厚度、最大模数值等表示的，其折算系数为 1。

7) 机床重大改进顺序号

当机床的结构、性能有更高的要求，并需按新产品重新设计、试制和鉴定时，才按改进的先后顺序选用汉语拼音字母 A、B、C 等(但 I、O 两个字母不得选用)，加在型号基本部分的尾部，以区别原机床型号。

凡属局部的小改进或增减某些附件、测量装置及改变装夹工件的方法等，因对原机床的结构、性能没有作重大的改变，故不属于重大改进，其型号不变。

8) 其他特性代号

其他特性代号置于辅助部分之首，其中同一型号机床的变型代号一般应放在其他特性代号之首。

其他特性代号主要用于反映各类机床的特性，例如，对于数控机床，可用来反映不同的控制系统；对于加工中心，可用来反映控制系统、联动轴数、自动交换主轴头、自动交换工作台等；对于柔性加工单元，可用来反映自动交换主轴箱；对于一机多能机床，可用以补充表示某些功能；对于一般机床，可以反映同一型号机床的变形等。变形机床是指根据不同的加工需要，在基本型号机床的基础上仅改变机床的部分性能结构而形成的。

其他特性代号可用汉语拼音字母(I、O 两个字母除外)表示，其中 L 表示联动轴数，F 表示复合。当单个字母不够用时，可将两个字母组合起来使用。其他特性代号也可用阿拉伯数字表示，还可用阿拉伯数字和大写的汉语拼音字母组合表示。

根据普通机床型号的编制方法，举例如下：

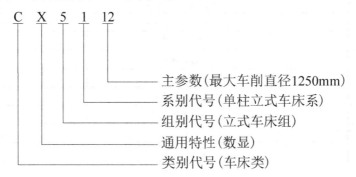

主参数(最大车削直径1250mm)
系别代号(单柱立式车床系)
组别代号(立式车床组)
通用特性(数显)
类别代号(车床类)

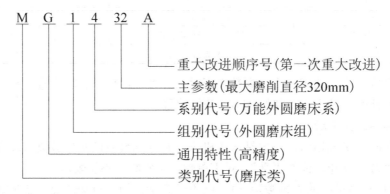

重大改进顺序号(第一次重大改进)
主参数(最大磨削直径320mm)
系别代号(万能外圆磨床系)
组别代号(外圆磨床组)
通用特性(高精度)
类别代号(磨床类)

2. 专用机床型号

专用机床的型号一般由设计单位代号和设计顺序号组成。型号构成如下：

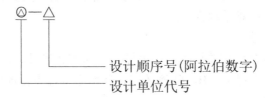

设计顺序号(阿拉伯数字)
设计单位代号

(1) 设计单位代号：包括机床生产厂和机床研究单位代号(位于型号之首)。

(2) 专用机床的设计顺序号：按该单位的设计顺序号排列，由 001 开始，位于设计单位代号之后，并用"—"隔开，读作"至"。

例如，上海机床厂设计制造的第 15 种专用机床为专用磨床，其型号为：H—015。

3. 机床自动线的型号

机床自动线代号：由通用机床或专用机床组成的机床自动线，其代号为"ZX"(读作"自线")，位于设计单位代号之后，并用"—"分开，读作"至"。机床自动线设计顺序号的排列与专用机床的设计顺序号相同，位于机床自动线代号之后。

机床自动线的型号表示方法如下：

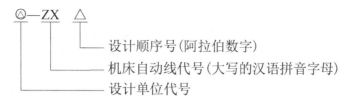

例如，北京机床研究所以通用机床或专用机床为某厂设计的第一条机床自动线，其型号为：JCS—ZX001。

习题与思考题

1-1 举例说明通用(万能)机床、专门化机床和专用机床的主要区别及其使用范围。

1-2 说明下列机床型号中各字母和数字的含义：CM6132，C1336，C2150×6，Z3040×16，XK5040，B2021A，MGB1432。

1-3 我国现行机床型号的编制原则及其适用范围是什么？

1-4 通用机床型号的编制内容包含哪些？

1-5 专用机床型号的编制内容包含哪些？

第 2 章   机床的运动分析

2.1   零件表面形状及形成方法

在零件加工过程中，安装在机床上的刀具和工件按一定的规律相对运动，通过刀具的刀刃对工件毛坯的切削作用，把毛坯上多余的金属切掉，从而得到所要求的表面形状。图 2-1 所示为机械零件上常用的各种表面。不难看出，尽管机械零件的形状和大小各异，但构成其内外形轮廓的，不外乎是几个基本的几何表面：平面、圆柱面、圆锥面、螺旋面及各种成型表面等。

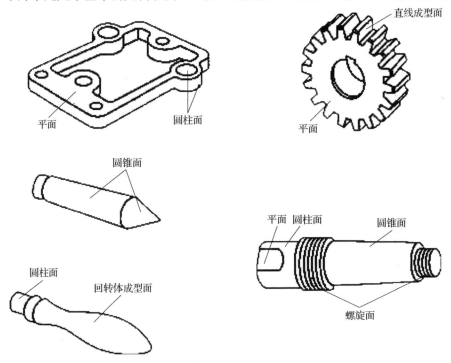

图 2-1   机械零件上常用的各种表面

任何一个表面都可以看作一条线(曲线或直线)沿着另一条线(曲线或直线)运动的轨迹，

前者称为母线，后者称为导线，母线和导线统称为形成表面的发生线。

图 2-2 所示为几种不同的母线和导线相对运动形成不同表面的示例。需要注意的是，有些表面的发生线完全相同，但因母线的原始位置不同，也可形成不同的表面。如图 2-2(c)和图 2-2(d)中，母线皆为直线，导线皆为圆，轴心线和所需的运动也相同，但是由于母线相对于旋转轴线的原始位置不同，所产生的表面就分别成为圆柱面和圆锥面。

由图 2-2 可以看出，有些表面的母线和导线可以互换，而不改变形成表面的性质，如平面、圆柱面等，这些表面称为可逆表面；而另一些表面，其母线和导线不可互换，如圆锥面、球面、圆环面和螺旋面等，这些表面称为不可逆表面。

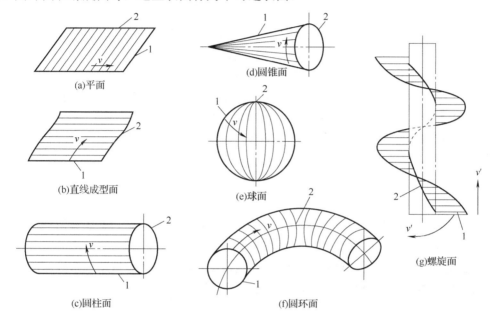

图 2-2　零件表面的形成

1-母线；2-导线

在机床上加工零件表面时，发生线是由刀具的切削刃与工件间的相对运动得到的，所以工件表面的成型与刀具切削刃的形状有着密切的关系。切削刃和所需形成发生线之间的关系有以下三种(图 2-3)。

(1)切削刃形状为一切削点(图 2-3(a))。刀具 1 做轨迹运动得到发生线 2。

(2)切削刃的形状是一条切削线 1，与要形成的发生线 2 的形状完全吻合(图 2-3(b))。刀具无须任何运动即可得到所需的发生线形状。这类刀具有成型车刀、盘形齿轮铣刀等。

(3)切削刃的形状是一条切削线 1，但与要形成的发生线 2 的形状不吻合(图 2-3(c))。加工时，刀具切削刃与被形成表面相切，可视为点接触，切削刃相对工件做滚动(即展成运动)。这类刀具有插齿刀、滚刀等。

由于使用的刀具切削刃形状和采取的加工方法不同，形成发生线的方法也就不同，概括起来有以下四种。

(1)轨迹法：利用刀具按一定运动规律的运动来对工件进行加工的方法。如图 2-4(a)所示，用一直头外圆车刀加工回转体成型表面。切削刃的形状可看作一个切削点 1，按一定的规律做轨迹运动 3，形成了所需要的发生线 2。所以，采用轨迹法形成发生线需要一个独立的成型运动。

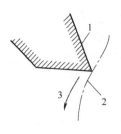
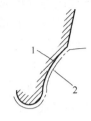
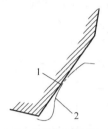

(a)切削刃的形状为切削点　　(b)切削线与发生线吻合　　(c)切削线与发生线形状不吻合

图 2-3　切削刃形状与发生线的关系

(2)成型法：利用成型刀具对工件进行加工的方法。如图 2-4(b)所示，刀具切削刃本身形成了母线 1，发生线 2 的形成不需要专门的成型运动。

(3)相切法：利用刀具边旋转边做轨迹运动来对工件进行加工的方法。如图 2-4(c)所示，当用铣刀等旋转刀具加工时，在垂直于刀具旋转轴线的端面内，切削刃可以看作一个切削点 1，切削时铣刀除了围绕自身轴线旋转，它的轴线还需按一定的规律做轨迹运动 3，此时铣刀切削点 1 运动轨迹的下包络线(相切线)就形成了发生线 2。所以用相切法形成发生线需要两个独立的成型运动。

(4)展成法：又称范成法，是利用刀具和工件做展成切削运动的加工方法。如图 2-4(d)所示，用齿条形插齿刀加工直齿圆柱齿轮。刀具切削刃的形状为一条切削线 1，它与需要形成的发生线 2(渐开线)不相吻合，切削加工时，刀具切削线 1 与发生线 2 相切，当工件的节圆在齿条刀具的节线上做纯滚动时，即齿条刀具的直线移动 A 和工件的旋转运动 B 按齿轮与齿条做啮合运动时，发生线 2 就是切削线 1 在纯滚动过程中连续位置的包络线。因此，用展成法形成发生线时需要一个复合运动，这个运动称为展成运动。

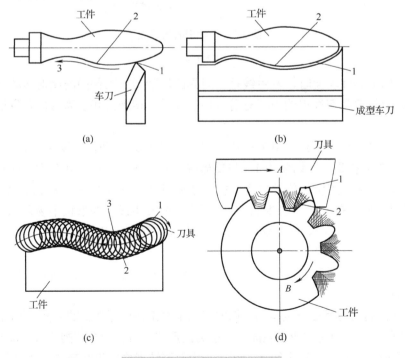

图 2-4　形成发生线的几种方法

2.2　机床的运动

2.2.1　表面成型运动

机床上形成工件表面所需要的刀具和工件间的相对运动，称为表面成型运动(简称成型运动)，这是机床上最基本的运动。

表面成型运动是保证得到工件要求的表面形状的运动。如图 2-5 用车刀车削外圆柱面，

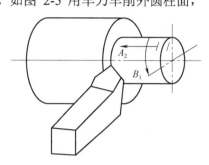

其形成发生线的方法属于轨迹法。工件的旋转运动 B_1 产生母线(圆)，刀具的纵向直线运动 A_2 产生导线(直线)，运动 B_1 和 A_2 就是两个表面成型运动。又如，刨削，滑枕带着刨刀(牛头刨床)或工作台带着工件(龙门刨床)做往复直线运动产生母线，工作台带着工件(牛头刨床)或刀架带着刀具(龙门刨床)做间歇直线运动产生导线，这两个运动产生发生线(皆为直线)，因而都是成型运动。旋转运动和直线运动是两种最简单的成型运动，因而称为简单成型运动。在机床上，它们以主轴的旋转、刀架或工作台的直线运动的

图 2-5　车削外圆柱表面时的成型运动

形式出现。一般用符号 A 代表直线运动，用符号 B 代表旋转运动。

并非成型运动均为简单运动，也有不是简单运动的。如图 2-6(a)所示用螺纹车刀车螺纹的运动，螺纹车刀是成型刀具，其形状与被加工螺纹沟槽的轴截面形状相同。此时形成螺旋面只需一个运动，即车刀相对工件做螺旋运动。在机床上，最容易得到并最容易保证精度的运动是旋转运动(如主轴的旋转)和直线运动(如刀架的移动)。因此，往往把这个螺旋运动分解成等速的旋转运动和等速的直线运动。在图 2-6(b)中，以 B_{11} 和 A_{12} 代表。下角标的第一位数表示第一个运动(也只有一个运动)，后一位数表示第一个运动中的第 1、第 2 两部分。这样的运动称为复合成型运动。为了得到一定导程的螺旋线，运动的两个部分 B_{11} 和 A_{12} 必须严格保持相对运动关系，即工件每转一转，刀具的位移量应为一个导程。

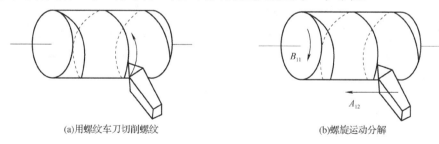

(a)用螺纹车刀切削螺纹　　　　　　　　　(b)螺旋运动分解

图 2-6　加工螺纹时的运动

有些情况下，零件的表面形状非常复杂，如螺旋桨的表面、汽轮机的叶片等零件。为了实现对形状复杂零件表面的加工，需要十分复杂的成型运动。这种成型运动要分解为三个甚至更多个部分，通常只能在多轴联动的数控机床上实现。每一个运动部分是一个旋转或直线运动，就对应着数控机床上的一个坐标轴。一般来说，坐标轴越多，则机床就越复杂。

由复合成型运动分解成的各个分运动，虽然都是直线或旋转运动，与简单运动相像，但其本质是不同的。复合成型运动是一个运动，它的各个部分相互依存，并保持着严格的相对运动关系。

2.2.2　辅助运动

机床上除上述的表面成型运动外，还有在切削加工过程中所必需的其他一些运动，统称为机床的辅助运动。例如，车床的刀架或铣床的工作台在进给前后的快进或快退运动和插齿机上的让刀运动等。机床的转位、分度、换向以及机床夹具的夹紧与松开等操纵运动、自动换刀、自动测量和自动补偿运动也属于辅助运动。

辅助运动虽然不直接参与表面成型过程，但对机床整个加工过程却是不可缺少的，同时对机床的生产率、加工精度和表面质量还有较大的影响。

2.2.3　主运动和进给运动

表面成型运动也称为切削运动，根据切削加工中所起的作用不同，切削运动又可分为主运动和进给运动。

1．主运动

主运动是使工件与刀具产生相对运动以进行切削的最基本的运动。在表面成型运动中，必须有而且只能有一个主运动。主运动的速度高，消耗的功率大。例如，在图 2-5 所示的外圆车削过程中，工件的回转运动是主运动；在钻削、铣削和磨削加工中，刀具和砂轮的回转运动是主运动。

主运动可能是简单的成型运动，也可能是复合的成型运动。在图 2-6(b)所示的螺纹加工中，主运动就是复合运动。

2．进给运动

进给运动是依次或连续不断地把被切削层投入切削，以逐渐切出整个工件表面的运动，即维持切削得以继续的运动。例如，在图 2-5 所示的外圆车削过程中，车刀的纵向移动是进给运动；在钻削、铣削和磨削中，刀具或工件的纵向直线运动是进给运动。

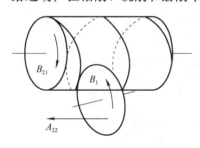

图 2-7　成型铣刀铣削螺纹时的运动

进给运动可以是连续的，也可以是间歇。例如，外圆车削时刀具的纵向进给运动是连续的；牛头刨床上加工平面时，刨刀每往复运动一次，刨床的工作台带动工件横向移动一个进给量，此时的进给是间歇的。同理，进给运动可能是简单运动，也可能是复合运动。例如，用成型铣刀铣削螺纹时(图 2-7)，进给运动是铣刀相对于工件的螺旋运动，是一个复合运动(B_{21} 和 A_{22})，主运动是铣刀自身的旋转运动(B_1)，是一个简单运动。

2.3　机床的传动联系和传动原理图

2.3.1　机床传动的组成

为了实现加工过程中所需的各种运动，机床必须有动力源、传动装置和执行件三个基本部分。

(1)动力源是给执行件提供运动和动力的装置。在通用机床上，一般采用三相异步电动机作为动力源。在数控机床上，多采用交流调速电动机和伺服电动机，这类电动机具有转速高、调速范围大、可无级调速等优点。

(2)传动装置是机床上传递运动和动力的装置，通过它把动力源的运动和动力传给执行件。通常，传动装置同时还要完成变速、换向、改变运动形式等任务，使执行件获得所需要的运动速度、运动方向和运动形式。

(3)执行件就是完成机床运动的部件，如主轴、刀架、工作台等，其主要任务是带动工件或刀具完成一定形式的运动和保持准确的运动轨迹。

2.3.2 机床的传动联系和传动链

机床上为了得到所需要的运动，需要通过一系列的传动件把执行件和动力源(如把主轴和电机)，或者把执行件和执行件(如把主轴和刀架)联系起来，称为传动联系。

构成一个传动联系的一系列顺序排列的传动件，称为传动链。根据传动链的性质，传动链可以分为外联系传动链和内联系传动链两种类型。

(1)外联系传动链是联系机床动力源和执行件的传动链，它使执行件得到预定速度的运动，并传递一定动力。此外，外联系传动链中往往还包括变速机构和改变运动方向的换向机构等。外联系传动链传动比的变化，只影响生产率或表面粗糙度，不影响加工表面的形状。因此，外联系传动链不要求两末端件之间有严格的传动比关系。例如，在车床上用轨迹法车削圆柱面时，主轴的旋转和刀架的移动就是两个互相独立的成型运动，即有两条外联系传动链。

(2)内联系传动链是联系复合成型运动两个执行件的传动链，所联系的执行件之间的相对速度(及相对位移量)有严格的要求，以确保运动轨迹的正确性。例如，在车床上车螺纹，为了确保所加工螺纹的导程，机床的传动链设计应确保主轴(工件)每转一转，车刀必须准确地移动一个导程，联系主轴和刀架之间的传动链就是一条内联系传动链。在内联系传动链中，各传动副的传动比必须准确不变，不能用摩擦传动或瞬时传动比变化的传动件(如链传动)。

2.3.3 传动原理图

通常传动链中包含各种传动机构，如带传动、定比齿轮副、齿轮齿条、丝杠螺母、蜗杆蜗轮、滑移齿轮变速机构、离合器变速机构、交换齿轮或挂轮架以及各种电的、液压的、机械的无级变速机构等。上述各种机构又可以分为具有固定传动比的"定比机构"(如定比齿轮副、齿轮齿条副、丝杠螺母副等)和可变化传动比的"换置机构"(如齿轮变速箱、挂轮架、各类无级变速机构等)两类。

为了便于研究机床的传动联系，常用一些简单的符号表示动力源与执行件及执行件与执行件之间的传动联系，这就是传动原理图。传动原理图仅表示形成某一表面所需的成型、分度和与表面成型直接关系的运动及其传动联系。图 2-8 所示为传动原理图中常用的一些符号，对于各类执行件，因未作统一规定，一般多采用直观上的示意图表示。

下面以卧式车床为例说明机床传动原理图的画法和所表示的内容。

卧式车床在形成螺旋表面时需要一个运动——刀具与工件间相对的螺旋运动。该运动是复合运动，可分解为两部分：主轴的旋转 B 和车刀的纵向移动 A。车床上有两条主要传动链。一条是外联系传动链，即从电动机—1—2—u_v—3—4—主轴，亦称主运动传动链，该传动链把电动机的动力和运动传递给主轴，传动链中 u_v 为主轴变速及换向机构。另一条由主轴—4—5—u_f—6—7—丝杠—刀具，实现由刀具到工件之间的复合运动——螺旋运动，这是一条内联系传动链，调整 u_f 即可得到不同的螺纹导程，如图 2-9 所示。

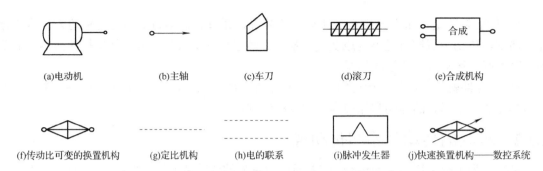

(a)电动机　　　　(b)主轴　　　　(c)车刀　　　　(d)滚刀　　　　(e)合成机构

(f)传动比可变的换置机构　　(g)定比机构　　(h)电的联系　　(i)脉冲发生器　　(j)快速换置机构——数控系统

图 2-8　传动原理图中常用的一些符号

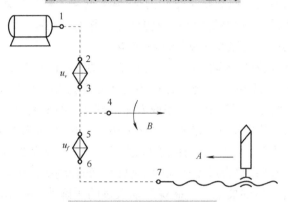

图 2-9　卧式车床传动原理图

在车削外圆和端面时，主轴的旋转 B 和车刀的移动 A 之间无严格的比例关系，二者之间的运动是两个独立的简单成型运动，因此，除了从电动机到主轴的主传动链外，另一条可视为由电动机—1—2—u_v—3—5—u_f—6—7—丝杠—刀具，它也是一条外联系传动链。其中，1—2—u_v—3 是公共段。虽然车削螺纹和车削外圆时运动的数量与性质不同，但可以共用一个传动原理图。差别仅在于车削螺纹时，u_f 必须计算和调整得准确，车削外圆时 u_f 不需准确。

如果车床仅用于车削圆柱面和端面，不用来车螺纹，则传动原理图可如图 2-10(a)所示；进给也可采用液压传动(图 2-10(b))，如某些多刀半自动车床。

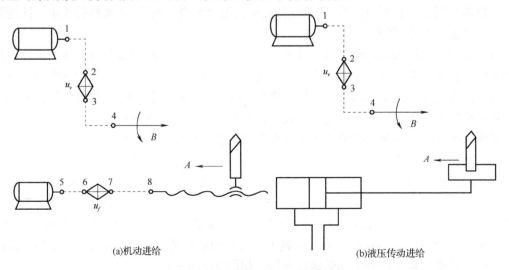

(a)机动进给　　　　　　　　　　　　　　(b)液压传动进给

图 2-10　车削圆柱面时传动原理图

习题与思考题

2-1　机床加工零件时，零件表面加工成型的原理是什么？

2-2　试简述发生线的概念。

2-3　切削刃和所需形成发生线之间的关系有哪几种？

2-4　形成发生线的方法有哪几种？并作简要概述。

2-5　机床的运动分为几类？并作简要概述。

2-6　机床的基本组成部分是什么？各自有何作用？

2-7　试对传动链和传动联系作简要概述。

2-8　什么是定比机构和换置机构？并举出至少两例。

2-9　根据图 2-9 卧式车床的传动原理图，以加工螺纹表面为例指出其所表示的内容。

2-10　由复合成型运动分解成的各个分运动与简单运动的区别是什么？

第3章 车 床

本章知识要点

(1)掌握 CA6140 型车床的传动系统、各种螺纹的加工传动路线。

(2)掌握 CA6140 型车床主轴箱、溜板箱的主要机构。

(3)了解其他常见车床。

3.1 车 床 概 述

3.1.1 车床的用途和运动

车床是机械制造中使用最广泛的一类机床,车床占机床总台数的 20%~35%。主要用于加工各种回转表面(内外圆柱面、圆锥面、成型回转表面等)和回转体的端面,有些车床还能加工螺纹面。车床上所使用的刀具主要是车刀,还可用钻头、扩孔钻、铰刀等孔加工刀具,以及丝锥、板牙等螺纹刀具。卧式车床的工艺范围很广,能进行多种表面的加工,如内外圆柱面、圆锥面、环槽、成型回转面、端平面及各种螺纹,还可进行钻孔、扩孔、铰孔和滚花等工作。卧式车床加工的典型表面如图 3-1 所示。

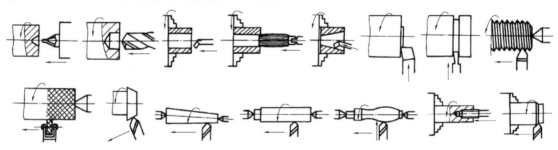

图 3-1 卧式车床所能加工的典型表面

车床上的主运动为主轴的回转运动,进给运动是刀具的直线移动。进给量常以主轴每转刀具的移动量表示,即 mm/r。在车削螺纹时,只有一个复合的主运动,即螺旋运动,它可以分解为主轴的旋转运动和刀具的移动。另外,车床上还有一些必要的辅助运动,如为了将毛坯加工到所需要的尺寸,车床还应有切入运动(切入运动通常与进给运动方向相垂直,在卧式车床上由工人用手移动刀架来完成),有些车床还有刀架纵向、横向的快速移动。

卧式车床的主参数是床身上最大工件回转直径,第二主参数是最大工件长度。这两个参数表明车床加工工件的最大极限尺寸,同时反映了机床的尺寸大小。因为主参数决定了主轴轴线距离床身导轨的高度,第二主参数决定了床身的长度。

3.1.2 车床的组成

卧式车床主要对各种轴类、套类和盘类零件进行加工，其外形如图 3-2 所示。其主要组成部件有主轴箱、刀架、尾座、床身、溜板箱和进给箱等。

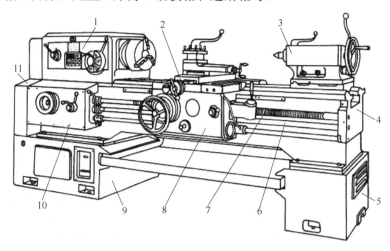

图 3-2 卧式车床外形图

1-主轴箱；2-刀架；3-尾座；4-床身；5-右床腿；6-光杠；7-丝杠；8-溜板箱；9-左床腿；10-进给箱；11-挂轮机构

（1）主轴箱。主轴箱 1 固定在床身 4 的左端，其内部安装有主轴和变速传动机构，工件通过卡盘装夹在主轴前端。主轴箱的功用是支承主轴并把动力经变速传动机构传给主轴，使主轴带动工件按规定的转速旋转，实现主运动。

（2）刀架。刀架 2 安装在床身 4 的刀架导轨上，并可沿此导轨纵向移动。刀架部件由几层刀架组成，它的功用是装夹车刀，实现纵向、横向或斜向进给运动。

（3）尾座。尾座 3 安装在床身 4 的刀架导轨上，可沿导轨纵向调整位置。它的功用是用后顶尖支承长工件，也可以安装钻头、铰刀等孔加工刀具进行孔加工。

（4）床身。床身 4 安装在左床腿 9 和右床腿 5 上，它的功用是支承各主要部件，并使它们在工作时保持准确的相对位置或运动轨迹。

（5）溜板箱。溜板箱 8 固定在刀架 2 的底部，可带动刀架一起纵向运动。它的作用是把进给箱通过光杠（或丝杠）传来的运动传递给刀架，使刀架实现纵向进给、横向进给、快速移动或车螺纹。在溜板箱上装有各种操纵手柄或按钮。

（6）进给箱。进给箱 10 固定在床身的左前侧，其内装有进给运动的变换机构，以改变机动进给的进给量或加工螺纹的导程。

3.2 CA6140 型车床的传动系统

为了便于了解和分析机床的传动关系，通常采用传动系统图。机床的传动系统图使用规定的符号，将传动链中的传动件按照运动传递或联系顺序依次排列，画在一个能反映机床基本外形和各主要部件相互位置的平面上，并尽可能绘制在机床外形的轮廓线内。图中应标明齿轮和蜗轮的齿数、蜗杆头数、丝杠导程、皮带轮直径、电动机功率和转速等。传动系统图只表示传动关系，不代表各传动件的实际尺寸和空间位置。图 3-3 为 CA6140 型卧式车床的传动系统图。

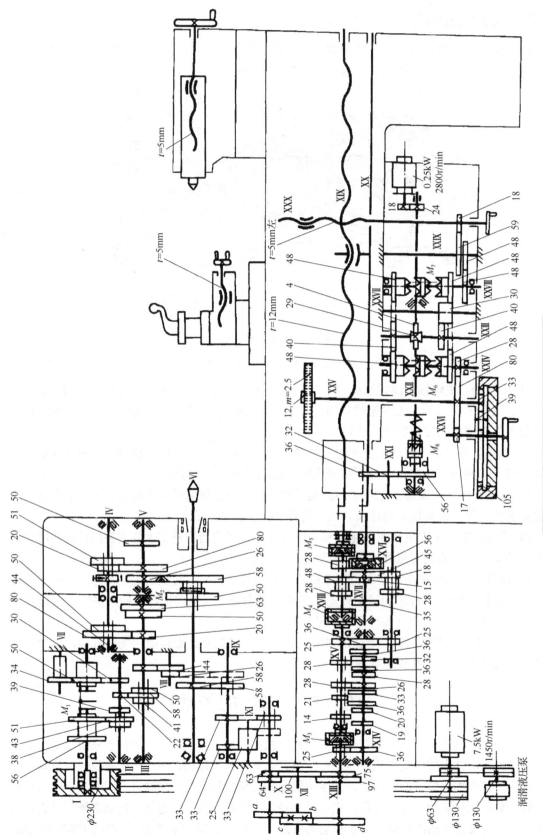

图 3-3　CA6140 型卧式车床的传动系统图

3.2.1 主运动传动链

主运动传动链的两末端件是主电动机和主轴,它的功用是把动力源的运动和动力传给主轴,使主轴带动工件按规定转速旋转,实现主运动。

1．传动路线

运动由电动机(7.5kW,1450r/min)经 V 带传动副 $\phi130mm/\phi230mm$ 传至主轴箱中的轴 Ⅰ。在轴 Ⅰ 上装有双向多片摩擦离合器 M_1,其作用是控制主轴的起动、停止和换向。M_1 的左、右两部分分别与空套在轴 Ⅰ 上的两个齿轮连在一起。当压紧离合器 M_1 左部的摩擦片时,轴 Ⅰ 的运动经齿轮副 56/38 或 51/43 传给轴 Ⅱ。当离合器 M_1 右部接合时,运动经齿轮副 50/34 由轴 Ⅰ 传给轴 Ⅶ,经齿轮副 34/30 再传到轴 Ⅱ,这时轴 Ⅰ 至轴 Ⅱ 间多经过一个中间齿轮 z_{34},故轴 Ⅱ 的转向与经 M_1 左部传动时相反。如离合器 M_1 处于中间位置时,则轴 Ⅰ 空转,主轴停止转动。

轴 Ⅱ 的运动可分别通过三对齿轮副 22/58、39/41 或 30/50 传至轴 Ⅲ。运动由轴 Ⅲ 传到主轴有两条传动路线。

(1)高速传动路线。当主轴上的滑移齿轮 z_{50} 处于左端位置(与轴 Ⅲ 上的齿轮 z_{63} 啮合),轴 Ⅲ 的运动经齿轮副 63/50 直接传给主轴,使主轴得到 450～1400r/min 的高转速。

(2)低速传动路线。主轴上的滑移齿轮 z_{50} 处于右端位置,使主轴上的齿式离合器 M_2 啮合,轴 Ⅲ 的运动经齿轮副 20/80 或 50/50 传给轴 Ⅳ,然后再由轴 Ⅳ 经齿轮副 20/80 或 51/50 传给轴 Ⅴ,再经齿轮副 26/58 及齿式离合器 M_2 传给主轴,使主轴得到 10～500r/min 的低转速。

主运动传动路线表达式如下:

$$\text{主电动机}-\frac{\phi130}{\phi230}-\text{I}-\left\{\begin{array}{l}\begin{array}{l}M_1(\text{左})\\(\text{正转})\end{array}-\left\{\begin{array}{l}\dfrac{56}{38}\\[2mm]\dfrac{51}{43}\end{array}\right\}-\\[10mm]\begin{array}{l}M_1(\text{右})\\(\text{反转})\end{array}-\dfrac{50}{34}-\text{Ⅶ}-\dfrac{34}{30}\end{array}\right\}-\text{Ⅱ}-\left\{\begin{array}{l}\dfrac{39}{41}\\[2mm]\dfrac{30}{50}\\[2mm]\dfrac{22}{58}\end{array}\right\}-\text{Ⅲ}$$

$$-\left\{\begin{array}{l}-\dfrac{63}{50}-\\[4mm]\left\{\begin{array}{l}\dfrac{20}{80}\\[2mm]\dfrac{50}{50}\end{array}\right\}-\text{Ⅳ}-\left\{\begin{array}{l}\dfrac{20}{80}\\[2mm]\dfrac{51}{50}\end{array}\right\}-\text{Ⅴ}-\dfrac{26}{58}-M_2(\text{右移})\end{array}\right\}-\text{Ⅵ(主轴)}$$

2．主轴转速级数和转速

根据传动系统图和传动路线表达式,主轴正转时,有 6 种高速和 24 种低转速,但由于轴 Ⅲ～轴 Ⅴ 间的 4 种传动比为

$$u_1=\frac{50}{50}\times\frac{51}{50}\approx1,\quad u_2=\frac{20}{80}\times\frac{51}{50}\approx\frac{1}{4}$$

$$u_3=\frac{50}{50}\times\frac{20}{80}=\frac{1}{4},\quad u_4=\frac{20}{80}\times\frac{20}{80}=\frac{1}{16}$$

其中 u_2 和 u_3 基本相同，所以实际上只有 3 种不同的传动比。因此，运动经由低速传动路线时，主轴实际上只能得到 2×3×(2×2-1)=18 级转速，加上高速传动路线的 2×3=6 级转速，主轴正转时总共可获得 24 级不同转速。

同理，主轴反转时可获得 3+3×(2×2-1)=12 级不同的转速。

主轴的转速可按下列运动平衡式计算：

$$n_主 = 1450 \times \frac{130}{230} \times (1-\varepsilon) u_{I-II} u_{II-III} u_{III-VI}$$

式中，$n_主$ 为主轴转速，r/min；ε 为 V 带传动的滑动系数，$\varepsilon = 0.02$；u_{I-II}、u_{II-III}、u_{III-VI} 分别为两轴间的可变传动比。

例如，在图 3-3 所示的齿轮啮合位置，主轴的转速为

$$n_主 = 1450 \times \frac{130}{230} \times 0.98 \times \frac{51}{43} \times \frac{22}{58} \times \frac{20}{80} \times \frac{20}{80} \times \frac{26}{58} \approx 10 \, (r/min)$$

主轴反转时，轴 I～轴 II 间的传动比大于正转时的传动比，所以反转时的转速高于正转时的转速。主轴反转主要用于切削螺纹时退回刀架，在不断开主轴和刀架之间传动联系的情况下，采用较高转速使刀架快速退至起始位置，可节省辅助时间。

3.2.2　进给运动传动链

车床进给运动传动链是实现刀具纵向或横向移动的传动链。卧式车床在切削螺纹时，进给传动链是内联系传动链。主轴每转一转，刀架的移动量应等于螺纹的导程。在切削外圆柱面和端面时，进给传动链是外联系传动链，进给量也以工件每转刀架的位移量来表示。因此，在分析进给传动链时，都把主轴和刀架当作传动链的两末端件。

运动从主轴 VI 开始，经轴 IX 传至轴 X。轴 IX～轴 X 可经过一对齿轮，也可经过轴 XI 上的惰轮。这是进给换向机构。然后，经过挂轮架至进给箱。从进给箱传出的运动，一条路线经丝杠 XIX 带动溜板箱，使刀架做纵向运动，这是车削螺纹的传动链；另一条路线经光杠 XX 和溜板箱带动刀架作纵向或横向的机动进给，这是一般机动进给的传动链。

1. 车削螺纹

CA6140 型卧式车床能车削米制、模数制、英制和径节制四种标准螺纹，此外还可以车削加大螺距、非标准螺距及较精密的螺纹。它既可以车削右旋螺纹，也可以车削左旋螺纹。

车削螺纹时，主轴和刀架之间必须保持严格的传动比关系，即主轴每转一转，刀架应该均匀地移动被加工螺纹一个导程的距离。因此，车削螺纹的运动平衡式为

$$1_{(主轴)} \times u \times t_丝 = S$$

式中，u 为从主轴到丝杠之间的总传动比；$t_丝$ 为机床丝杠的导程（CA6140 型车床中 $t_丝$=12mm）；S 为被加工螺纹的导程，mm。

在这个平衡式中，通过改变传动链中的传动比 u，就可以得到要加工的螺纹导程。

1）米制螺纹

米制螺纹是我国常用的螺纹，国家标准中已经规定了其标准螺距值。表 3-1 所示为 CA6140 型车床米制螺纹表。由表可以看出，米制螺纹螺距数列是分段等差数列，即每行为一段，每段都是等差数列，而每列又是公比为 2 的等比数列。

表 3-1 CA6140 型卧式车床米制螺纹导程表

$u_{倍}$ ＼ $u_{基}$	$\dfrac{26}{28}$	$\dfrac{28}{28}$	$\dfrac{32}{28}$	$\dfrac{36}{28}$	$\dfrac{19}{14}$	$\dfrac{20}{14}$	$\dfrac{33}{21}$	$\dfrac{36}{21}$
$\dfrac{18}{45}\times\dfrac{15}{48}=\dfrac{1}{8}$	—	—	1	—	—	1.25	—	1.5
$\dfrac{28}{35}\times\dfrac{15}{48}=\dfrac{1}{4}$	—	1.75	2	2.25	—	2.5	—	3
$\dfrac{18}{45}\times\dfrac{35}{28}=\dfrac{1}{2}$	—	3.5	4	4.5	—	5	5.5	6
$\dfrac{28}{35}\times\dfrac{35}{28}=1$	—	7	8	9	—	10	11	12

车削米制螺纹时，进给箱中的齿式离合器 M_3 和 M_4 脱开，M_5 接合。这时运动由主轴Ⅵ经齿轮副 58/58、换向机构 33/33（车削左螺纹时经 33/25×25/33）、挂轮 63/100×100/75 传入进给箱，经移换机构的 25/36 传至轴ⅩⅣ，又经轴ⅩⅣ和轴ⅩⅤ组成的双轴滑移变速机构传至轴ⅩⅤ，再由移换机构的齿轮副 25/36×36/25 传至轴ⅩⅥ，然后经轴ⅩⅥ～轴ⅩⅧ上各对齿轮副组成的滑移变速机构传至轴ⅩⅧ，最后经齿式离合器 M_5 把运动传至丝杠轴ⅩⅨ。当溜板箱中开合螺母与丝杠啮合，就可带动刀具车削米制螺纹。

车削米制螺纹时的传动路线表达式为

$$主轴Ⅵ—\frac{58}{58}—Ⅸ—\begin{cases}\dfrac{33}{33}（右旋螺纹）\\[2ex]\dfrac{33}{25}—Ⅺ—\dfrac{25}{33}（左旋螺纹）\end{cases}—Ⅹ—\frac{63}{100}\times\frac{100}{75}—ⅩⅢ—\frac{25}{36}—$$

$$ⅩⅣ—u_{基}—ⅩⅤ—\frac{25}{36}\times\frac{36}{25}—ⅩⅥ—u_{倍}—ⅩⅧ—M_5—ⅩⅨ（丝杠）—刀架$$

式中，$u_{基}$ 为基本组的传动比；$u_{倍}$ 为倍增组的传动比。

$u_{基}$ 为轴ⅩⅣ和轴ⅩⅤ组成的双轴滑移变速机构的可变传动比，共 8 种：

$$u_{基1}=\frac{26}{28}=\frac{6.5}{7}，\quad u_{基5}=\frac{19}{14}=\frac{9.5}{7}$$

$$u_{基2}=\frac{28}{28}=\frac{7}{7}，\quad u_{基6}=\frac{20}{14}=\frac{10}{7}$$

$$u_{基3}=\frac{32}{28}=\frac{8}{7}，\quad u_{基7}=\frac{33}{21}=\frac{11}{7}$$

$$u_{基4}=\frac{36}{28}=\frac{9}{7}，\quad u_{基8}=\frac{36}{21}=\frac{12}{7}$$

这些传动比的分母相同，分子则除 6.5 和 9.5 用于其他种类的螺纹外，其余按等差数列排列，相当于米制螺纹导程标准的最后一行。这组变速机构是获得螺纹导程的基本机构，是进给箱的基本组，简称基本组。

$u_{倍}$ 为轴ⅩⅥ～轴ⅩⅧ上各对齿轮副组成的滑移变速机构的可变传动比，共 4 种：

$$u_{倍1}=\frac{18}{45}\times\frac{15}{48}=\frac{1}{8}，\quad u_{倍3}=\frac{18}{45}\times\frac{35}{28}=\frac{1}{2}$$

$$u_{倍2} = \frac{28}{35} \times \frac{15}{48} = \frac{1}{4}, \quad u_{倍4} = \frac{28}{35} \times \frac{35}{28} = 1$$

上述 4 种传动比呈倍数关系排列，因此改变 $u_{倍}$ 值就可以使车削的螺纹导程值呈倍数关系变化。这种机构称为增倍机构，是增倍变速组，简称增倍组。

车削米制(右旋)螺纹的运动平衡式为

$$S = 1_{(主轴)} \times \frac{58}{58} \times \frac{33}{33} \times \frac{63}{100} \times \frac{100}{75} \times \frac{25}{36} \times u_{基} \times \frac{25}{36} \times \frac{36}{25} \times u_{倍} \times 12$$

将上式化简后可得

$$S = 7u_{基}u_{倍}$$

由表 3-1 可以看出，能加工的最大螺纹导程为 12mm。如需车削导程更大的螺纹，可使用扩大导程传动路线，即将主轴箱内轴Ⅸ上的滑移齿轮 z_{58} 移至右端，与轴Ⅷ上的齿轮 z_{26} 啮合，即传动路线表达式为

$$主轴Ⅵ - \frac{58}{26} - Ⅴ - \frac{80}{20} - Ⅳ \begin{Bmatrix} \dfrac{50}{50} \\ \dfrac{80}{20} \end{Bmatrix} - Ⅲ - \frac{44}{44} - Ⅷ - \frac{26}{58} - Ⅸ - \cdots$$

轴Ⅸ以后的传动路线与前述传动路线表达式相同。从主轴Ⅵ至轴Ⅸ之间的传动比为

$$u_{扩1} = \frac{58}{26} \times \frac{80}{20} \times \frac{50}{50} \times \frac{44}{44} \times \frac{26}{58} = 4$$

$$u_{扩2} = \frac{58}{26} \times \frac{80}{20} \times \frac{80}{20} \times \frac{44}{44} \times \frac{26}{58} = 16$$

在前述的正常螺纹导程传动路线，主轴Ⅵ至轴Ⅸ之间的传动比为 $u = 58/58 = 1$。因此，通过扩大导程传动路线可将正常螺纹导程扩大 4 倍和 16 倍。

必须指出，扩大螺纹导程机构的传动齿轮就是主运动的传动齿轮。因此，只有主轴上的 M_2 合上，即主轴处于低速状态时，才能使用扩大导程机构。主轴转速为 40～125r/min 时，导程扩大 4 倍；主轴转速为 10～32r/min 时，导程扩大 16 倍。

2) 模数螺纹

模数螺纹主要用在米制蜗杆中，有些特殊丝杠的导程也是模数制的。米制蜗杆的齿距为 $T_m = \pi m$，所以模数螺纹的导程为 $S_m = KT_m = K\pi m$，K 为螺纹的线数。

模数 m 的标准值也是按分段等差数列排列的，这和米制螺纹相同，但导程的数值不一样，且数值中含有特殊因子 π。所以车削模数螺纹时的传动路线与米制螺纹基本相同，唯一的差别是，挂轮需换成 64/100×100/97。运动平衡式为

$$S_m = 1_{(主轴)} \times \frac{58}{58} \times \frac{33}{33} \times \frac{64}{100} \times \frac{100}{97} \times \frac{25}{36} \times u_{基} \times \frac{25}{36} \times \frac{36}{25} \times u_{倍} \times 12$$

式中，$\dfrac{64}{100} \times \dfrac{100}{97} \times \dfrac{25}{36} \approx \dfrac{7\pi}{48}$。因此上式可简化为

$$S_m = \frac{7\pi}{4}u_{基}u_{倍}$$

从而可得

$$m = \frac{7}{4K}u_{基}u_{倍}$$

改变 $u_{基}$ 和 $u_{倍}$ 就可以车削出各种标准模数螺纹。

3）英制螺纹

英制螺纹在采用英制的国家中应用广泛，我国的部分管螺纹目前也采用英制螺纹。

英制螺纹的螺距参数为每英寸长度上的螺纹扣数，以 a 表示。因此英制螺纹的导程为

$$S_a = \frac{1}{a} \text{in} = \frac{25.4}{a} \text{mm}$$

a 的标准值也是按分段等差数列的规律排列的，所以英制螺纹导程的分母为分段等差级数。此外，还有特殊因子25.4。车削英制螺纹时，应对传动路线作如下两点变动。

（1）将车削米制螺纹时基本组的主动和被动关系对调，即轴 XV 变为主动轴，轴 XIV 变为被动轴，就可实现分母的等差级数。

（2）在传动链中改变部分传动副的传动比，使其包含特殊因子25.4。

为此，将进给箱中的离合器 M_3 和 M_5 接合，M_4 脱开，挂轮用 63/100×100/75，同时将轴 XIV 左端的滑移齿轮 z_{25} 移至左面位置，与固定在轴 XIV 上的齿轮 z_{36} 相啮合。于是运动由轴 XIII 经 M_3 先传到轴 XV，然后传至轴 XIV，再经齿轮副 36/25 传至轴 XVI。其余部分传动路线与车削米制螺纹时相同。此时的传动路线为

$$\text{主轴VI} - \frac{58}{58} - \text{IX} - \begin{cases} \frac{33}{33} \text{(右旋螺纹)} \\ \\ \frac{33}{25} - \text{XI} - \frac{25}{33} \text{(左旋螺纹)} \end{cases} - \text{X} - \frac{63}{100} \times \frac{100}{75} - \text{XIII} - M_3 -$$

$$\text{XV} - \frac{1}{u_{基}} - \text{XIV} - \frac{36}{25} - \text{XVI} - u_{倍} - \text{XVIII} - M_5 - \text{XIX(丝杠)} - \text{刀架}$$

其运动平衡式为

$$S_a = 1_{(主轴)} \times \frac{58}{58} \times \frac{33}{33} \times \frac{63}{100} \times \frac{100}{75} \times \frac{1}{u_{基}} \times \frac{36}{25} \times u_{倍} \times 12$$

式中，$\frac{63}{100} \times \frac{100}{75} \times \frac{36}{25} \approx \frac{25.4}{21}$，代入上式化简得

$$S_a \approx \frac{25.4}{21} \times \frac{1}{u_{基}} \times u_{倍} \times 12 = \frac{4}{7} \times 25.4 \frac{u_{倍}}{u_{基}}$$

故

$$a = \frac{7}{4} \frac{u_{基}}{u_{倍}}$$

改变 $u_{基}$ 和 $u_{倍}$ 即可车削各种规格的英制螺纹。

4）径节螺纹

径节螺纹主要用于英制蜗杆。它是用径节 DP 来表示的。径节 DP=z/D（z 为齿轮齿数，D 为分度圆直径，单位为 in），即蜗轮或齿轮折算到每 1in 分度圆直径上的齿数。英制蜗杆的轴向齿距即径节螺纹的导程为

$$S_{DP} = \frac{\pi}{DP} \text{in} \approx \frac{25.4\pi}{DP} \text{mm}$$

径节 DP 也是按分段等差数列的规律排列的。径节螺纹导程排列规律与英制螺纹相同，

只是含有特殊因子 25.4π。车削径节螺纹的传动路线与车削英制螺纹相同，只是挂轮需换成 64/100×100/97，它和移换机构轴ⅩⅣ～轴ⅩⅥ间的齿轮副 36/25 组合消除 25.4π。

因为

$$\frac{64}{100} \times \frac{100}{97} \times \frac{36}{25} \approx \frac{25.4\pi}{84}$$

可导出 DP 的计算公式为

$$DP = 7\frac{u_{基}}{u_{倍}}$$

5)非标准螺纹

当需要车削非标准螺纹时，利用上述传动路线无法得到。这时，需将离合器 M_3、M_4 和 M_5 全部啮合，进给箱中的传动路线是轴ⅩⅢ经轴ⅩⅤ及轴ⅩⅧ直接传动丝杠ⅩⅨ。被加工螺纹的导程 S 依靠调整挂轮架的传动比 $u_{挂}$ 来实现。

2. 车削圆柱面和端面

1)传动路线

为了减少丝杠的磨损和便于人工操纵，此时的机动进给是由光杠经溜板箱传动的。这时将进给箱中的离合器 M_5 脱开，使轴ⅩⅧ的齿轮 z_{28} 与轴ⅩⅩ左端的齿轮 z_{56} 相啮合。运动由进给箱传至光杠ⅩⅩ，再经溜板箱中的可沿光杠滑移的齿轮 z_{36}、空套在轴ⅩⅪ上的齿轮 z_{32}、超越离合器上的齿轮 z_{56}、超越离合器、安全离合器 M_8、轴ⅩⅫ、蜗杆蜗轮副 4/29 传至ⅩⅫⅢ。然后，再由轴ⅩⅫⅢ经齿轮副 40/48 或 40/30×30/48（反向）、双向离合器 M_6、轴ⅩⅪⅤ、齿轮副 28/80、轴ⅩⅩⅤ传至小齿轮 z_{12}。小齿轮 z_{12} 与固定在床身上的齿条相啮合，小齿轮转动就带动刀架作纵向机动进给。若运动由轴ⅩⅪ经齿轮副 40/80 或 40/30×30/48、双向离合器 M_7、轴ⅩⅩⅧ及齿轮副 48/48×59/18 传至横向进给丝杠ⅩⅩⅩ，就使刀架作横向机动进给。机动进给传动链的传动路线表达式为

$$\cdots XXⅢ - \frac{28}{56} - XX - \frac{36}{32} - XXⅠ - \frac{32}{56} - XXⅡ - \frac{4}{29} - XXⅢ -$$

$$- \left\{ \begin{array}{c} \left[\begin{array}{c} M_6 \uparrow \dfrac{40}{48} \\ \\ M_6 \downarrow \dfrac{40}{30} \times \dfrac{30}{48} \end{array} \right] - XXⅣ - \dfrac{28}{80} - XXⅤ - z_{12} / 齿条 \\ \\ \left[\begin{array}{c} M_7 \uparrow \dfrac{40}{48} \\ \\ M_7 \downarrow \dfrac{40}{30} \times \dfrac{30}{48} \end{array} \right] - XXⅧ - \dfrac{48}{48} - XXⅨ - \dfrac{59}{18} - 横向丝杠\ XXX \end{array} \right.$$

2)纵向机动进给量

CA6140 型车床纵向机动进给量有 64 种。当运动由主轴经正常导程的米制螺纹传动路线时，可获得正常进给量。这时的运动平衡式为

$$f_{纵} = 1_{(主轴)} \times \frac{58}{58} \times \frac{33}{33} \times \frac{63}{100} \times \frac{100}{75} \times \frac{25}{36} \times u_{基} \times \frac{25}{36} \times \frac{36}{25} \times u_{倍}$$

$$\times \frac{28}{56} \times \frac{36}{32} \times \frac{32}{56} \times \frac{4}{29} \times \frac{40}{30} \times \frac{30}{48} \times \frac{28}{80} \times \pi \times 2.5 \times 12$$

化简后得

$$f_{纵} = 0.711 u_{基} u_{倍}$$

改变 $u_{基}$ 和 $u_{倍}$ 可得到从 0.08～1.22mm/r 的 32 种进给量，其余 32 种进给量可分别通过英制螺纹传动路线和扩大螺纹导程机构获得。

3) 横向机动进给量

横向机动进给量也有 64 种。当运动经正常导程的米制螺纹传动路线传动时，其运动平衡式化简后为

$$f_{横} = 0.353 u_{基} u_{倍}$$

从上式可知，当横向机动进给和纵向机动进给传动路线一致时，所得的横向进给量是纵向进给量的一半。

3．刀架的快速移动

刀架的快速移动是为了减轻工人的劳动强度和缩短辅助时间。当刀架需要快速移动时，按下快速移动按钮，使快速电动机(0.25kW，2800r/min)接通，这时运动经齿轮副 18/24 使轴 XXII 高速转动，再经蜗杆副 4/29 传动溜板箱内的传动机构，使刀架实现纵向或横向的快速移动。移动方向由溜板箱内的双向离合器 M_6 和 M_7 控制。

为了节省辅助时间及简化操作，在刀架快速移动过程中不必脱开进给运动传动链。为了避免转动的光杠和快速电动机同时传动轴 XXII，在齿轮 z_{56} 与轴 XXII 之间装有超越离合器。

3.3 CA6140 型车床的主要机构

3.3.1 主轴箱

主轴箱的功用是支承主轴及传动其旋转，并使其实现起动、停止、变速和换向等功能。机床主轴箱是一个比较复杂的传动部件。表达主轴箱中各传动件的结构和装配关系常用展开图，CA6140 型车床主轴箱的展开图如图 3-4 所示。展开图不表示各轴的实际位置，主轴箱各传动轴空间相互位置的示意图如图 3-5 所示。

1．卸荷带轮

电动机经 V 带将运动传至轴 I 左端的带轮 3(见图 3-4 的左上部分)。带轮 3 与花键套筒 1 用螺钉连接成一体，支承在法兰盘 2 内的两个深沟球轴承上。法兰盘 2 固定在主轴箱体上。这样，带轮 3 可通过花键套筒 1 带动轴 I 旋转，而胶带的拉力则经轴承和法兰盘 2 传至主轴箱体。卸荷带轮能将径向载荷卸给箱体，使轴 I 的花键部分只传递转矩，从而避免因胶带拉力而使轴 I 产生弯曲变形。

2．双向多片摩擦离合器及操纵机构

双向多片摩擦离合器装在轴 I 上，具体机构如图 3-6 所示。摩擦离合器由内摩擦片 3、外摩擦片 2、止推片 10 及 11、压块 8 及空套齿轮 1 等组成。左离合器传动主轴正转，用于切削加工，传递的转矩较大，片数较多。右离合器传动主轴反转，用于退回，片数较少。

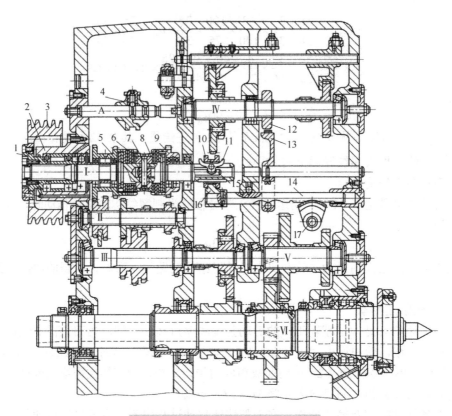

图 3-4　CA6140 型车床主轴箱展开图

1-花键套筒；2-法兰盘；3-带轮；4-钢球定位装置；5-空套齿轮；6-压块；7-销子；8-螺母；9-齿轮；
10-滑套；11-元宝销；12-制动盘；13-杠杆；14-齿条轴；15-拉杆；16-拨叉；17-齿扇

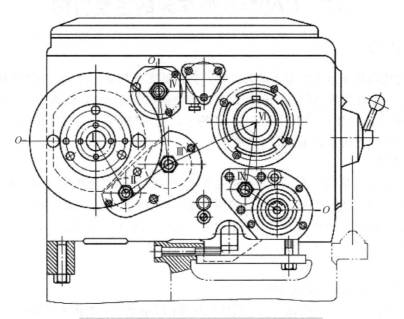

图 3-5　主轴箱各传动轴空间相互位置的示意图

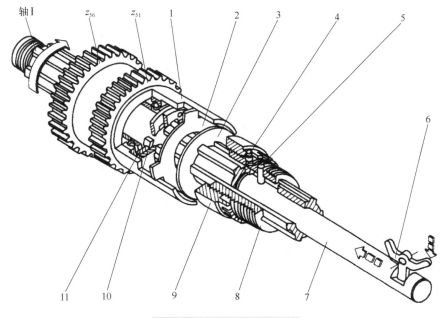

图 3-6 双向多片摩擦离合器

1-空套齿轮；2-外摩擦片；3-内摩擦片；4-弹簧销；5-销子；6-元宝销；7-拉杆；8-压块；9-螺母；10、11-止推片

内摩擦片 3 的孔为花键孔，装在轴 I 的花键上，与轴 I 一起旋转。外摩擦片 2 的孔是圆孔，空套在轴 I 的花键外圆上，外摩擦片的外圆上有 4 个凸起，嵌在空套齿轮 1(图 3-4 中件 5)的缺口中。内、外摩擦片相间安装，在未被压紧时互不联系。当拉杆 7(图 3-4 中件 15)通过销子 5(图 3-4 中件 7)向左推动压块 8(图 3-4 中件 6)时，使内、外摩擦片互相压紧，轴 I 的运动便通过摩擦片间的摩擦力传给空套齿轮 1(图 3-4 中件 5)，使主轴正转。同理，当压块 8 向右时，使主轴反转。当压块 8 处于中间位置时，左、右离合器都脱开，离合器不传递运动，主轴停转。

如图 3-7 所示，离合器的位置由手柄 7 来操纵。向上扳动手柄 7 时，拉杆 10 向外移动，使曲柄 11 和齿扇 13(图 3-4 中件 17)顺时针转动，齿条轴 14(图 3-4 中件 14)向右移动。齿条轴左端有拨叉 15(图 3-4 中件 16)，它卡在滑套 4(图 3-4 中件 10)的环槽内，使滑套 4 也向右移动。滑套 4 内孔的两端为锥孔，中间为圆柱孔。当滑套 4 向右移动时，将元宝销 3(图 3-4 中件 11)的右端向下压。由于元宝销 3 的回转中心轴装在轴 I 上，因而元宝销 3 做顺时针转动，于是元宝销下端的凸缘便推动装在轴 I 内孔中的拉杆 16 向左移动，使左离合器压紧，从而使主轴正转。同理，当手柄 7 扳至下端位置时，右离合器压紧，主轴反转。当手柄 7 处于中间位置时，离合器脱开，主轴停止转动。为了操纵方便，在操纵杆 8 装有两个操纵手柄 7，分别位于进给箱右侧及溜板箱右侧。

摩擦离合器除了靠摩擦力传递运动和转矩，还能起过载保护的作用。当机床过载时，摩擦片打滑，可避免损坏机床。摩擦片间的压紧力是根据离合器传递的额定转矩确定的。当摩擦片磨损后，压紧力减小，可通过以下方法进行调整(参考图 3-6)。用一字头旋具(螺丝刀)将弹簧销 4 按下，同时拧动压块 8 上的螺母 9，直到螺母压紧离合器的摩擦片。调整好位置后，使弹簧销 4 重新卡入螺母 9 的缺口中，防止螺母在旋转时松动。

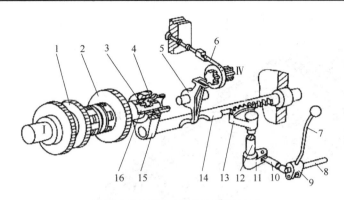

图 3-7 主轴开停及制动操纵机构

1-双联齿轮；2-齿轮；3-元宝销；4-滑套；5-杠杆；6-制动带；7-手柄；8-操纵杆；
9、11-曲柄；10、16-拉杆；12-轴；13-齿扇；14-齿条轴；15-拨叉

3. 制动器及操纵机构

制动装置的功用是在车床停机过程中，克服主轴箱内各运动件的旋转惯性，使主轴迅速停止转动，以缩短辅助时间。制动器的结构如图 3-8 所示。制动盘 7(图 3-4 中件 12)与轴Ⅳ花键连接，周边围着制动带 6。制动带是一条钢带，为了增加摩擦系数，内侧固定一层酚醛石棉。制动带的一端与杠杆 4(图 3-4 中件 13)连接，另一端通过调节螺钉 5 与箱体相连。为了操纵方便并避免出错，摩擦离合器和制动器采用同一操作机构控制，也由手柄(图 3-7 中件 7)操纵。当离合器脱开时，齿条轴 2(图 3-7 中件 14)处于中间位置。这时齿条轴 2 的凸起(b 点)处于与杠杆 4 下端相接触的位置，使杠杆 4 向逆时针方向摆动，将制动带 6 拉紧。齿条轴 2 凸起的左、右边都是凹槽(a 点和 c 点)。所以在左离合器或右离合器接合时，杠杆 4 都按顺时针方向摆动，使制动带放松。制动带的拉紧程度由调节螺钉 5 来进行调整。

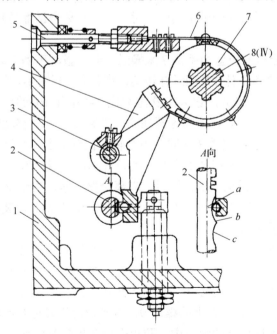

图 3-8 闸带式制动器

1-箱体；2-齿条轴；3-杠杆支承轴；4-杠杆；5-调节螺钉；6-制动带；7-制动盘；8-传动轴

4．变速操纵机构

主轴箱中共有三套变速操纵机构。图 3-9 所示为轴Ⅰ上双联滑移齿轮和轴Ⅱ上三联滑移齿轮之间的操纵机构。变速手柄每转一转，变换 6 种转速。转动手柄 9，通过链传动使轴 7 转动，轴 7 上固定盘形凸轮 6 和曲柄 5。盘形凸轮 6 上有一条封闭的曲线槽，它由两段不同半径的圆弧和直线组成。盘形凸轮上有 1～6 个变速位置，在位置 a'、b'、c' 时，杠杆 11 上端的滚子处于凸轮槽曲线的大半径圆弧处。杠杆 11 经拨叉 12 将轴Ⅰ上的双联滑移齿轮移向左端位置；位置 d'、e'、f' 时将双联滑移齿轮移向右端位置。

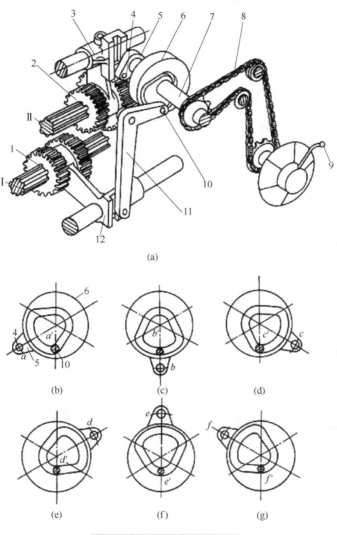

图 3-9　变速操纵机构示意图

1-双联齿轮；2-三联齿轮；3、12-拨叉；4-拨销；5-曲柄；6-盘形凸轮；7-轴；8-链条；9-变速手柄；10-圆销；11-杠杆

曲柄 5 随轴 7 转动，带动拨叉 3 拨动轴Ⅲ上的三联滑移齿轮，使它处于左、中、右三个位置，依次转动手柄至各个变速位置，就可使两个滑移齿轮的轴向位置实现 6 种不同的组合，使轴Ⅲ得到 6 种不同的转速。

滑移齿轮移至规定的位置后，需可靠地定位。本操纵机构中采用钢球定位装置，其结构如图 3-4 中件 4。

3.3.2　溜板箱

溜板箱的功用：将丝杠或光杠传来的旋转运动转变为直线运动并带动刀架进给，控制刀架运动的接通、断开和换向，机床过载时控制刀架自动停止进给，手动操纵刀架移动和实现快速移动等。

1. 开合螺母机构

开合螺母机构的功用是接通或断开从丝杠传来的运动。车螺纹时，将开合螺母扣合于丝杠上，丝杠通过开合螺母带动溜板箱及刀架。

开合螺母的结构如图 3-10 所示。开合螺母由上半螺母 5 和下半螺母 4 组成，两半均可沿溜板箱中竖直的燕尾形导轨上下移动。每个半螺母上装有一个圆柱销 6，分别插入槽盘 7 的两条曲线槽中（图 3-10（b））。车螺纹时，转动开合螺母手柄 1，通过转轴 2 使槽盘 7 转动，两个圆柱销带动上下半螺母互相靠拢，开合螺母便与丝杠啮合。槽盘 7 上的偏心圆弧槽接近盘中心部分的倾斜角比较小，使开合螺母闭合后能够自锁，不会因螺母的径向力而自动脱开。螺钉 10 的作用是限定开合螺母的啮合位置，通过拧动螺钉 10，可以调整螺母与丝杠的间隙。

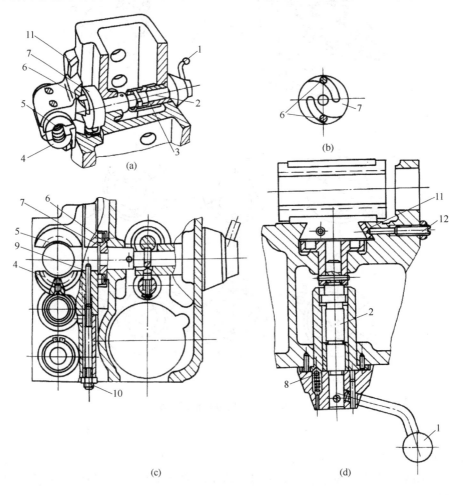

图 3-10　开合螺母机构

1-开合螺母手柄；2-转轴；3-支承套；4-下半螺母；5-上半螺母；6-圆柱销；7-槽盘；8-定位钢珠；9-丝杠；10、12-螺钉；11-镶条

2．纵、横向机动进给及快速移动的操纵机构

纵、横向机动进给及快速移动是由一个手柄集中操纵的，如图 3-11 所示。当需要纵向移动刀架时，向左或向右扳动操纵手柄 1。轴 23 用台阶及卡环轴向固定在箱体上，只能转动不能轴向移动。因此，操纵手柄 1 只能绕销轴 2 摆动，于是手柄 1 下部的开口槽通过球头销 4 拨动轴 5 轴向移动。轴 5 通过杠杆 11 及连杆 12 使圆柱形凸轮 13 转动，凸轮 13 的曲线槽使拨叉 16 移动，从而操纵轴 XXIV 上的牙嵌式双向离合器 M_6 向相应方向啮合(参见图 3-3)。运动从光杠传给轴 XXIV，使刀架做纵向机动进给。如按下手柄 1 上端的快速按钮 S，快速电动机启动，刀架就可向相应方向快速移动，直到松开快速移动按钮。

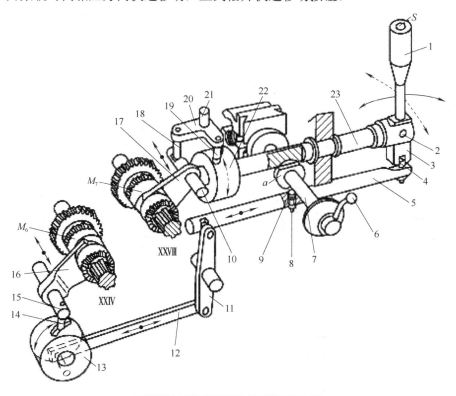

图 3-11 纵、横向机动进给操纵机构

1、6-手柄；2、21-销轴；3-手柄座；4、9-球头销；5、7、23-轴；8-弹簧销；10、15-拨叉轴；
11、20-杠杆；12-连杆；13、22-凸轮；14、18、19-圆销；16、17-拨叉；S-按钮

当需要横向移动刀架时，向前或向后扳动操纵手柄 1，使轴 23 和圆柱凸轮 22 转动，凸轮 22 上的曲线槽迫使杠杆 20 摆动，通过拨叉 17 拨动轴 XXVIII 上的牙嵌式双向离合器 M_7 向相应方向啮合。这时如接通光杠或快速电动机，就可实现刀架的横向机动进给或快速移动。操纵手柄 1 处于中间位置时，离合器 M_6 和 M_7 均脱开，这时机动进给及快速移动均断开。

为了避免同时接通纵向和横向运动，在手柄 1 处的外盖上开有十字形槽(图中未画出)，使操纵手柄不能同时接通纵向和横向运动。

3．互锁机构

机床工作时，纵、横向机动进给运动和丝杠传动不能同时接通。丝杠传动是由开合螺母的开或合来控制的。因此，溜板箱中设有互锁机构，保证车螺纹开合螺母合上时，机动进给运动不能接通；而当机动进给运动接通时，开合螺母不能合上。

图 3-12 是互锁机构的工作原理图，图中各件号的含义与图 3-11 相同。图 3-12(a) 是中间位置时的情况，这时机动进给或快速移动未接通，开合螺母处于脱开状态，所以可任意地拨动开合螺母操纵手柄 6 或机动进给操纵手柄 1。图 3-12(b) 是合上开合螺母时的情况，这时由于手柄 6 所操纵的轴 7 转过了一个角度，轴 7 的凸肩转入轴 23 的槽中，将轴 23 卡住，使它不能转动。同时凸肩又将球头销 9 的一半压入轴 5 的孔中，球头销 9 的另一半还留在固定套 24 中，使轴 5 不能轴向移动。因此，如合上开合螺母，机动进给的操纵手柄 1 就被锁在中间位置上，不能扳动，也就不能再接通机动进给或快速移动。图 3-12(c) 是向左扳动机动进给手柄 1 接通纵向进给时的情况，这时轴 5 向右移动，球头销 9 被轴 5 的表面顶住不能往下移动，销 9 的圆柱段处在固定套 24 的圆孔中，上端则卡在轴 7 的 V 形槽中，将手柄轴 7 锁住，使开合螺母操纵手柄 6 不能转动，开合螺母不能闭合。图 3-12(d) 是向前扳动手柄 1 接通横向进给时的情况，这时轴 23 转动，其上的长槽也随之转开而不对准轴 7，于是手柄轴 7 上的凸肩被轴 23 顶住，使轴 7 不能转动，开合螺母也就不能再闭合。

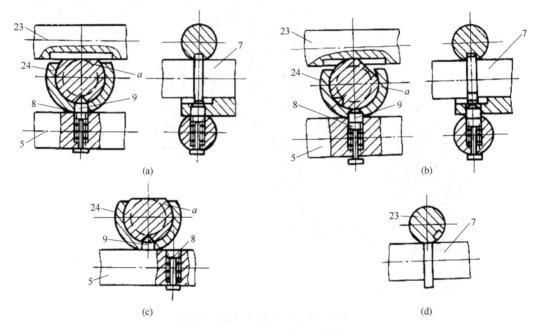

图 3-12　互锁机构工作原理

图中各序号含义同图 3-11；24-固定套

4. 超越离合器

在蜗杆轴 XXII 的左端和齿轮 z_{56} 之间装有超越离合器，超越离合器的作用是使机床的快速进给传动与正常进给传动互不干涉。超越离合器的结构如图 3-13 所示。

机动进给时，由光杠传来的运动通过超越离合器传给溜板箱，这时齿轮 z_{56}（即外环 1）按图示逆时针方向转动，三个圆柱滚子 3 在弹簧 5 的弹力和摩擦力的作用下，被楔紧在外环 1 和星形体 2 之间，外环 1 通过滚子 3 带动星形体 2 一起转动，运动再经过超越离合器右边的安全离合器传至轴 XXII，实现机动进给。当按下快速按钮，快速电动机的转动经齿轮副 18/24 传至轴 XXII，经安全离合器使星形体 2 得到一个与外环 1 转向相同但转速高得多的转动。这时摩擦力使滚子 3 压缩弹簧 5 向楔形槽的宽端滚动，外环 1 与星形体 2 脱开联系。这时光杠和齿轮 z_{56} 虽然仍在旋转，但不再传动轴 XXII，因此，快速移动时无须脱开进给链。

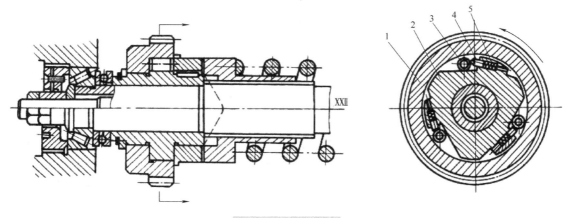

图 3-13 超越离合器

1-外环；2-星形体；3-滚子；4-顶销；5-弹簧

5. 安全离合器

机动进给时，当进给力过大或刀架移动受阻时，为了避免损坏传动机构，在进给运动传动链中设置安全离合器来自动停止进给。

安全离合器的工作原理如图 3-14 所示。由光杠传来的运动经齿轮 z_{56} 及超越离合器传至安全离合器的左半部 1，通过螺旋形端面齿传至安全离合器的右半部 2，再经花键传至轴 XXII。螺旋形端面在传递转矩时产生轴向分力，这个力靠弹簧 3 的弹力来平衡。当机床过载时，螺旋面上的轴向分力超过规定值，弹簧 3 的弹力将不能保持安全离合器的左右两半部相啮合，从而产生打滑，使传动链断开。当过载消失后，在弹簧 3 弹力的作用下，安全离合器恢复啮合，传动链重新接通。

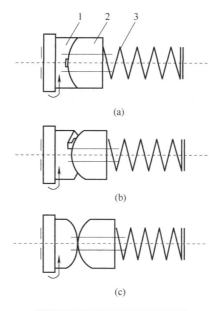

(a)

(b)

(c)

图 3-14 安全离合器工作原理

1-离合器左半部；2-离合器右半部；3-弹簧

3.4 其他常见车床简介

车床的种类很多，除了卧式车床，按其用途和结构的不同，还有仪表车床、落地车床、回轮车床、转塔车床、立式车床、自动车床、半自动车床、曲轴及凸轮轴车床等。

3.4.1 立式车床

一些径向尺寸大而轴向尺寸相对较小的大型零件，难以在卧式车床上装夹、找正，通常要使用立式车床进行加工。立式车床的主轴垂直布置，安装工件的圆形工作台直径大，台面呈水平布置。这样的布局便于工件的安装、找正，另外工件及工作台的重量均布在工作台导轨及推力轴承上，对减少磨损、保持机床工作精度有利。

立式车床有单柱式和双柱式两种，如图 3-15 所示。单柱式加工直径一般小于 1600mm，双柱式最大加工直径已达 25000mm 以上。

图 3-15(a)所示为单柱式立式车床外形图，它由一个箱形立柱与底座连接成为一个整体。工作台 2 安装在底座 1 的圆环形导轨上，工件由工作台 2 带动绕垂直主轴旋转以完成主运动。垂直刀架 4 安装在横梁 5 的水平导轨上，刀架可沿其做横向进给及沿刀架滑鞍的导轨做垂直进给，以车削外圆、端面、沟槽等表面。垂直刀架 4 还可偏转一定角度，使刀架做斜向进给，以加工内圆锥面。侧刀架 7 安装在立柱 3 的垂直导轨上，可垂直和水平做进给运动，主要用于车外圆、端面、沟槽和倒角。中小型立式车床的垂直刀架通常带有转塔刀架，安装几把刀具轮流使用。进给运动由单独的电动机驱动，能做快速移动。

图 3-15(b)所示为双柱式立式车床外形图，它由两根立柱及顶梁 9 构成封闭式框架，因而刚度较高。另外，在横梁上装有两个垂直刀架。

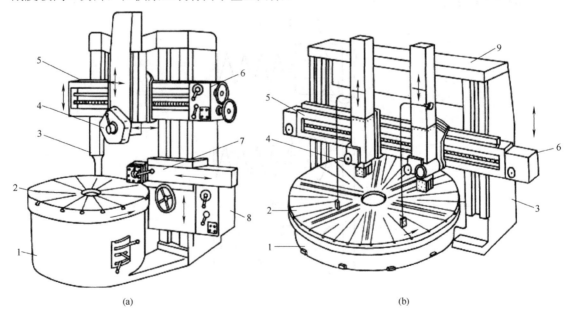

(a)   (b)

图 3-15 立式车床外形图

1-底座；2-工作台；3-立柱；4-垂直刀架；5-横梁；6-垂直刀架进给箱；7-侧刀架；8-侧刀架进给箱；9-顶梁

3.4.2 转塔、回轮车床

卧式车床的方刀架上最多只能安装四把刀具,尾座只能安装一把孔加工刀具,且无机动进给。因而,应用卧式车床加工一些形状较为复杂,特别是带有内孔和内外螺纹的工件时,需要频繁换刀、对刀、移动尾座以及试切、测量尺寸等,从而使得辅助时间延长,生产效率降低,劳动强度增大。特别在批量生产中,卧式车床的这种不足表现得更为突出。为了缩短辅助时间,提高生产效率,在卧式车床的基础上,研制了转塔、回轮车床。转塔、回轮车床与卧式车床的主要区别是没有尾座和丝杠,并在床身导轨右端装有一个可纵向移动的多工位刀架,此刀架可装几组刀具。多工位刀架可以转位,将不同刀具依次转至加工位置,对工件轮流进行多刀加工。每组刀具的行程终点是由可调整的挡块来控制的,加工时不必对每个工件进行测量和反复装卸刀具。因此,在成批加工形状复杂的工件时,它的生产率高于卧式车床。这类机床由于没有丝杠,所以加工螺纹时只能使用丝锥、板牙或螺纹梳刀等,加工螺纹精度不高。根据多工位刀架的结构及回转方式,又将此类车床分为转塔式和回轮式两种。图 3-16 所示为适合在该类机床上加工的典型零件。

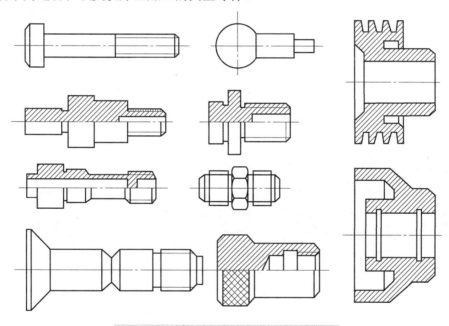

图 3-16 转塔、回轮车床上加工的典型零件

转塔车床如图 3-17 所示,除有前刀架 2 外,还有一个可绕垂直轴线回转的转塔刀架 3。前刀架可做纵、横向进给,以便车削大直径圆柱面、内外端面和沟槽。转塔刀架只能做纵向进给,主要用于加工内外圆柱面及内外螺纹。

回轮车床如图 3-18 所示,它没有前刀架,但布置有回轮刀架 4。回轮刀架能绕与主轴轴线平行的自身轴线回转,从而进行换刀。回轮刀架的端面有若干安装刀具用的轴向孔,通常有 12 个或 16 个。当刀具孔转到最上端位置时,其轴线与主轴轴线正好在同一直线上。回轮刀架可沿床身导轨做纵向进给运动,进行车削内外圆、钻孔、扩孔、铰孔和加工螺纹等工序。机床做成型车削、切槽及切断加工所需的横向进给,是靠回轮刀架做缓慢的转动来实现的。回轮机床主要用来加工直径较小的工件,所用毛坯通常是棒料。

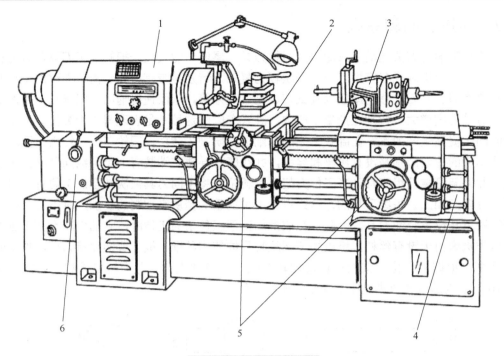

图 3-17　转塔车床外形图

1-主轴箱；2-前刀架；3-转塔刀架；4-床身；5-溜板箱；6-进给箱

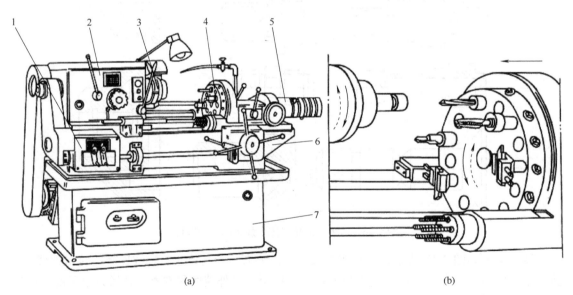

(a)　　　　　　　　　　　　　　　(b)

图 3-18　回轮车床外形图

1-进给箱；2-主轴箱；3-夹料夹头；4-回轮刀架；5-挡块轴；6-床身；7-底座

3.4.3　落地车床

在车削直径大而短的工件时，不可能充分发挥卧式车床的床身和尾架的作用。而这类大直径的短零件通常也没有螺纹，这时，可以在没有床身的落地车床上加工。

图 3-19 所示是落地车床的外形。主轴箱 1 和滑座 8 直接安装在地基或落地平板上。工件

夹持在花盘 2 上，刀架(滑板)3 和小刀架 6 可做纵向移动，小刀架座 5 和刀架座 7 可做横向移动，当转盘 4 转到一定角度时，可利用小刀架座 5 或小刀架 6 车削圆锥面。主轴箱和刀架由单独的电动机驱动。

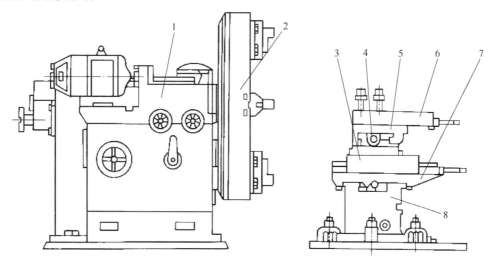

图 3-19 落地车床外形图

1-主轴箱；2-花盘；3-刀架(滑板)；4-转盘；5-小刀架座；6-小刀架；7-刀架座；8-滑座

习题与思考题

3-1 车床在车削螺纹时的主运动是什么？它可以分解为什么运动？

3-2 卧式车床的主要参数有哪些？它们的作用是什么？

3-3 绘制传动系统图时应注意哪些问题？

3-4 CA6140 型卧式车床能车削什么样的螺纹？

3-5 CA6140 型车床的主要机构中，主轴箱和溜板箱的主要作用是什么？

3-6 CA6140 型车床进给传动系统中，主轴箱和溜板箱中各有一套换向机构，它们的作用有何不同？能否用主轴箱中的换向机构来变换纵、横向机动进给的方向？

3-7 卧式车床进给传动系统中，为何既有光杠又有丝杠来实现刀架的直线运动？可否单独设置丝杠或光杠？为什么？

3-8 为什么卧式车床溜板箱中要设置互锁机构？丝杠传动与纵向、横向机动进给能否同时接通？纵向和横向机动进给之间是否需要互锁？为什么？

3-9 为什么卧式车床主轴箱的运动输入轴常采用卸荷式带轮结构？

3-10 请指出摩擦离合器的功用以及摩擦片磨损后的调整方法。

第4章 齿轮加工机床

4.1 齿轮加工机床的工作原理及分类

4.1.1 齿轮的加工方法

齿轮是最常用的传动件。齿轮的加工方法分无切削加工和切削加工两类。齿轮的无切削加工主要有铸造、热轧、冷挤、注塑等，无切削加工具有生产率高、材料消耗小和成本低等优点。铸造齿轮的精度较低，常用于农业机械和矿山机械；冷挤法精度较高，只适用于小模数齿轮的加工；对于工程塑料齿轮来说，注塑加工是成型的较好方法。对于有较高传动精度要求的齿轮来说，切削加工仍是目前主要的加工方法。

齿轮加工机床是用来加工齿轮轮齿表面的机床。齿轮加工机床的种类很多，它们的构造及加工方法也各不相同，但按形成轮齿的原理，切削齿轮的方法可分为成型法和展成法两大类。

1. 成型法

成型法加工齿轮是使用切削刃形状与被加工齿轮的齿槽形状相同的成型刀具切削轮齿的方法。由刀具的切削刃形成渐开线母线，再加上一个沿齿坯齿向的直线运动形成所加工齿面。常见的有铣齿，在铣床上用盘形齿轮铣刀或指形齿轮铣刀铣削齿轮，此外，也可以在刨床或插床上用成型刀具刨、插削齿轮。成型法加工齿轮是采用单齿廓成型分齿法，即加工完一个齿槽后，退回原处，工件分度，再加工下一个齿，直至铣完所有齿槽，因此生产率较低。此外，由于轮齿齿廓渐开线的形状与齿轮的齿数和模数有关，即使同一模数的齿轮，齿数不同，其齿廓渐开线形状也不同，需采用不同的成型刀具。而在实际生产中，为了减少成型刀具的数量，每一种模数通常只配有八把一套或十五把一套的成型铣刀，每把刀具适应一定的齿数范围，因此加工出来的齿形是近似的，加工精度较低。但这类方法机床简单，不需要专用设备，适用于单件小批生产和加工精度要求不高的修配行业中。

2. 展成法

展成法加工齿轮是利用齿轮啮合的原理进行的，其切齿过程模拟齿轮副(如齿轮-齿条副、齿轮-齿轮副)的啮合过程。把其中的一个做成刀具，另一个作为工件，并强制刀具和工件作严格的啮合运动，被加工工件的齿形表面是在刀具和工件包络过程中，由刀具切削刃的位置连续变化形成的。用展成法加工齿轮的优点是，用同一把刀具可以加工模数相同而任意齿数的齿轮。其加工精度和生产率都比较高，在齿轮加工中应用最为广泛。属于展成法的有滚齿、插齿、剃齿、研齿、珩齿、展成法磨齿等。

4.1.2　齿轮加工机床的类型

齿轮加工机床的种类繁多，按被加工齿轮的种类进行分类时，一般可分为圆柱齿轮加工机床和锥齿轮加工机床两大类。圆柱齿轮加工机床主要有滚齿机、插齿机等。锥齿轮加工机床又分为直齿锥齿轮加工机床和曲线齿锥齿轮加工机床，直齿锥齿轮加工机床有刨齿机、铣齿机、拉齿机等，曲线齿锥齿轮加工机床有加工各种不同曲线齿锥齿轮的铣齿机和拉齿机等。

按切削方法进行分类时，常用的有滚齿机、插齿机、剃齿机、磨齿机、珩齿机等。其中，剃齿机、磨齿机、珩齿机是用来精加工齿轮齿面的机床。

4.2　滚齿机的运动分析

4.2.1　滚齿原理

滚齿机是根据展成法原理加工齿轮的，滚齿加工是由一对交错轴斜齿轮啮合传动原理演变而来的，如图 4-1(a)所示。将这对啮合传动副中的一个齿轮的齿数减少到一个或几个，螺旋角增大到很大，它就成了蜗杆，如图 4-1(b)所示。再将蜗杆开槽并铲背，使其具有可切削性，就成了齿轮滚刀，如图 4-1(c)所示。机床传动链使被加工齿轮和滚刀保持一对螺旋齿轮的啮合关系，再加上滚刀的进给运动，就可完成对工件全部齿形的加工。

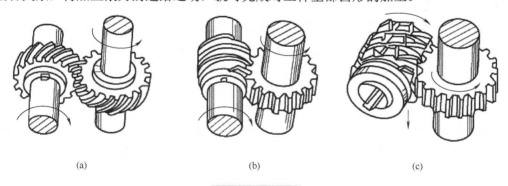

　　　　(a)　　　　　　　　　　　　(b)　　　　　　　　　　　　(c)

图 4-1　滚齿原理

4.2.2　滚切直齿圆柱齿轮

加工直齿圆柱齿轮时，滚刀轴线与齿轮端面倾斜一个角度，其值等于滚刀螺旋升角，使滚刀螺纹方向与被切齿轮齿向一致。用滚刀加工直齿圆柱齿轮时必须具备以下两个运动（图 4-2）：一个是形成渐开线（母线）齿廓所需的展成运动 B_{11} 和 B_{12}；另一个是切出整个齿宽所需的滚刀沿工件轴线的垂直进给运动 A_2。图 4-2 中 δ 为滚刀安装角，ω 为滚刀的螺旋升角。

图 4-3 所示为滚切直齿圆柱齿轮的传动原理图，为完成滚切直齿圆柱齿轮，需要以下三条传动链。

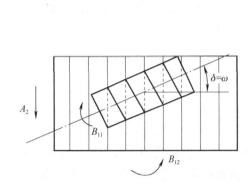

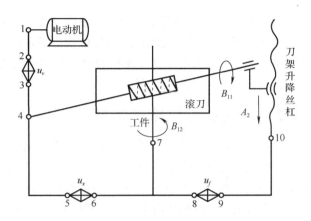

图 4-2　滚切直齿圆柱齿轮所需要的运动　　　图 4-3　滚切直齿圆柱齿轮的传动原理图

（1）主运动传动链。每个表面成型运动都应该有一个外联系传动链与动力源相联系，以产生切削运动。即滚刀的旋转运动为主运动 B_{11}，其传动链为：电动机—1—2—u_v—3—4—滚刀。其中，u_v 为换置机构，用以变换滚刀的转速。

（2）展成运动传动链。展成运动是滚刀与工件之间的啮合运动，这是一个复合的表面成型运动，可以被分解为两个部分：滚刀的旋转运动 B_{11} 和工件的旋转运动 B_{12}。B_{11} 和 B_{12} 相互运动的结果，形成了轮齿表面的母线——渐开线。复合运动的两个组成部分 B_{11} 和 B_{12} 之间需要有一个内联系传动链，这个传动链应能保证 B_{11} 和 B_{12} 之间严格的传动比关系。设滚刀的头数为 K，工件的齿数为 z，则滚刀每转 1 转，工件应转过 K/z 转。B_{11} 和 B_{12} 之间的传动动链是：滚刀—4—5—u_x—6—7—工件（即工作台）。其中，换置机构 u_x 用以适应工件齿数和滚刀头数的变化，其传动比的数值要求很精确。

（3）轴向进给运动传动链。为了切出整个齿宽，即形成轮齿表面的导线，滚刀在自身旋转的同时，必须沿工件轴线方向做连续的进给运动 A_2。其传动链为：工件（即工作台）—7—8—u_f—9—10—刀架升降丝杠，这是一条外联系传动链，其中，换置机构 u_f 用于调整轴向进给量的大小和进给方向，以适应不同加工表面粗糙度的要求。轴向进给运动是一个独立的简单运动，作为外联系传动链它可以使用独立的运动源来驱动，所以用工作台作为间接运动源，是因为滚齿时的进给量通常以工件每转一转时，刀架的位移量来计量，且刀架运动速度较低，采用这种传动方案，不仅能满足工艺上的需要，还能简化机床的结构。

4.2.3　滚切斜齿圆柱齿轮

如图 4-4 所示，斜齿圆柱齿轮在齿长方向为一条螺旋线，为了形成螺旋线齿线，在滚刀做轴向进给运动 A_{21} 的同时，工作台还应做附加转动 B_{22}，且这两个运动之间必须保持确定的关系：滚刀移动一个螺旋线导程 S 时，工件应准确地附加转过 1 转。因此，加工斜齿圆柱齿轮时的进给运动是螺旋运动，是一个复合运动，工作台要同时完成 B_{12} 和 B_{22} 两种旋转运动，故 B_{22} 常称为附加转动。

实现滚切斜齿圆柱齿轮所需成型运动的传动原理如图 4-5 所示，其中，主运动、展成运动以及轴向进给运动传动链与加工直齿圆柱齿轮时相同，只是在刀架与工作台之间增加了一条附加运动传动链：刀架升降丝杠—12—13—u_y—14—15—Σ—6—7—u_x—8—9—工件（即工作台），以保证刀架沿工作台轴线方向移动一个螺旋线导程 S 时，工件附加转过 1 转，形成螺旋线齿线，显然这是一条内联系传动链。传动链中的换置机构 u_y 用于适应不同的螺旋线导程 S。由于滚切斜齿圆柱齿轮时，工作台的旋转运动既要与滚刀旋转运动配合，组成形成渐开线齿廓的展成运动，又要与滚刀刀架轴向进给运动配合，组成形成螺旋线齿长的附加运动，所以加工时工作台的实际旋转运动是上述两个运动的合成。为了使工作台能同时接受来自两条传动链的运动而不发生矛盾，就需要在传动链中配置一个运动合成机构，将两个运动合成之后再传给工作台。运动合成机构通常是圆柱齿轮或锥齿轮行星机构。由于这个传动联系是通过合成机构的差动作用使工作台得到附加的转动，所以这个传动联系一般称为差动传动链。

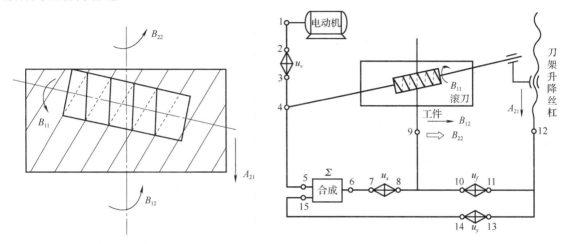

图 4-4　滚切斜齿圆柱齿轮所需的运动　　　　图 4-5　滚切斜齿圆柱齿轮的传动原理图

滚齿机既可以加工直齿圆柱齿轮，又可以加工斜齿圆柱齿轮，因此，滚齿机是根据滚切斜齿圆柱齿轮的原理设计的。当滚切直齿圆柱齿轮时，将上述差动传动链断开(换置机构不挂挂轮)，并把合成机构通过结构固定成一个如同联轴器的整体。

4.3　YC3180 型滚齿机

4.3.1　机床的用途和布局

YC3180 型滚齿机能加工的工件最大直径为 800mm，最大模数为 10mm，最小工件齿数为 8。该类型滚齿机除具备普通滚齿机的全部功能外，还可采用硬质合金滚刀对高硬度(50～60HRC)齿面齿轮用滚切工艺进行半精加工或精加工，以部分取代磨齿，它是提高齿轮加工精度、降低齿轮成本的理想加工齿轮设备。

图 4-6 是 YC3180 型滚齿机的外形图。立柱 2 固定在床身 1 上。刀架溜板 3 可沿立柱上的导轨上下移动，滚刀架 5 可绕自己的水平轴线转位，以调整滚刀和工件间相对位置(安装角)，使其相当于一对轴线交叉的交错轴斜齿轮副啮合。滚刀安装在刀杆主轴 4 上。工件装在工作台 9 的工件心轴 7 上，随工作台一起旋转。后立柱 8 和工作台 9 装在同一溜板上，可沿床身 1 的导轨做水平方向移动，用以调整工件的径向位置或作径向进给运动。

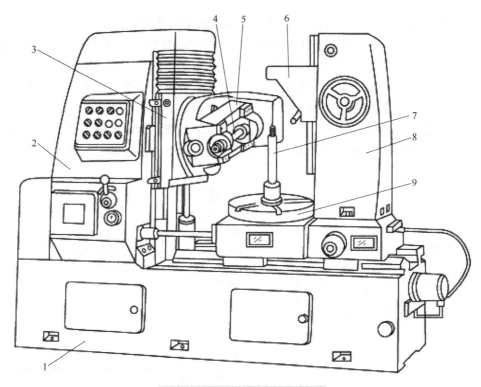

图 4-6　YC3180 型滚齿机外形图

1-床身；2-立柱；3-刀架溜板；4-刀杆；5-滚刀架；6-支架；7-工件心轴；8-后立柱；9-工作台

4.3.2　机床传动系统分析

YC3180 型滚齿机的传动系统图如图 4-7 所示。滚齿机的传动系统比较复杂，在进行机床的运动分析时，应根据机床的传动原理图，从传动系统图中找出各传动链的两端件及其对应的传动路线和相应的换置机构；根据传动链两端件间的计算位移，列出运动平衡式，导出换置公式。

1. 加工直齿圆柱齿轮传动链

1）主运动传动链

由图 4-3 的传动原理图可知，主运动传动链为：电动机—1—2—u_v—3—4—滚刀（B_{11}）。在传动系统图中可以找到相应的传动链。两个末端件分别是主电动机和滚刀。从主电动机开始，按传动先后顺序，可列出这条传动链的传动路线：

$$\text{电动机}—\frac{\phi 90}{\phi 176} \begin{Bmatrix} \dfrac{24}{48} \\[1mm] \dfrac{28}{44} \\[1mm] \dfrac{32}{40} \end{Bmatrix} \begin{Bmatrix} \dfrac{24}{48} \\[1mm] \dfrac{36}{36} \\[1mm] \dfrac{48}{24} \end{Bmatrix} —\frac{33}{35}—\frac{23}{23}—\frac{23}{23}—\frac{23}{23}—\frac{20}{80}—\text{滚刀}$$

与传动原理图相对比，带传动副 $\phi 90/\phi 176$ 相当于 1—2 段；两组三联滑移齿轮副相当于

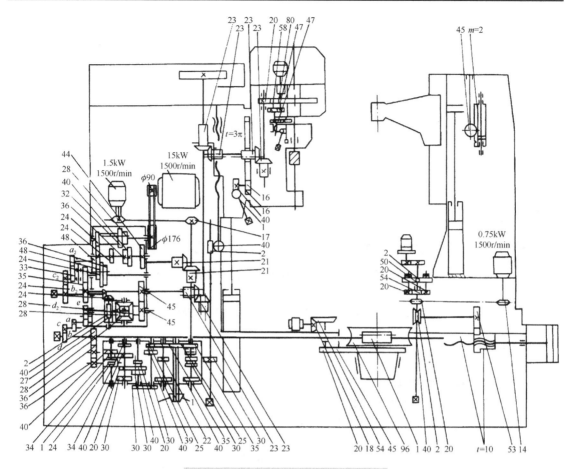

图 4-7　YC3180 型滚齿机的传动系统图

换置机构 u_v；33/35 至 20/80 相当于 3—4 段。

两端件的计算位移分别是：电动机转速为 1500r/min，主轴转速为 n。

根据计算位移关系及传动链的传动路线，可以列出运动平衡式：

$$1500 \times \frac{90}{176} \times u_v \times \frac{33}{35} \times \frac{23}{23} \times \frac{23}{23} \times \frac{23}{23} \times \frac{20}{80} = n$$

进而可导出换置公式为

$$u_v = \frac{n}{180.8}$$

滚刀主轴转速根据切削速度和滚刀外径计算。当给定 n 时，就可以按上式计算出 u_v。

2）展成运动传动链

由图 4-5 的传动原理图可知，展成运动传动链为：滚刀（B_{11}）—4—5—Σ—6—7—u_x—8—9—工件（B_{12}）。两个末端件分别是滚刀和工件。列出这条传动链的传动路线：

$$滚刀 — \frac{80}{20} — \frac{23}{23} — \frac{23}{23} — \frac{23}{23} — \frac{45}{45} — 合成（机构） — \frac{e}{f} — \frac{a}{b} — \frac{c}{d} — \frac{1}{96} — 工件$$

与传动原理图相比，从 80/20 至 45/45 相当于定比传动 4—5 段；分齿挂轮 e/f、a/b、c/d 相当于换置机构 u_x；1/96 相当于 8—9 段。

两端件的计算位移分别是：滚刀 1 转，工件 K/z 转。K 为滚刀头数，z 为工件齿数。

列出运动平衡式：

$$1 \times \frac{80}{20} \times \frac{23}{23} \times \frac{23}{23} \times \frac{23}{23} \times \frac{45}{45} \times u_{合} \times \frac{e}{f} \times \frac{a}{b} \times \frac{c}{d} \times \frac{1}{96} = \frac{K}{z}$$

加工直齿圆柱齿轮时，合成机构被锁住，传动比 $u_{合}=1$。由上式可导出分齿挂轮（换置机构）传动比 u_x 的计算公式为

$$u_x = \frac{e}{f} \times \frac{a}{b} \times \frac{c}{d} = 24\frac{K}{z}$$

$$\frac{a}{b} \times \frac{c}{d} = \frac{f}{e} 24\frac{K}{z}$$

挂轮 e/f 用于工件齿数 z 在较大范围内变化时调整 $\frac{a}{b} \times \frac{c}{d}$ 的数值，保证其分子、分母相差倍数不致过大，从而使挂轮架结构紧凑。K 通常为 1 或 2，当 $z=21\sim161$ 时，$e=f=42$，这时 $\frac{a}{b} \times \frac{c}{d} = 24\frac{K}{z}$。当 $z=8\sim20$ 时，$24\frac{K}{z}$ 有可能大于 1，为了避免在挂轮架处升速，取 $e=56$，$f=28$，$\frac{a}{b} \times \frac{c}{d} = 12\frac{K}{z}$。当 $z>161$ 时，$24\frac{K}{z}$ 太小，挂轮架的被动轮太大，这时取 $e=28$，$f=56$，$\frac{a}{b} \times \frac{c}{d} = 48\frac{K}{z}$。

3) 轴向进给运动传动链

由图 4-5 的传动原理图可知，轴向进给运动传动链为：工件 (B_{12})—9—10—u_f—11—12—刀架升降丝杠。两个末端件分别是工件和刀架升降丝杠。列出这条传动链的传动路线：

$$工件-\frac{96}{1}-\frac{27}{36}-\frac{36}{36}-\frac{1}{24}-\left\{\begin{array}{c}\frac{40}{34}\\[4pt]\frac{34}{40}\end{array}\right\}-\left\{\begin{array}{c}\frac{40}{20}\\[2pt]\frac{30}{30}\\[2pt]\frac{20}{40}\end{array}\right\}-\frac{30}{30}-\left\{\begin{array}{c}\frac{39}{22}\\[4pt]\frac{25}{35}\end{array}\right\}-\left\{\begin{array}{c}\frac{40}{40}\\[4pt]\frac{35}{25}-\frac{25}{35}\end{array}\right\}$$

$$-\frac{30}{30}-\frac{2}{40}-刀架升降丝杠(t=3\pi)$$

与传动原理图相比，从 96/1 至 1/24 相当于 9—10 段；三组滑移齿轮相当于换置机构 u_f；其后是一个进给换向机构，传动比均是 1；从 30/30 至 2/40 相当于 11—12 段。

两端件的计算位移分别是：工件 1 转，滚刀架的轴向进给量 f（单位为 mm）。

列出运动平衡式：

$$1 \times \frac{96}{1} \times \frac{27}{36} \times \frac{36}{36} \times \frac{1}{24} \times u_f \times \frac{30}{30} \times \frac{2}{40} \times 3\pi = f$$

由上式可导出换置机构（进给箱）传动比 u_f 的计算公式为

$$u_f = \frac{f}{0.45\pi}$$

2. 加工斜齿圆柱齿轮传动链

在滚切斜齿齿轮时，进给是螺旋运动，在刀架直线移动 A_{21} 与工件旋转 B_{22} 之间还需要一

条内联系传动链以形成螺旋线。这条传动链为差动传动链。除此之外，其他的传动链与滚切直齿齿轮时相同。

1) 展成运动传动链

滚切斜齿圆柱齿轮时的展成运动传动链的传动路线以及两末端件之间的计算位移都与滚切直齿圆柱齿轮时相同。但由于滚切斜齿圆柱齿轮时需要运动合成，所以，在运动平衡式中，通过合成机构的传动比是以 $u_合 = -1$ 代入的(合成机构是一个锥齿轮差动机构，4 个锥齿轮齿数相等。展成运动从恒星轮传入，从另一恒星轮传出，两恒星轮转速相同，但转向相反，故传动比为-1)，这与滚切直齿圆柱齿轮时不同。由于使用合成机构后轴的旋转方向改变，所以在安装展成运动传动链的分齿挂轮时，要按机床使用说明书的规定选用惰轮。

2) 差动传动链

由图 4-5 可知，差动传动链为：刀架升降丝杠(即刀架)—12—13—u_y—14—15—Σ—6—7—u_x—8—9—工件(即工作台)。两个末端件分别是刀架和工作台。列出这条传动链的传动路线：

$$刀架 - \frac{40}{2} - \frac{30}{30} - \frac{21}{21} - \frac{a_2}{b_2} - \frac{c_2}{d_2} - \frac{24}{24} - \frac{2}{40} - 合成(机构) - \frac{e}{f} - \frac{a}{b} - \frac{c}{d} - \frac{1}{96} - 工件$$

与传动原理图相对比，从 40/2 至 21/21 相当于 12—13 段；a_2/b_2、c_2/d_2 相当于换置机构 u_y；24/24 至 2/40 相当于 14—15 段；e/f、a/b、c/d 相当于换置机构 u_x；1/96 相当于 8—9 段。

两端件的计算位移分别是：刀架轴向移动一个螺旋线导程 S(单位为 mm)时，工件附加转过±1 转。

列出运动平衡式：

$$\frac{S}{3\pi} \times \frac{40}{2} \times \frac{30}{30} \times \frac{21}{21} \times \frac{a_2}{b_2} \times \frac{c_2}{d_2} \times \frac{24}{24} \times \frac{2}{40} \times u_合 \times \frac{e}{f} \times \frac{a}{b} \times \frac{c}{d} \times \frac{1}{96} = \pm 1$$

差动传动链传给工件的附加旋转运动的方向，可能与展成运动中的工件旋转方向相同，也可能相反，安装差动挂轮时，可按机床说明书的规定使用惰轮。

在合成机构中，差动链的蜗轮 z_{40} 与系杆(转臂)相联系，系杆为主动，恒星轮为被动，通过合成机构的传动比 $u_合 = 2$。

螺旋线导程 S 的计算方法为

$$S = \frac{\pi m_t z}{\tan\beta}$$

$$m_t = \frac{m_n}{\cos\beta}$$

式中，m_t 为齿轮的端面模数；m_n 为齿轮的法向模数；β 为齿轮的螺旋角。

故可得

$$S = \frac{\pi m_n z}{\tan\beta\cos\beta} = \frac{\pi m_n z}{\sin\beta}$$

将 S 的值和 $u_x = \frac{e}{f} \times \frac{a}{b} \times \frac{c}{d} = 24\frac{K}{z}$ 代入运动平衡式，可导出换置机构传动比 u_y 的计算公式为

$$u_y = \frac{a_2}{b_2} \times \frac{c_2}{d_2} = 6\frac{\sin\beta}{m_n K}$$

3. 刀架快速升降传动路线

利用快速电动机可使刀架作快速升降运动，以便调整刀架位置及进给前后实现快进和快

退。操作时，先将手柄1(图4-7)放在"快速移动"位置上，这个位置是使进给箱中的离合器处于空挡位置，断开进给箱输出轴与动力源的联系，即断开了传动原理图(图4-5)中点12与点11的联系，也就是形成导线所需的成型运动的外联系传动链被切断。这时启动轴向快速电动机(p=1.5kW、n=1500r/min)，使刀架快速升降运动，传动路线是：轴向快速电动机运动通过链轮传至进给箱的输出轴，再通过齿轮副30/30、蜗杆蜗轮副2/40使刀架做快速升降运动。

　　此外，在加工斜齿圆柱齿轮时，启动快速电动机，可经差动传动链驱动工作台旋转，以便检查工作台附加运动方向是否符合附加运动的要求。

4.4　其他齿轮加工机床的运动分析

4.4.1　插齿机

　　插齿机主要用来加工内、外啮合的圆柱齿轮，尤其适用于加工在滚齿机上无法加工的内齿轮和多联齿轮。但插齿机不能加工蜗轮。

1. 插齿原理及所需的运动

　　插齿机加工原理类似一对圆柱齿轮啮合，其中一个是工件，另一个是齿轮形刀具——插齿刀，它的模数和压力角与被加工齿轮相同。可见，插齿机同样是按展成法加工圆柱齿轮的。

　　插齿加工时所需的运动如图4-8所示。其中插齿所需的展成运动分解为插齿刀的旋转B_{11}和齿坯的旋转B_{12}，从而生成渐开线齿廓。插齿刀上下往复运动A_2是一个简单的成型运动，即主运动，用以形成轮齿齿面的导线——直线(加工直齿圆柱齿轮时)。当需要插削斜齿轮时，应该用斜齿插齿刀，插齿刀的螺旋倾角与工件的相同，但旋向相反。插齿刀主轴在一个专用螺旋导轨上移动，这样，在上下往复移动时，由于导轮的导向作用，插齿刀还得到一个附加转动。

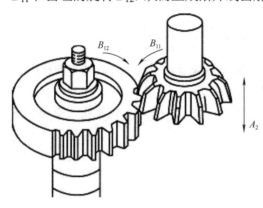

图4-8　插齿加工时所需的运动

　　插齿时，插齿刀和齿坯除完成展成运动和主运动外，还应有一个径向切入运动，直至全齿深时停止切入，这时齿坯和插齿刀继续做啮合运动一周，全部轮齿切削完毕。然后，插齿刀与工件分开，机床停机。由于插齿刀在往复运动的回程时不切削，为了减少刀具的磨损，机床还应有一个让刀运动，以便回程时插齿刀径向退离工件，切削时再复原。

2. 插齿机的传动原理图

　　用齿轮形插齿刀插削直齿圆柱齿轮时的传动原理如图4-9所示。传动原理图中，仅表示成型运动。切入运动和让刀运动并不影响加工表面的形成，所以在原理图中未表示出来。B_{11}和B_{12}是一个复合运动，需要一条内联系传动链和一条外联系传动链。图中，点8到点11之间的传动链是内联系传动链——展成传动链；点4到点8之间的传动链为外联系传动链——圆周进给传动链，圆周进给运动以插齿刀上下往复一次，插齿刀所转过的分度圆弧长计，因此，该传动链以驱动插齿刀往复的偏心轮为间接动源。

插齿刀的往复运动 A_2 是一个简单运动，只有一个外联系传动链，即由电动机 1 至曲柄偏心轮点 4 之间的传动链，这条传动链是主运动传动链，用以确定插齿刀每分钟往复次数(速度)。

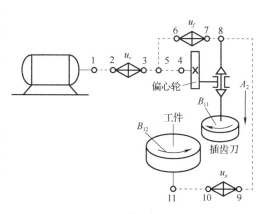

图 4-9　插齿机传动原理图

4.4.2　磨齿机

磨齿机常用于对淬硬的齿轮进行齿廓的精加工，有的也能用来直接在齿坯上磨出模数不大的轮齿。由于磨齿能纠正齿轮预加工的各项误差，因而加工精度较高。磨齿后，精度一般在 6 级以上。

1. 磨齿原理及所需的运动

磨齿机通常分为成型砂轮法磨齿和展成法磨齿两大类。成型砂轮磨齿机应用较少，多数磨齿机用展成法磨齿。

1) 成型砂轮磨齿机的原理及运动

成型砂轮磨齿机的砂轮截面形状修整的与工件齿间的齿廓形状相同(图 4-10)。图 4-10(a) 为磨削内啮合齿轮，图 4-10(b) 为磨削外啮合齿轮。砂轮是根据专用的样板，由修正机构修正的，所以这种磨齿机的加工精度相当高。这种磨齿机适用于大批量生产中磨削大模数齿轮。

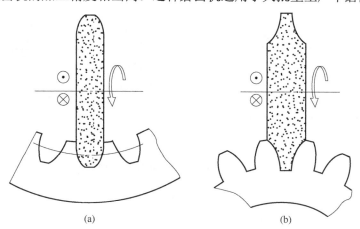

(a)　　　　　　　　　　　(b)

图 4-10　成型砂轮磨齿工作原理

磨齿时，砂轮高速旋转并沿工件轴线方向做往复运动。一个齿磨完后分度，再磨第二个齿。砂轮对工件的切入运动，由砂轮与安装工件的工作台做相对径向运动得到。机床的运动比较简单。

2) 展成法磨齿机的原理及运动

展成法磨齿机，有连续磨齿和单齿分度磨齿两大类，如图 4-11 所示。

(1) 连续磨齿。展成法连续磨削的磨齿机利用蜗杆形砂轮来磨削齿轮轮齿，称为蜗杆砂轮磨齿机。如图 4-11(a) 所示，工作原理与滚齿机相似。蜗杆形砂轮相当于滚刀，加工时与工件作展成运动，磨出渐开线。工件做轴向直线往复运动，以磨削直线圆柱齿轮的轮齿；如果做倾斜运动，则可磨削斜齿圆柱齿轮。这种磨齿机砂轮转速很高，展成传动链如采用机械方式传动，传动件的转速也将很高，则必须要求具有很高的精度。因此，目前常用的方法有以下两种：一种是采用两个同步电动机分别传动砂轮主轴和工件主轴，用挂轮换置；另一种采用数控的方法，在砂轮主轴上装脉冲发生器，发出与主轴旋转成正比的脉冲，脉冲经数控系统调制后，经伺服系统和伺服电动机传动工件主轴，在工件主轴上装反馈信号发生器。数控系统起展成换置机构的作用，就不需要展成挂轮架了。因为这种机床连续磨削，在各类磨齿机中它的生产率最高，但修整砂轮较麻烦，且不易得到很高的精度，因而常用于成批加工。

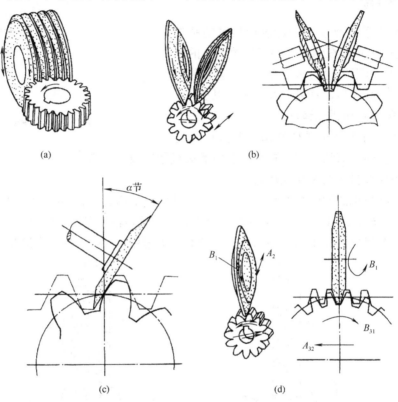

图 4-11　展成法磨齿机工作原理

（2）单齿分度磨齿。这类磨齿机根据砂轮形状又可分为碟形砂轮型、大平面砂轮型和锥形砂轮型三种（图 4-11（b）、（c）、（d））。它们的基本工作原理相同，都是利用齿条和齿轮的啮合原理，用砂轮代替齿条来磨削齿轮。齿条的齿廓是直线，形状简单，易于保证砂轮的修整精度。加工时，被切齿轮在想象的齿条上滚动，每往复滚动一次，完成一个或两个齿面的磨削，因此需要多次分度及加工，才能完成全部轮齿齿面的加工。

碟形砂轮型磨齿机用两个碟形砂轮代替齿条上的两个齿侧面，如图 4-11（b）所示。大平面砂轮型磨齿机用大平面砂轮的端面代替齿条的一个齿侧面，如图 4-11（c）所示。锥形砂轮型磨齿机用锥形砂轮的侧面代替齿条的一个齿，如图 4-11（d）所示，但砂轮较齿条的一个齿略窄，一个方向滚刀时，磨削一个齿面，另一个方向滚刀时，齿轮略做水平窜动，以磨削另一个齿面。

下面以锥形砂轮型磨齿机为例，说明单齿分度磨齿法所需的运动。形成母线（渐开线）采用展成法，齿轮（工件）完成展成运动，相当于齿轮在不动的齿条上滚动。齿轮的滚动可分解为两部分：齿轮的水平移动 A_{32} 和转动 B_{31}。形成导线（直线）采用相切法，由砂轮做旋转运动 B_1 和往复移动 A_2，以便磨出整个齿宽。磨完一个齿后，工件转过一个齿（分度运动），磨下一个齿。

2．锥形砂轮型磨齿机的传动原理图

锥形砂轮型磨齿机的传动原理如图 4-12 所示。

（1）主运动传动链。主运动传动链是为磨出整个齿宽（导线），实现刀具（砂轮）旋转主运动 B_1 的传动链。这是外联系传动链，它的两个末端件是电动机和砂轮，传动链为：电动机—1—2—u_v—3—4—砂轮。由换置机构的传动比 u_v 来调整砂轮的转速。

（2）砂轮轴向运动传动链。砂轮轴向运动传动链是为了磨出整个齿宽（导线），实现砂轮轴向运动 A_2 的传动链。它的两个末端件是电动机和砂轮，传动链为：电动机—5—6—u_f—7—8—9—砂轮。由换置机构的传动比 u_f 来调整砂轮沿工件轴向的进给量。这是外联系传动链。

（3）展成运动传动链。展成运动传动链是展成运动的内联系传动链，它把工件的移动 A_{32} 和转动 B_{31} 联系在一起，传动链为：丝杠—10—11—12—u_x—13—14—合成机构—15—16。

（4）进给传动链。进给传动链是展成运动的外联系传动链，用来把动力源接入展成运动传动链，其传动链为：17—18—u_s—19—11—10—丝杠。换置机构传动比 u_s 用来调整渐开线成型运动速度的快慢。

（5）分度运动传动链。分度运动由分度盘（点 20 至点 21）控制。磨完一个齿后，工件与砂轮脱离啮合，分度盘上的离合器合上，分度盘转一定的转数，经换置机构 u_y 和合成机构把运动传给工件，使工件转过一个齿。分度完毕，离合器脱开，分度盘定位。分度时，展成运动不停止，分度运动 B_d 和展成运动中的 B_{31} 都传给工件，故需合成机构先把它们合并起来。分度运动不是成型运动，故下角标不随成型运动编号。

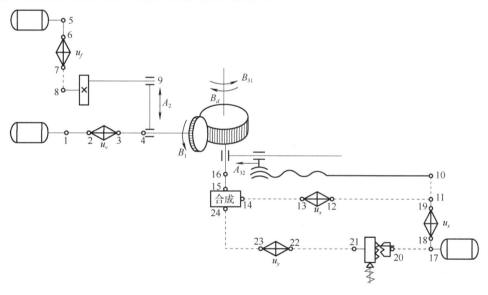

图 4-12 锥形砂轮型磨齿机的传动原理图

习题与思考题

4-1 分析比较应用范成法与成型法加工圆柱齿轮各有何特点？

4-2 齿轮加工机床按切削技术可以分为哪些？其中滚齿机是根据什么原理加工齿轮的？

4-3 直齿圆柱齿轮的加工必须具备什么运动？

4-4　简述滚齿机的滚齿原理。

4-5　YC3180 型滚齿机与普通滚齿机相比有哪些特点？

4-6　简述 YC3180 型滚齿机刀架快速升降的传动路线。

4-7　插齿机的加工范围是什么？

4-8　磨齿机的加工范围是什么？

4-9　锥形砂轮型磨齿机有哪几条传动链？

4-10　按形成轮齿的原理分类，切削齿轮的方法有哪几类？其各自的成型原理是什么？

4-11　根据图 4-2 和图 4-3 分析滚切直齿圆柱齿轮的传动链。

4-12　根据图 4-8 分析插齿加工直齿圆柱齿轮时所需的运动。

4-13　分析插齿加工直齿圆柱齿轮和斜齿圆柱齿轮时的异同点。

4-14　在滚齿机上滚切斜齿圆柱齿轮时，附加运动和垂直进给运动传动链的两端件都是工作台与刀架，这两条传动链是否可以合并为一条传动链，为什么？

4-15　根据图 4-9 插齿机传动原理图，写出主运动传动链，并确定插齿刀每分钟往复次数（速度）。（已知：电机转速为 1500r/min，u_{12}=90/176，u_v=21/40，u_{35}=33/35，u_{54}=23/46。）

4-16　对比滚齿机和插齿机的加工方法，说明它们各自的特点及主要应用范围。

4-17　滚齿机上加工斜齿圆柱齿轮时，工件的展成运动 B_{12} 和附加运动 B_{22} 的方向如何确定？

第5章 其他机床

本章知识要点

(1)掌握铣床的结构特点及 X6132 型万能升降台铣床的传动系统。

(2)掌握 M1432A 型万能外圆磨床工作特点及传动系统。

(3)了解其他磨床、镗床、钻床、刨床、拉床等机床的工艺范围、工作原理和特点。

5.1 铣 床

5.1.1 铣床的功用和类型

铣床是用铣刀进行铣削加工的机床。通常铣削的主运动是铣刀的旋转,工件或铣刀的移动为进给运动。铣床的加工范围很广,可以加工平面(水平面、垂直面等)、沟槽(键槽、T 形槽、燕尾槽等)、分齿零件(齿轮、花键轴、链轮等)、螺旋表面(螺纹和螺旋槽)及各种曲面。图 5-1 所示为铣床加工的典型表面。由于它的切削速度较高,又是多刃连续切削,所以其加工平面的效率比刨削加工高。

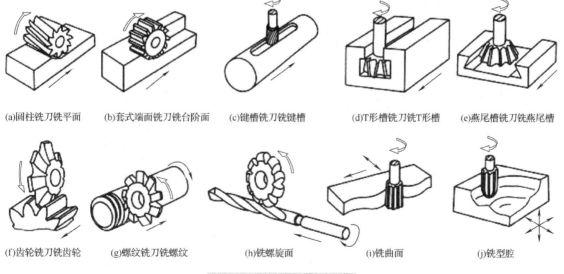

(a)圆柱铣刀铣平面 (b)套式端面铣刀铣台阶面 (c)键槽铣刀铣键槽 (d)T形槽铣刀铣T形槽 (e)燕尾槽铣刀铣燕尾槽

(f)齿轮铣刀铣齿轮 (g)螺纹铣刀铣螺纹 (h)铣螺旋面 (i)铣曲面 (j)铣型腔

图 5-1 铣床的典型加工表面

铣床的主要类型有升降台式铣床、床身式铣床、龙门铣床、工具铣床、仿形铣床和各种专门化铣床等。

1. 升降台式铣床

升降台式铣床按主轴在铣床上布置方式的不同，有卧式升降台铣床、万能升降台铣床和立式升降台铣床三大类，适用于单件、小批及成批生产中的小型零件加工。

图 5-2 所示为卧式升降台铣床，其主轴为水平布置。床身 1 固定在底座 8 上，床身内部装有主传动机构，顶部的燕尾形导轨上装有悬梁 2，可以沿主轴轴线方向调整其前后位置。悬梁 2 的下面装有刀杆支架 4，用于支承刀杆的悬伸端。升降台 7 安装在床身 1 的垂直导轨上，可上下(垂直)移动，升降台内装有进给运动和快速移动装置及操纵机构等。升降台上面的水平导轨上装有床鞍 6，可沿主轴的轴线方向移动。工作台 5 装在床鞍 6 的导轨上，可沿垂直于主轴轴线的方向移动。固定在工作台上的工件，通过工作台、床鞍、升降台，可以在互相垂直的三个方向实现任一方向的调整。

万能升降台铣床与卧式升降台铣床的区别在于它在工作台与床鞍之间增加了一层转盘，转盘相对于床鞍在水平面内可绕垂直轴线在±45°范围内转动，用于铣削各种角度的螺旋槽。

立式升降台铣床的主轴为垂直布置，与工作台面垂直，如图 5-3 所示。主轴 2 安装在立铣头 1 内，可沿其轴线方向进给或手动调整位置。立铣头 1 可根据加工要求在垂直平面内向左或向右在 45°范围内回转，使主轴与台面倾斜成所需角度，以扩大铣床的工艺范围。立式升降台铣床的其他部分，如工作台 3、床鞍 4 及升降台 5 的结构与卧式升降台铣床相同。在立式升降台铣床上，可用端铣刀或立铣刀加工平面、斜面、沟槽、台阶、齿轮及凸轮等表面。

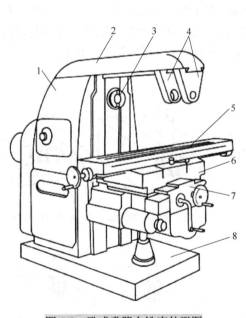

图 5-2　卧式升降台铣床外形图

1-床身；2-悬梁；3-主轴；4-刀杆支架；5-工作台；
6-床鞍；7-升降台；8-底座

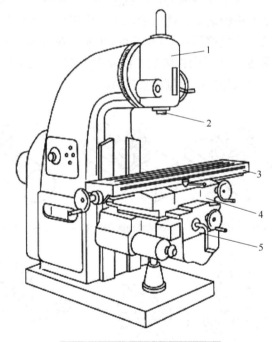

图 5-3　立式升降台铣床外形图

1-立铣头；2-主轴；3-工作台；4-床鞍；5-升降台

2. 床身式铣床

床身式铣床的工作台不作升降运动，故又称工作台不升降铣床。机床的垂直进给运动由安装在立柱上的主轴箱作升降运动完成，这样做可以提高机床刚度，以便采用较大的切削用量。这类机床常用于加工中等尺寸的零件。

　　工作台不升降铣床根据机床工作台面的形状可分为圆形工作台和矩形工作台两类。图 5-4
所示为双轴圆形工作台铣床，主轴箱 1 上的两个主轴
分别安装粗铣和半精铣的端铣刀，工件装夹在圆工作
台 3 的夹具内，圆工作台作回转进给运动。工件从铣
刀下通过，即加工完毕。圆工作台上可装几套夹具，
装卸工件时不需停止工作台，因而可实现连续加工。
滑座 4 可沿床身导轨移动，以调整工作台与主轴之间
的径向位置。主轴箱可沿立柱导轨升降，以适应不同
的加工高度。主轴装在套筒内，手摇套筒升降可以调
整主轴在主轴箱内的轴向位置，以保证背吃刀量。

3. 龙门铣床

　　龙门铣床是一种大型高效通用铣床，它可以通过
多个铣头同时加工几个面，来提高生产效率。龙门铣
床主要用于加工各类大型工件上的平面、沟槽等。

　　图 5-5 为一龙门铣床的外观图。机床呈框架式结
构，横梁 3 可以在立柱 5、7 上升降，以适应工件的高
度。横梁 3 上装有两个立式铣削主轴箱(立铣头)4 和 8，
可在横梁上作水平横向运动。两根立柱上分别装有卧
式铣削主轴箱(卧铣头)2 和 9，可在立柱上升降。每个
铣头都是一个独立的部件，内装主运动变速机构、主
轴和操纵机构。装在工作台 1 上的工件可通过工作台作水平纵向运动。上述运动都可以是进

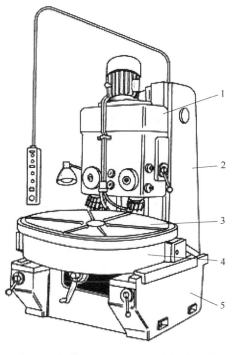

图 5-4　双轴圆形工作台铣床的外形图

1-主轴箱；2-立柱；3-圆工作台；4-滑座；5-床身

给运动，也都可以是调整铣头与工件间相对位置的快速调位(辅助)运动。装在主轴套筒内的
主轴可以通过手摇实现伸缩，以调整背吃刀量。

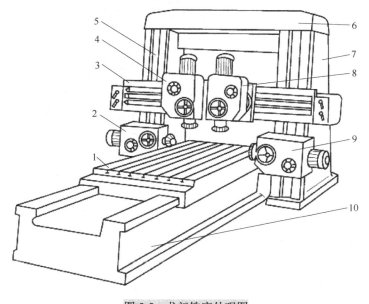

图 5-5　龙门铣床外观图

1-工作台；2-卧铣头(左)；3-横梁；4-立铣头(左)；5、7-立柱；6-顶梁；8-立铣头(右)；9-卧铣头(右)；10-床身

5.1.2　X6132 型万能升降台铣床

1．机床特点

万能升降台铣床与一般升降台铣床的主要区别在于，工作台除了能在相互垂直的三个方向上作调整或进给，还能绕垂直轴线在±45°范围内回转，从而扩大了机床的工艺范围。X6132型万能升降台铣床是一种卧式铣床，其主参数为工作台面的宽度（320mm），第二主参数为工作台面的长度（1250mm）。工作台纵向、横向、垂向的最大行程分别为 800mm、300mm、400mm。

2．机床的传动系统

1）主运动

图 5-6 所示为 X6132 型万能升降台铣床的传动系统图。主运动由主电动机（7.5kW、1450r/min）驱动，经带传动 ϕ150mm/ϕ290mm 传至轴Ⅱ，再经轴Ⅱ-Ⅲ间和轴Ⅲ-Ⅳ间两组三联滑移齿轮变速组，以及轴Ⅳ-Ⅴ间双联滑移齿轮变速组，使主轴获得 18 级转速（30～1500r/min）。主轴的旋转方向由电动机改变正、反转向而得以变向。主轴的制动由安装在轴Ⅱ右端的电磁制动器 M 进行控制。

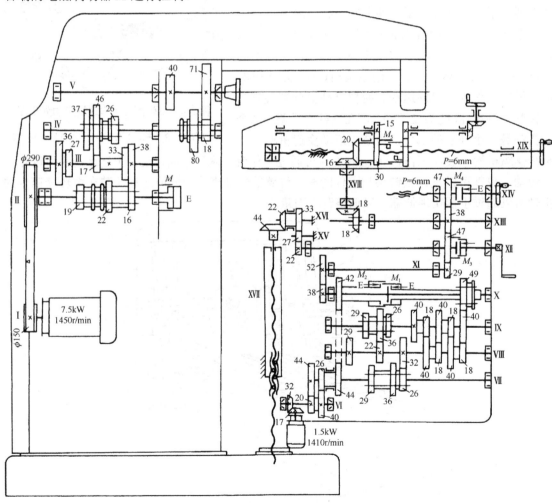

图 5-6　X6132 型万能升降台铣床传动系统图

2) 进给运动

进给运动由进给电动机(1.5kW、1410r/min)驱动。电动机的运动经圆锥齿轮副 17/32 传至轴Ⅵ，然后根据轴 X 上电磁摩擦离合器 M_1、M_2 的结合情况，分两条路线传动。如果轴 X 上离合器 M_1 脱开、M_2 结合，轴Ⅵ的运动经齿轮副 40/26、44/42 及离合器 M_2 传至轴 X。这条路线可使工作台作快速移动。如果轴 X 上离合器 M_2 脱开、M_1 结合，轴Ⅵ的运动经齿轮副 20/44 传至轴Ⅶ，再经轴Ⅶ-Ⅷ间和轴Ⅷ-Ⅸ间两组三联滑移齿轮变速组，以及轴Ⅷ-Ⅸ间的曲回机构，经离合器 M_1，将运动传至轴 X。这是一条使工作台作正常进给的传动路线。

轴Ⅷ-Ⅸ间的曲回机构工作原理如图5-7所示。轴 X 上的单联滑移齿轮 z_{49} 有三个啮合位置。当 z_{49} 在 a 啮合位置时，轴Ⅸ的运动直接由齿轮副 40/49 传至轴 X；当 z_{49} 在 b 啮合位置时，轴Ⅸ的运动经曲回机构齿轮副 18/40、18/40、40/49 传至轴 X；当 z_{49} 在 c 啮合位置时，轴Ⅸ的运动经曲回机构齿轮副 18/40、18/40、18/40、18/40、40/49 传至轴 X。因而，通过轴 X 上单联滑移齿轮 z_{49} 的三种啮合位置，可使曲回机构得到三种不同的传动比：

$$u_a = \frac{40}{49}$$

$$u_b = \frac{18}{40} \times \frac{18}{40} \times \frac{40}{49}$$

$$u_c = \frac{18}{40} \times \frac{18}{40} \times \frac{18}{40} \times \frac{18}{40} \times \frac{40}{49}$$

轴 X 的运动可经过离合器 M_3、M_4、M_5 以及相应的后续传动路线，使工作台分别得到垂直、横向及纵向的移动。进给运动的传动路线表达式为

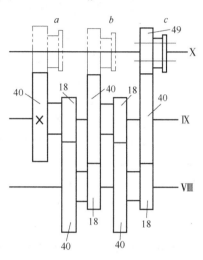

图 5-7　曲回机构原理图

$$\text{进给电动机} - \frac{17}{32} - Ⅵ - \left\{ \begin{array}{l} \frac{20}{44} - Ⅶ - \left\{ \begin{array}{l} \frac{29}{29} \\ \frac{36}{22} \\ \frac{26}{32} \end{array} \right\} - Ⅷ - \left\{ \begin{array}{l} \frac{29}{29} \\ \frac{22}{36} \\ \frac{32}{26} \end{array} \right\} - Ⅸ - \left\{ \begin{array}{c} 曲\\回\\机\\构 \end{array} \right\} - M_1合(工进) \\ \frac{40}{26} \times \frac{44}{42} - M_2合(快速) \end{array} \right\} -$$

$$X - \frac{38}{52} - Ⅸ - \frac{29}{47} - \left\{ \begin{array}{l} \frac{47}{38} - Ⅻ - \left\{ \begin{array}{l} \frac{18}{18} - ⅩⅧ - \frac{16}{20} - M_5合 - ⅪⅩ \ (纵向进给) \\ \frac{38}{47} - M_4合 - ⅩⅣ \ (横向进给) \end{array} \right. \\ M_3合 - Ⅻ - \frac{22}{27} - ⅩⅤ - \frac{27}{33} - ⅩⅥ - \frac{22}{44} - ⅩⅦ \ (垂直进给) \end{array} \right.$$

在理论上，铣床在相互垂直的三个方向上均可获得 3×3×3=27 种不同的工作进给量，但由于轴Ⅶ-Ⅸ间的两组三联滑移齿轮变速组的 3×3=9 种传动比中，有三种是相等的，即

$$\frac{29}{29} \times \frac{29}{29} = \frac{36}{22} \times \frac{22}{36} = \frac{26}{32} \times \frac{32}{26} = 1$$

所以，轴Ⅶ-Ⅸ间的两个变速组只有 7 种不同的传动比。因而，轴Ⅹ上的滑移齿轮 z_{49} 只有 7×3=21 种不同转速。故 X6132 型铣床的纵向、横向、垂向三个方向的进给量均为 21 级，其中，纵向及横向的进给量范围为 10～1000mm/min，垂向进给量范围为 3.3～333mm/min。

5.2　磨　床

5.2.1　磨床的功用和类型

磨床类机床是以磨料或磨具(砂轮、砂带、油石或研磨料等)作为工具进行切削加工的机床，它们是由于精加工和硬表面加工的需要而发展起来的。

磨床可以磨削各种表面，如内外圆柱面和圆锥面、平面、渐开线齿廓面、螺旋面以及各种成型面，还可刃磨刀具和进行切断等工作，应用范围十分广泛。

磨削加工较易获得高的加工精度和小的表面粗糙度值，在一般加工条件下，精度为 IT5～IT6 级，表面粗糙度 Ra 为 0.32～1.25μm；在高精度外圆磨床上进行精密磨削时，尺寸精度可达 0.2μm，圆度可达 0.1μm，表面粗糙度 Ra 可控制在 0.01μm；精密平面磨削的平面度可达 1000∶0.0015。近年来由于科学技术的发展，机器及仪器零件的精度和表面粗糙度要求越来越高，各种高硬度材料应用日益增多，同时，由于磨削本身工艺水平的不断提高，磨床的使用范围日益扩大，在金属切削机床中所占的比重不断上升。目前在工业发达国家中，磨床在金属切削机床中的比重为 30%～40%。

为了适应磨削各种加工表面、工件形状及生产批量等要求，磨床的种类繁多，其中主要类型如下。

(1)外圆磨床，包括万能外圆磨床、普通外圆磨床、无心外圆磨床等。

(2)内圆磨床，包括普通内圆磨床、无心内圆磨床等。

(3)平面磨床，包括卧轴矩台平面磨床、立轴矩台平面磨床、卧轴圆台平面磨床、立轴圆台平面磨床等。

(4)工具磨床，包括工具曲线磨床、钻头沟槽磨床、丝锥沟槽磨床等。

(5)刀具刃磨磨床，包括万能刀具磨床、拉刀刃磨床、滚刀刃磨床等。

(6)各种专门化磨床，专门用于磨削某一类零件的磨床，如曲轴磨床、凸轮轴磨床、花键轴磨床、球轴承套圈沟磨床、活塞环磨床、叶片磨床、导轨磨床及中心孔磨床等。

(7)其他磨床，如珩磨机、研磨机、抛光机、超精加工机床、砂轮机等。

在生产中应用最广泛的是外圆磨床、内圆磨床和平面磨床三类。

现代磨床的主要发展趋势是：提高机床的加工效率，提高机床的自动化程度以及进一步提高机床的加工精度和降低表面粗糙度。

5.2.2　M1432A 型万能外圆磨床

1．机床的布局、用途及运动

1)机床的布局

如图 5-8 所示，M1432A 型万能外圆磨床由床身 1、头架 2、工作台 3、内磨装置 4、砂轮架 5、尾架 6 和控制箱 7（由工作台手摇机构、横向进给机构、工作台纵向往复运动液压控制板等组成）等主要部件组成。在床身 1 上装有工作台 3，台面上装有头架 2 和尾架 6。工件支承在头架和尾架顶尖上，或用头架上的卡盘夹持，由头架上的传动装置带动旋转，实现圆周进给运动。尾架可在工作台上左右移动调整位置，以适应装夹不同长度工件的需要。工作台 3 通过液压系统驱动可沿床身上的纵向导轨往复运动，实现纵向进给运动，也可用手轮操纵，作手动进给或调整纵向位置。工作台由上下两层组成，其上工作台可相对下工作台回转一定角度（一般不大于±10°），以便磨削锥度不大的锥面。砂轮架 5 由主轴部件和传动装置组成，安装在床身顶面后部的横向导轨上，通过横向进给机构可实现横向进给运动以及调整位移。装在砂轮架上的内磨装置 4 用于磨削内孔，其上的内圆磨具由单独的电动机驱动。磨削内孔时，应将内磨装置翻下。万能外圆磨床的砂轮架和头架都可绕垂直轴线转动一定的角度，以便磨削锥度较大的圆锥面。

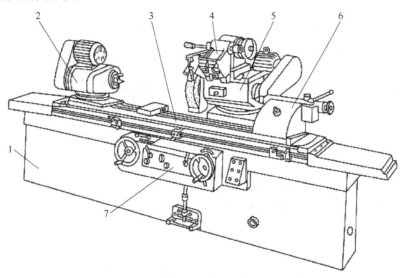

图 5-8   M1432A 型万能外圆磨床外形图

1-床身；2-头架；3-工作台；4-内磨装置；5-砂轮架；6-尾架；7-控制箱

2）机床的用途

M1432A 型机床是普通精度级万能外圆磨床，它可以磨削内外圆柱面、内外圆锥面、端面等。这种机床的通用性好，但生产效率较低，适用于单件小批生产车间、工具车间和机修车间。

3）机床的运动

图 5-9 所示为万能外圆磨床上几种典型表面的加工示意图。分析这几种典型表面的加工情况可知，机床必须具备以下运动：砂轮的旋转主运动 n_t，工件的圆周进给运动 n_w，工件的往复纵向进给运动 f_a，砂轮的周期或连续横向进给运动 f_r。此外，机床还具有两个辅助运动；为装卸和测量工件方便所需的砂轮架横向快速进退运动；为装卸工件所需的尾架套筒伸缩移动。

2. 机床的传动系统

M1432A 型万能外圆磨床的运动是由机械和液压联合传动的。由液压传动的有：工作台的纵向往复移动、砂轮架的快速进退和周期径向进给、尾座顶尖套筒的缩回等，其余运动都由机械传动。图 5-10 是 M1432A 型万能外圆磨床的机械传动系统图。

砂轮不需要变速，故砂轮架和内圆磨头主轴都没有变速机构。为使砂轮运动平稳，都采用带传动。砂轮架功率较大，用 V 带或多楔带；内圆磨头转速高，用平带（更换平带轮，可获得两种高转速：10000r/min 和 15000r/min）。

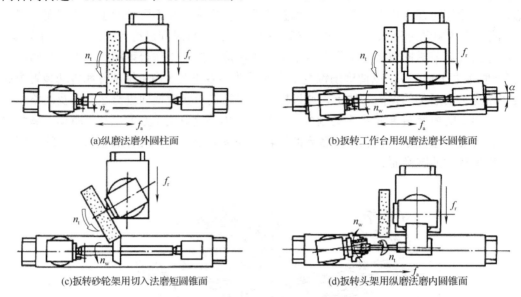

(a)纵磨法磨外圆柱面　　　　　　　(b)扳转工作台用纵磨法磨长圆锥面

(c)扳转砂轮架用切入法磨短圆锥面　　(d)扳转头架用纵磨法磨内圆锥面

图 5-9　万能外圆磨床典型加工示意图

1) 头架拨盘的传动链

工件旋转运动由双速电机驱动，经 V 带塔轮及两级 V 带传动，使头架的拨盘或卡盘带动工件，实现圆周进给，其传动路线表达式为

$$\text{头架电机(双速)}—\text{I}—\left\{\begin{array}{c}\dfrac{\phi130}{\phi90}\\[4pt]\dfrac{\phi111}{\phi109}\\[4pt]\dfrac{\phi48}{\phi164}\end{array}\right\}—\text{II}—\dfrac{\phi61}{\phi184}—\text{III}—\dfrac{\phi68}{\phi177}—\text{拨盘或卡盘}$$

由于电机为双速电机，故可使工件获得 6 种转速。

当用顶尖支持工件时（图 5-9(a)、(b)、(c)），为避免头架主轴的旋转带来的误差，把头架主轴Ⅳ固定不转，拨盘带动工件上的鸡心夹头，使工件在头架、尾架的固定顶尖间旋转。当用卡盘夹持工件时（图 5-9(d)），放开工件主轴，把 $\phi177$mm 带轮与主轴连接，使主轴旋转。外圆磨床只能用作顶尖间加工，故外圆磨床的工件头架与图 5-10 所示万能磨床略有不同，主轴是固定在箱体孔内的，没有轴承，不转动，工件只能由拨盘带动在两个固定顶尖间旋转。这样既简化了机构，又提高了精度和刚度。

2) 工作台的手动驱动

调整机床及磨削阶梯轴的台肩端面和倒角时，工作台还可由手轮驱动。其传动路线表达式为

$$\text{手轮}A—\text{V}—\dfrac{15}{72}—\text{VI}—\dfrac{18}{72}—\text{VII}—\dfrac{18}{\text{齿条}}—\text{工作台纵向移动}$$

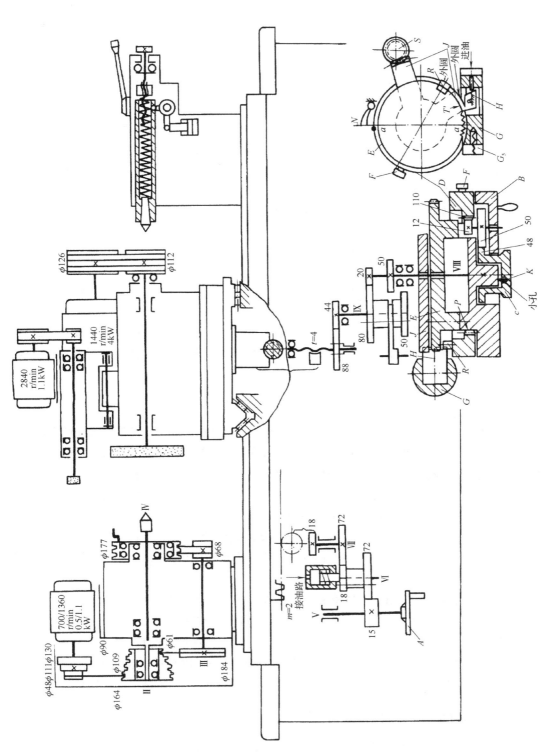

图 5-10 M1432A 型万能外圆磨床的机械传动系统图

为了避免液压驱动工作台纵向往复运动时带动手轮 A 快速转动碰伤工人，在液压传动和手轮 A 之间采用了联锁装置。轴Ⅵ上的小液压缸与液压系统相通，工作台纵向往复运动时压力油推动轴Ⅵ上的双联齿轮移动，使齿轮 z_{18} 与 z_{72} 脱开。因此，液压驱动工作台纵向运动时手轮 A 并不转动。

3）砂轮架的横向进给运动

横向进给运动可用手摇手轮 B 来实现，也可由进给液压缸的活塞 G 驱动，实现周期的自动进给。

（1）手动进给。在手轮 B 内装有齿轮 z_{12} 和 z_{50}。D 为刻度盘，外圆周表面上刻有 200 格刻度，内圆周是一个内齿轮 z_{110}，与齿轮 z_{12} 啮合。C 为补偿旋钮，其上开有 21 个小孔，平时总有 1 个孔与固装在 B 上的销子 K 接合。C 上又有一个齿轮 z_{48} 与齿轮 z_{50} 啮合，故转动手轮 B 时，上述各零件无相对转动，仿佛是一个整体。

当顺时针方向转动手轮 B 时，就可实现砂轮架的径向切入，其传动路线表达式为

$$手轮B-Ⅷ-\begin{cases} \dfrac{50}{50}(粗) \\[2mm] \dfrac{20}{80}(细) \end{cases}-Ⅸ-\dfrac{44}{88}-丝杠(t=4)-半螺母$$

根据上述传动路线可知，手轮转 1 周，砂轮架的横向进给量为 2mm（粗进给）或 0.5mm（细进给）。

补偿旋钮 C 上有 21 个孔，刻度盘 D 上有 200 格，当 C 转过一个孔距时，刻度盘 D 转过 1 格，因为：

$$\frac{1}{21} \times \frac{48}{50} \times \frac{12}{110} \times 200 \approx 1$$

因此，C 每转过 1 孔距，砂轮架的附加横向进给量为 0.01mm（粗进给）或 0.0025mm（细进给）。

在磨削一批工件时，通常总是先试磨一个，待磨到尺寸要求时，将刻度盘 D 的位置固定下来。这可通过调整刻度盘上挡块 F 的位置，使它在横向进给磨削至所需直径时，正好与固定在床身前罩上的定位爪 N 相碰，停止进给。这样，就可达到所需的磨削直径。

（2）液动周期自动进给。当工作台在行程末端换向时，压力油通入液压缸 G_5 的右腔，推动活塞 G 左移，使棘爪 H 移动（H 活装在 G 上），从而使棘轮 E 转过一个角度，并带动手轮 B 转动（用螺钉将 E 固装在 B 上），实现自动进给一次。进给完毕后，G_5 右腔与回油路接通，弹簧将活塞 G 推至右极限位置（复位）。

液动周期切入量大小的调整：棘轮 E 上有 200 个棘齿，正好与刻度盘 D 上的刻度 200 格相对应，棘爪 H 每次最多可推动棘轮上的 4 个棘齿（相当刻度盘转过 4 个格）。转动齿轮 S，使空套的扇形齿轮板 J 转动，根据它的位置就可以控制棘爪 H 推过的棘齿数目。

当横向自动进给至所需尺寸时，装在刻度盘 D 上与 F 成 180° 的调整块 R 正好处于正下方，压下棘爪 H，使它无法与棘轮啮合（因为 R 的外圆比棘轮大），于是横向进给便自动停止。

5.2.3 平面磨床

平面磨床主要用于磨削各种工件上的平面，其磨削方法如图 5-11 所示。磨削时，砂轮的工作表面可以是圆周表面，也可以是端面。以砂轮的圆周表面进行磨削时，砂轮与工件的接触面积小，发热少，磨削力引起的工艺系统变形也小，加工表面的精度和质量较高，但生产

效率较低。工作台有矩形和圆形两种。矩形工作台适宜加工长工件，但工作台作往复运动，较易产生振动；圆形工作台适宜加工短工件或圆工件的端面，工作台连续旋转，无往复冲击。根据砂轮工作表面和工作台形状的不同，平面磨床可分为四种类型：卧轴矩台式、卧轴圆台式、立轴矩台式、立轴圆台式。它们的加工方式分别见图 5-11(a)、(b)、(c)、(d)。图中，n_t 为砂轮的旋转主运动；f_1 为工件的圆周或直线进给运动；f_2 为轴向进给运动；f_3 为周期切入运动。卧轴矩台式磨床除了用砂轮的周边磨削水平面，还可用砂轮磨削沟槽、台阶等侧平面。

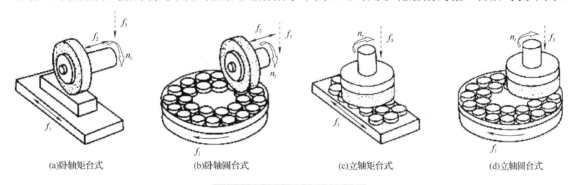

(a)卧轴矩台式　　　　(b)卧轴圆台式　　　　(c)立轴矩台式　　　　(d)立轴圆台式

图 5-11　平面磨床的磨削方法

目前，应用较多的是卧轴矩台式平面磨床和立轴圆台式平面磨床。

图 5-12 是卧轴矩台式平面磨床的外形图。砂轮主轴由内连式异步电动机驱动，电动机轴就是主轴，电动机的定子装在砂轮架 1 的壳体内。砂轮架 1 可沿滑座 2 的燕尾导轨作间歇的横向进给运动。滑座 2 和砂轮架 1 一起可沿立柱 3 的导轨作间歇的竖直切入运动。工作台 4 可沿床身 5 的导轨作纵向往复运动。

图 5-13 是立轴圆台式平面磨床的外形图。砂轮架 1 的砂轮主轴由内连式异步电动机驱动。砂轮架 1 可沿立柱 2 的导轨作间歇的竖直切入运动，还可作竖直快速调位运动，以适应磨削不同高度工件的需要。圆形工作台 4 装在床鞍 5 上，它除了作旋转运动实现圆周进给，还可以随同床鞍一起，沿床身 3 的导轨纵向快速退离或趋近砂轮，以便装卸工件。由于砂轮直径大，所以常采用镶片砂轮，这种砂轮有利于切削液冲入切削区，使砂轮不易堵塞。这种机床生产率较高，适用于成批生产。

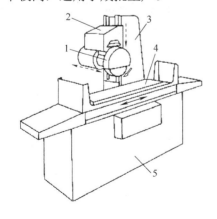

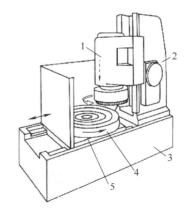

图 5-12　卧轴矩台式平面磨床外形图　　　　　图 5-13　立轴圆台式平面磨床外形图

1-砂轮架；2-滑座；3-立柱；4-工作台；5-床身　　　1-砂轮架；2-立柱；3-床身；4-工作台；5-床鞍

5.2.4　内圆磨床

　　内圆磨床用于磨削各种圆柱孔(通孔、盲孔、阶梯孔和断续表面的孔等)和圆锥孔。其主要类型有普通内圆磨床、无心内圆磨床和行星式内圆磨床。其中以普通内圆磨床应用最广泛。

　　图 5-14 所示为普通内圆磨床的磨削方法。图 5-14(a)、(b)为采用纵磨法或切入法磨削内孔。图 5-14(c)、(d)为采用专门的端磨装置,可在工件一次装夹中磨削内孔和端面,这样不仅易于保证孔和端面的垂直度,而且生产率较高。

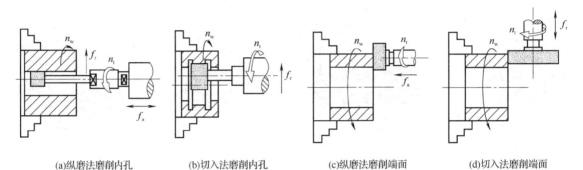

(a)纵磨法磨削内孔　　　　(b)切入法磨削内孔　　　　(c)纵磨法磨削端面　　　　(d)切入法磨削端面

图 5-14　普通内圆磨床的磨削方法

　　图 5-15 为 M2110 型内圆磨床的外形图。头架 5 通过底板 3 固定在工作台 2 的左端。头架主轴的前端装有卡盘或其他夹具,以夹持并带动工件旋转实现圆周进给运动。头架 5 可相对于底板 3 绕垂直轴线转动一定角度,以便磨削圆锥孔。底板 3 可沿着工作台 2 台面上的纵向导轨调整位置,以适应磨削各种不同工件的需要。磨削时,工作台由液压传动(由撞块 4 自动控制换向),使工件实现纵向进给运动。工作台也可用手轮 1 传动。内圆磨具 7 安装在磨具座 8 中,本机床备有两套转速不同的内圆磨具(11000r/min 和 18000r/min),可根据磨削孔径的大小进行调换。砂轮主轴由电动机通过平带直接传动,实现内圆磨削的主运动。磨具座 8 固定在横拖板 9 上,横拖板 9 可沿固定于床身 12 上的桥板 10 上的导轨移动,使砂轮实现横向进给运动。砂轮的横向进给有手动和自动两种,手动进给由手轮 11 实现,自动进给由固定在工作台上的撞块操纵横向进给机构实

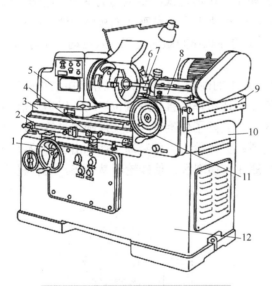

图 5-15　M2110 型内圆磨床的外形图

1-手轮；2-工作台；3-底板；4-撞块；5-头架；6-砂轮修正器；
7-内圆磨具；8-磨具座；9-横拖板；10-桥板；11-手轮；12-床身

现。砂轮修正器 6 是修整砂轮用的,它安装在工作台中部台面上,根据需要可调整其纵向和横向位置。修正器上的金刚石杆可随着修正器的回旋头上下翻转,修整砂轮时放下,磨削时翻起。

5.3 镗 床

镗床的主要工作是用镗刀进行镗孔，除镗孔外，大部分镗床还可以进行铣削、钻孔、扩孔、铰孔等工作。镗床主要用于加工尺寸较大、精度要求较高的孔，特别适用于加工分布在不同位置上，孔距精度、相互位置精度要求严格的孔系。镗床在加工时，以刀具的旋转为主运动，而进给运动则根据机床类型和加工情况由刀具或工件来完成。

镗床主要分为卧式铣镗床、坐标镗床及精镗床等。

5.3.1 卧式铣镗床

卧式铣镗床的工艺范围十分广泛，除镗孔外，还可钻孔、扩孔和铰孔；可铣削平面、成型面及各种沟槽；还可在平旋盘上安装车刀车削端面、短圆柱面、内外环形槽及内外螺纹等。因此，工件安装在卧式铣镗床上，往往可以完成大部分甚至全部的加工工序。卧式铣镗床特别适合于加工形状、位置要求严格的孔系，因而常用来加工尺寸较大、形状复杂，具有孔系的箱体、机架、床身等零件。

图 5-16 所示为卧式铣镗床的外形。由工作台 3、上滑座 12 和下滑座 11 组成的工作台部件安装在床身导轨上。工作台通过上、下滑座可实现横向、纵向移动。工作台还可绕上滑座 12 的环形导轨在水平面内转位，以便加工互相成一定角度的平面或孔。主轴箱 8 可沿前立柱 7 的导轨上下移动，以实现垂直进给运动或调整主轴在垂直方向的位置。在主轴箱中，装有主轴部件、主运动和进给运动变速机构以及操纵机构。机床上还有坐标测量装置，以实现主轴箱和工作台之间的准确定位。根据加工情况不同，刀具可以装在镗轴 4 的锥孔中，或装在平旋盘 5 的径向刀具溜板 6 上。镗轴 4 除完成旋转主运动外，还可沿其轴线移动，作轴向进给运动（由后尾筒 9 内的轴向进给机构完成）。平旋盘 5 只能作旋转运动。装在平旋盘径向导轨上的径向刀具溜板 6，除了随平旋盘一起旋转，还可作径向进给运动，实现铣平面加工。后立柱 2 的垂直导轨上有后支架 1，用以支承较长的镗杆，以增加镗杆的刚性。后支架可沿后立柱导轨上下移动，以保持与镗轴同轴，后立柱可根据镗杆长度作纵向位置调整。

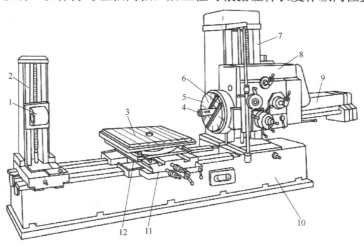

图 5-16 卧式铣镗床外形图

1-后支架；2-后立柱；3-工作台；4-镗轴；5-平旋盘；6-径向刀具溜板；
7-前立柱；8-主轴箱；9-后尾筒；10-床身；11-下滑座；12-上滑座

图 5-17 所示为卧式铣镗床的典型加工工序以及机床的运动方式。

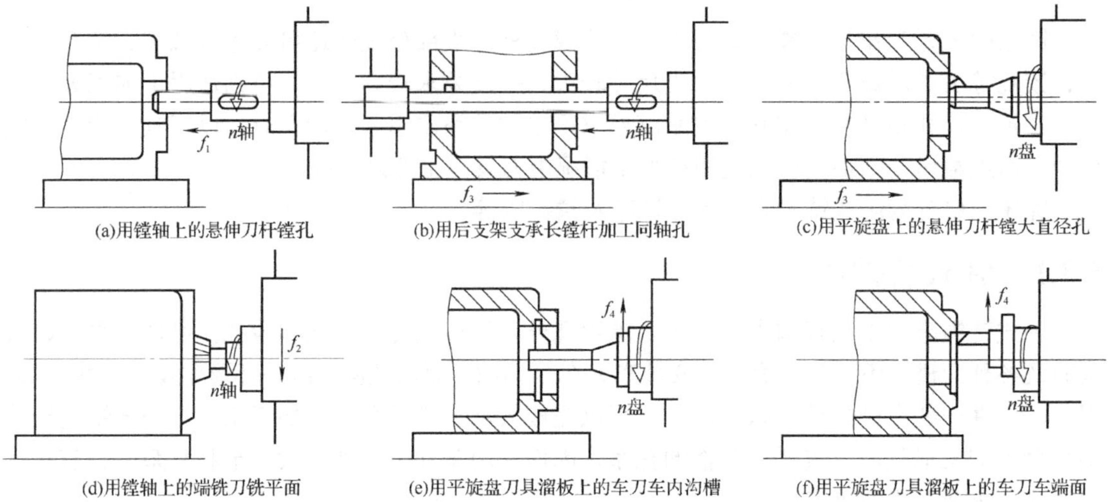

n轴
f_1
(a)用镗轴上的悬伸刀杆镗孔
n轴
f_3
(b)用后支架支承长镗杆加工同轴孔
n盘
f_3
(c)用平旋盘上的悬伸刀杆镗大直径孔
f_2
n轴
(d)用镗轴上的端铣刀铣平面
f_4
n盘
(e)用平旋盘刀具溜板上的车刀车内沟槽
f_4
n盘
(f)用平旋盘刀具溜板上的车刀车端面

图 5-17　卧式铣镗床的典型加工工序

由此可见，卧式铣镗床可根据加工情况，作下列运动：镗轴和平旋盘的旋转主运动，镗轴的轴向进给运动(用于孔加工)，平旋盘刀具溜板的径向进给运动(用于车削端面)，主轴箱的垂直进给运动(用于铣平面)，工作台的纵、横向进给运动(用于孔加工、铣平面)。机床还可作以下辅助运动：工作台纵、横向及主轴箱垂直方向的调位移动，工作台转位，后立柱的纵向及后支架垂直方向的调位移动。

5.3.2　坐标镗床

坐标镗床主要用于精密孔及位置精度要求很高的孔系加工。这种机床装备有测量坐标位置的精密测量装置，其坐标定位精度可达 0.002～0.01mm，从而保证刀具和工件具有精确的相对位置。因此，坐标镗床不仅可以保证被加工孔本身达到很高的尺寸和形状精度，而且可以不采用导向装置，保证孔间中心距及孔至某一基面间距离达到很高的精度。坐标镗床除了能完成镗孔、钻孔、扩孔、铰孔以及精铣平面、沟槽，还可以进行精密刻线和划线，以及孔距和直线尺寸的精密测量工作。坐标镗床主要用于工具车间中加工夹具、模具和量具等，也可用于生产车间加工精度要求高的工件。

坐标镗床有立式的，也有卧式的。立式坐标镗床适宜加工轴线与安装基面(底面)垂直的孔系和铣削顶面；卧式坐标镗床适宜加工与安装基面平行的孔系和铣削端面。立式坐标镗床还有单柱和双柱之分。

1．立式单柱坐标镗床

图 5-18 所示为立式单柱坐标镗床外形。主轴 2 的旋转主运动由安装在立柱 4 内的电动机，经主传动机构传动而实现。主轴 2 通过精密轴承支承在主轴套筒中，并可随套筒作轴向进给。主轴箱 3 可沿立柱导轨作垂直方向的位置调整，以适应加工不同高度的工件。主轴在水平面上的位置是固定的，镗孔坐标位置由工作台 1 沿床鞍 5 导轨的纵向移动和床鞍 5 沿床身 6 导轨的横向移动来确定。

立式单柱坐标镗床的工作台三面敞开，操作比较方便。但由于工作台必须实现两个坐标方向的移动，使工作台和床身之间多了一层床鞍，削弱了刚度。另外，主轴箱 3 悬臂安装在立柱 4 上，工作台尺寸越大，主轴中心线离立柱也就越远，影响机床刚度和加工精度。因此，这种机床一般为中、小型机床。

2. 立式双柱坐标镗床

图 5-19 所示为立式双柱坐标镗床外形。它具有由两个立柱、顶梁和床身构成的龙门框架，主轴箱 5 装在可沿立柱 3、6 的导轨调整上下位置的横梁 2 上，工作台 1 直接支承在床身 8 的导轨上。镗孔坐标位置由主轴箱沿横梁导轨水平移动和工作台 1 沿床身 8 导轨的移动来确定。双柱坐标镗床主轴箱悬伸距离小，且装在龙门框架上，较易保证机床刚度。另外，工作台和床身之间层次少，承载能力较大。因此，双柱式布局形式一般为大、中型机床所采用。

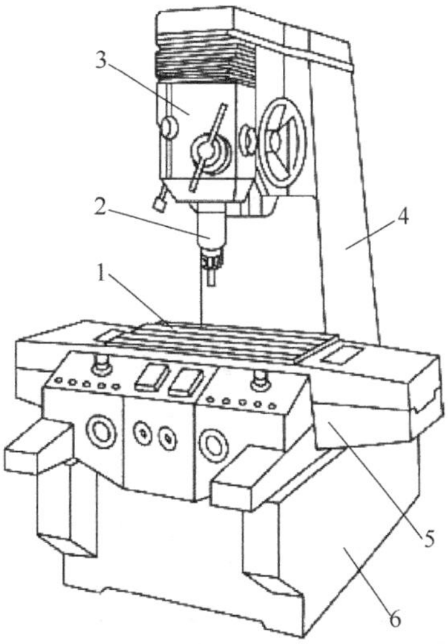

3. 卧式坐标镗床

图 5-20 所示为卧式坐标镗床外形。主轴水平布置与工作台面平行。安装工件的工作台由下滑座 7、上滑座 1 及回转工作台 2 组成。镗孔坐标由下滑座 7 沿床身导轨的横向移动和主轴箱 5 沿立柱 4 导轨的垂直移动来确定。进给运动可由主轴 3 轴向移动完成，也可由上滑座沿下滑座导轨的纵向移动来完成。回转工作台可作精密分度，以便工件在一次安装中，完成几个面上的孔加工，不仅保证了加工精度，而且提高了生产效率。

图 5-18　立式单柱坐标镗床外形图

1-工作台；2-主轴；3-主轴箱；4-立柱；5-床鞍；6-床身

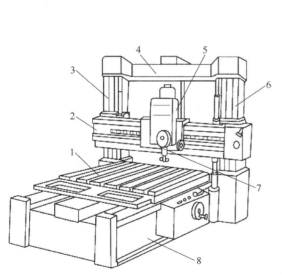

图 5-19　立式双柱坐标镗床外形图

1-工作台；2-横梁；3、6-立柱；4-顶梁；
5-主轴箱；7-主轴；8-床身

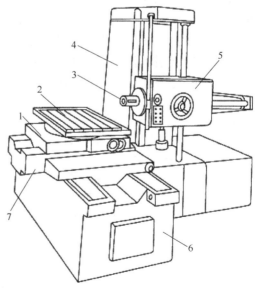

图 5-20　卧式坐标镗床外形图

1-上滑座；2-回转工作台；3-主轴；4-立柱；
5-主轴箱；6-床身；7-下滑座

5.3.3 精镗床

精镗床是一种高速镗床，采用硬质合金刀具(以前这种机床常采用金刚石刀具，并称为金

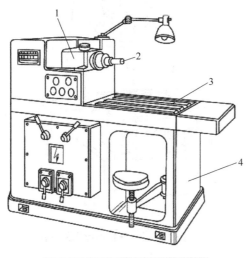

图 5-21　单面卧式精镗床外形图

1-主轴箱；2-主轴；3-工作台；4-床身

刚镗床)，以很高的切削速度、极小的切削深度和进给量对工件内孔进行精细镗削。工件的尺寸精度可达 0.003～0.005mm，表面粗糙度 Ra 一般为 0.16～1.25μm。精镗床主要用于批量加工连杆轴瓦、活塞、液压泵壳体、气缸套等零件上的精密孔。

图 5-21 所示为单面卧式精镗床的外形。主轴箱 1 固定在床身 4 上，主轴 2 由电动机通过带轮直接带动以高速旋转，主轴带动镗刀作主运动。工件通过夹具安装在工作台 3 上，工作台沿床身导轨作平稳的低速纵向移动以实现进给运动。工作台一般为液压驱动，可实现半自动循环。为了获得细的表面粗糙度，除了采用高转速、低进给外，机床主轴结构短而粗，支承在有足够刚度的精密支承上，使主轴运转平稳。除了单面卧式精镗床外，按机床的布局形式还有双面卧式精镗床及立式精镗床等类型。

5.4　钻　　床

钻床是孔加工的主要机床，一般用于加工直径不大、精度要求不高的孔。其主要加工方法是用钻头在实心材料上钻孔，此外还可在原有孔的基础上进行扩孔、铰孔、锪平面以及攻螺纹等加工。在车床上钻孔时，工件旋转，刀具作进给运动。而在钻床上加工时，工件不动，刀具作旋转主运动，同时沿轴向移动作进给运动。故钻床适用于加工外形较复杂，没有对称回转轴线的工件上的孔，尤其是多孔加工。如加工箱体、机架等零件上的孔。钻床的加工方法如图 5-22 所示。

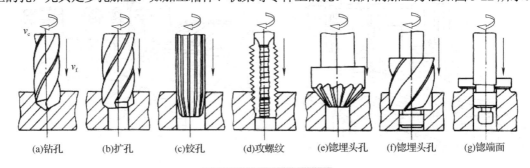

(a)钻孔　　(b)扩孔　　(c)铰孔　　(d)攻螺纹　　(e)锪埋头孔　　(f)锪埋头孔　　(g)锪端面

图 5-22　钻床的加工方法

钻床的主参数是最大钻孔直径。根据用途和结构的不同，钻床可分为立式钻床、台式钻床、摇臂钻床、深孔钻床等。

1. 立式钻床

图 5-23 是立式钻床的外形。变速箱 1 固定在立柱 6 的顶部，内装主电动机和变速机构及其操纵机构。进给箱 2 内有主轴和进给变速机构及操纵机构。进给箱右侧的进给操纵机构 3

用于使主轴升降。加工时工件直接或通过夹具装夹在工作台 5 上，主轴 4 的旋转运动由电动机经变速箱传动。主轴既作旋转的主运动，又作轴向的进给运动。工作台和进给箱可沿立柱上的导轨调整其上下位置，以适应在不同高度的工件上进行钻孔加工。由于在立式钻床上是通过移动工件位置的方法，使被加工孔的中心与主轴中心对中，因而操作很不方便，不适用于加工大型零件，生产率也不高。此外，立式钻床的自动化程度一般都比较低，故常用于单件、小批生产中加工中小型工件。

2．摇臂钻床

对于大而重的工件，因移动不便，找正困难，不便于在立式钻床上加工。这时希望工件不动而移动主轴，使主轴中心对准被加工孔中心，于是就产生了摇臂钻床，图 5-24 所示为摇臂钻床的外形。主轴箱 4 装在摇臂 3 上，可沿摇臂 3 的导轨移动，而摇臂 3 可绕立柱 2 的轴线转动，因而可以方便地调整主轴 5 的位置。摇臂 3 还可以沿立柱 2 升降，以适应不同的加工需要。摇臂钻床的主轴箱、摇臂和立柱在主轴调整好位置后，必须用各自的夹紧机构将其可靠地夹紧，使机床形成一个刚性系统，以保证在切削力的作用下，机床有足够的刚度和位置精度。

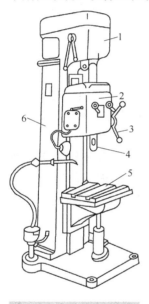

图 5-23　立式钻床外形图

1-变速箱；2-进给箱；3-进给操纵机构；4-主轴；5-工作台；6-立柱

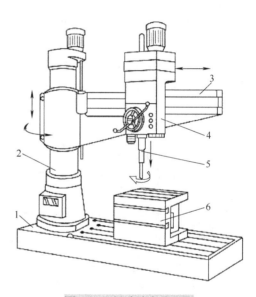

图 5-24　摇臂钻床外形图

1-底座；2-立柱；3-摇臂；4-主轴箱；5-主轴；6-工作台

3．其他钻床

台式钻床是一种主轴垂直布置的小型钻床，它实际上是一种加工小孔的立式钻床，图 5-25 是它的外形图。钻孔直径一般小于 16mm，最小可加工十分之几毫米的孔。由于加工孔径较小，台钻主轴的转速可以很高。台钻小巧灵活，使用方便，但一般自动化程度较低，适用于单件、小批生产中加工小型零件上的各种孔。

深孔钻床是用特制的深孔钻头，专门加工深孔的钻床，如加工炮筒、枪管和机床主轴等零件中的深孔。为了减少孔中心线的偏斜，通常是由工件转动作为主运动，钻头只作直线进给运动而不旋转。为避免机床过高和便于排除切屑，深孔钻床一般采用卧式布局。为保证获

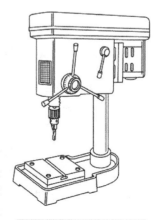

图 5-25　台式钻床外形图

得好的冷却效果，在深孔钻床上配有周期退刀排屑装置，使切削液由刀具内部输入至切削部位。

5.5　直线运动机床

直线运动机床是指主运动为直线运动的机床，有刨床和拉床两大类。

5.5.1　刨床

刨床类机床主要用于加工各种平面和沟槽。其主运动是刀具或工件所作的直线往复运动。它只在一个运动方向上进行切削，称为工作行程；返回时不进行切削，称为空行程，此时刨刀抬起，以便让刀，避免损伤已加工表面和减少刀具磨损。进给运动由刀具或工件完成，其方向与主运动方向相垂直。它是在空行程结束后的短时间内进行的，因而是一种间歇运动。

刨床加工所用的刀具结构简单，其通用性较好，且生产准备工作较为方便。但由于刨床的主运动是直线往复运动，变向时要克服较大的惯性力，限制了切削速度和空行程速度的提高，同时还存在空行程所造成的时间损失，所以在多数情况下生产率较低，一般用于单件小批生产。

刨床类机床主要有三类：牛头刨床、龙门刨床和插床。

1．牛头刨床

牛头刨床(图 5-26)因其滑枕刀架形似"牛头"而得名，它主要用于加工中小型零件。机床的主运动机构装在床身 4 内，传动装有刀架 1 的滑枕 3 沿床身顶部的水平导轨作往复直线

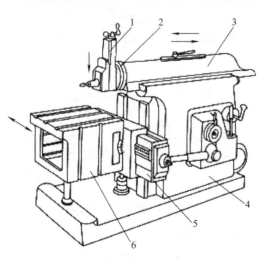

图 5-26　牛头刨床外形图

1-刀架；2-转盘；3-滑枕；4-床身；5-横梁；6-工作台

运动。刀架可沿刀架座上的导轨移动(一般为手动)，以调整刨削深度，以及在加工垂直平面和斜面时作进给运动。调整转盘 2 可使刀架左右回转 60°，以便加工斜面或斜槽。加工时，工作台 6 带动工件沿横梁 5 作间歇的横向进给运动。横梁可沿床身的垂直导轨上下移动，以调整工件与刨刀的相对位置。

牛头刨床主运动的传动方式有机械和液压两种。机械传动常用曲柄摇杆机构，其结构简单、工作可靠、调整维修方便。液压传动能传递较大的力，可实现无级调速，运动平稳，但结构复杂，成本较高，一般用于规格较大的牛头刨床。

牛头刨床工作台的横向进给运动是间歇运行的，它可由机械或液压传动实现。机械传动一般采用棘轮机构。

牛头刨床的主参数是最大刨削长度。

2．龙门刨床

刨削较长的零件时，就不能采用牛头刨床的布局了。滑枕的行程太大，悬伸太长，因此采用龙门式布局。龙门刨床的外形见图 5-27。其主运动是工作台 9 沿床身 10 的水平导轨所作的直线往复运动。床身 10 的两侧固定有左右立柱 3 和 7，两立柱顶部用顶梁 4 连接，形成结构刚性较好的龙门框架。横梁 2 上装有两个垂直刀架 5 和 6，可在横梁导轨上沿水平方向作

进给运动。横梁可沿左右立柱的导轨上下移动，以调整垂直刀架的位置，适应不同高度的工件加工，加工时由夹紧机构夹紧在两个立柱上。左右立柱上分别装有左右侧刀架 1 和 8，可分别沿立柱导轨作垂直进给运动，以加工侧平面。加工中，为避免刀具返程碰伤工件表面，龙门刨床刀架夹持刀具的部分都设有返程自动让刀装置。

龙门刨床主要用于加工大型或重型零件上的各种平面、沟槽和各种导轨面，也可在工作台上一次装夹数个中小型零件，进行多件加工。大型龙门刨床往往还附有铣头和磨头等部件，以便使工件在一次装夹中完成刨、铣及磨平面等工作，这种机床又称为龙门刨铣床或龙门刨铣磨床。

龙门刨床的主参数是最大刨削宽度，第二主参数是最大刨削长度。

3. 插床

插床实质上是立式刨床，图 5-28 所示为插床的外形。滑枕 2 可沿滑枕导轨座 3 上的导轨作上下方向的往复运动，使刀具实现主运动，向下为工作行程，向上为空行程。滑枕导轨座 3 可以绕销轴 4 在小范围内调整角度，以便加工倾斜的内外表面。床鞍 6 和溜板 7 可分别作横向和纵向进给，圆工作台 1 可绕垂直轴线旋转，完成圆周进给或进行分度。分度装置 5 用于完成对工件的分度。

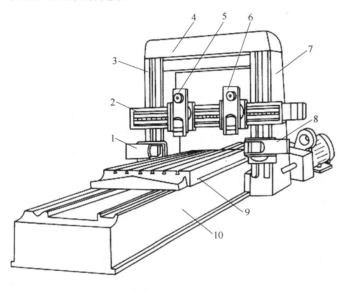

图 5-27 龙门刨床外形图

1、8-左右侧刀架；2-横梁；3、7-立柱；4-顶梁；
5、6-垂直刀架；9-工作台；10-床身

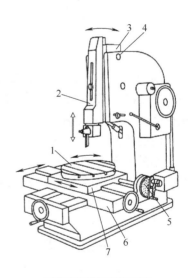

图 5-28 插床外形图

1-圆工作台；2-滑枕；3-滑枕导轨座；
4-销轴；5-分度装置；6-床鞍；7-溜板

插床主要用于加工工件的内表面，如内孔中的键槽及多边形孔等，有时也可用于加工成型内外表面。插床的生产效率较低，一般只用于单件、小批生产。

5.5.2 拉床

拉床是用拉刀进行加工的机床。采用不同结构形状的拉刀，可加工各种形状的通孔、通槽、平面及成型表面。图 5-29 是适于拉削的一些典型表面形状。

拉床的运动比较简单，它只有主运动，没有进给运动。拉削时，一般由拉刀作低速直线

的主运动。拉刀在进行主运动的同时，依靠拉刀刀齿的齿升量来完成切削时的进给，所以拉床不需要有进给运动机构。考虑到拉削所需的切削力很大，同时为了获得平稳的且能无级调速的运动速度，拉床的主运动通常采用液压传动。

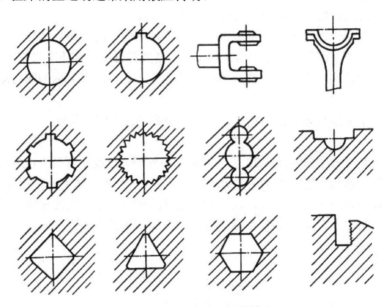

图 5-29　拉削的典型表面形状

拉削加工的生产率高，被加工表面在一次走刀中成型。由于拉刀的工作部分有粗切齿、精切齿和校准齿，工件加工表面经过粗切、精切和校准，因此可获得较高的加工精度和较小的表面粗糙度值，一般拉削精度可达 IT7～IT8，表面粗糙度 $Ra<0.63\mu m$。但拉削的每一种表面都需要用专门的拉刀，且拉刀的制造和刃磨费用较高，因此，拉削主要用于成批和大量生产。

常用的拉床按加工的表面可分为内表面拉床和外表面拉床两类；按机床的布局形式可分为卧式床和立式床两类。此外，还有连续式拉床和专用拉床。

拉床的主参数是额定拉力，如 L6120 型卧式内拉床的额定拉力为 200kN。

1．卧式内拉床

卧式内拉床是拉床中最常用的，用以拉花键孔、键槽和精加工孔。图 5-30 为卧式内拉床的外形图。液压缸 2 通过活塞杆带动拉刀沿水平方向移动，实现拉削的主运动，工件支承座 3 是工件的安装基准。拉削时工件以基准面紧靠在支承座 3 上。护送夹头 5 及滚柱 4 用以支承拉刀，开始拉削前，护送夹头 5 及滚柱 4 向左移动，将拉刀穿过工件预制孔，并将拉刀左端部插入拉刀夹头。加工时滚柱 4 下降不起作用。

2．立式拉床

立式拉床根据用途可分为立式内拉床和立式外拉床两类。

图 5-31 为立式内拉床的外形。该拉床可用拉刀或推刀加工工件的内表面。用拉刀加工时，工件的端面紧靠在工作台 2 的上平面上，拉刀由滑座 4 的上支架 3 支承，自上向下插入工件的预制孔及工作台的孔，将其下端刀柄夹持在滑座 4 的下支架 1 上，滑座 4 由液压缸驱动向下进行拉削加工。用推刀加工时，工件装在工作台的上表面，推刀支承在上支架 3 上，自上向下移动进行加工。

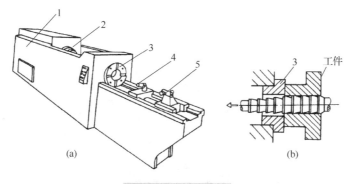

(a)

(b)

图 5-30　卧式内拉床

1-床身；2-液压缸；3-支承座；4-滚柱；5-护送夹头

图 5-32 为立式外拉床的外形。滑块 2 可沿床身 4 的垂直导轨移动，滑块 2 上固定有外拉刀 3，工件固定在工作台 1 上的夹具内。滑块垂直向下移动完成工件外表面的拉削加工。工作台可作横向移动，以调整切削深度，并用于刀具空行程时退出工件。

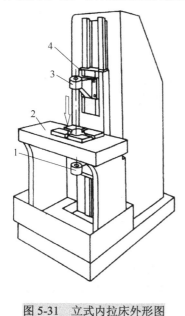

图 5-31　立式内拉床外形图

1-下支架；2-工作台；3-上支架；4-滑座

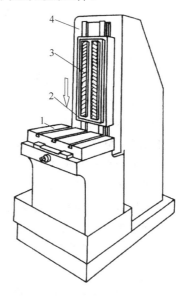

图 5-32　立式外拉床外形图

1-工作台；2-滑块；3-拉刀；4-床身

3．连续式拉床

图 5-33 所示是连续式拉床的工作原理图。链条 7 被链轮 4 带动按拉削速度移动，链条上装有多个夹具 6。工件在位置 A 被装夹在夹具中，经过固定在上方的拉刀 3 时进行拉削加工，此时夹具沿床身上的导轨 2 滑动。夹具 6 移至 B 处即自动松开，工件落入成品箱 5 内。这种拉床由于连续进行加工，因而生产率较高，常用于大批大量生产中加工小型零件的外表面，如汽车、拖拉机连杆的连接平面及半圆凹面等。

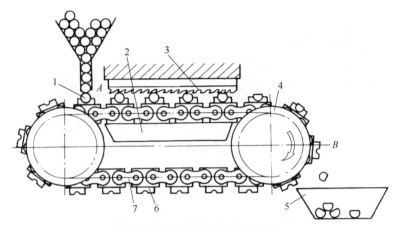

图 5-33　连续式拉床工作原理图

1-工件；2-导轨；3-拉刀；4-链轮；5-成品箱；6-夹具；7-链条

习题与思考题

5-1　铣床的加工范围有哪些？

5-2　简要概述升降台式铣床、床身式铣床和龙门铣床的主要加工特点及加工范围。

5-3　万能升降台铣床与卧式升降台铣床和一般升降台铣床的区别是什么？

5-4　简述磨床的定义及加工范围。

5-5　M1432A 型机床的主要用途和特点是什么？

5-6　简述平面磨床的加工特点。

5-7　内圆磨床的加工范围与主要类型是什么？

5-8　镗床的加工范围和主要类型是什么？

5-9　坐标镗床的类型及各自的加工范围是什么？

5-10　钻床的加工范围和主要类型是什么？

5-11　什么是直线运动机床？主要分为哪两类？分别简要概括一下。

5-12　单柱、双柱及卧式坐标镗床在布局上各有什么特点？它们各适用于什么场合？

5-13　简述拉削加工的特点。

5-14　钻床和镗床都是孔加工机床，试说明两者的区别。

5-15　卧式镗床和坐标镗床用于加工何种工序？试比较两者的区别。

第6章 金属切削机床的总体设计

本章知识要点

(1) 理解机床设计中机床应具有的性能指标和人机关系。

(2) 了解机床的设计方法、包含的设计内容和设计步骤。

(3) 掌握机床的运动分配、传动形式和支承形式选择的方法。

(4) 掌握尺寸参数、运动参数和动力参数的计算方法。

6.1 机床设计的基本要求及评价指标

6.1.1 工艺范围

机床工艺范围是指机床适应不同生产要求的能力。一般包括在机床上完成的工序种类、工件的类型、材料、尺寸范围以及毛坯种类等。根据机床的工艺范围，可将机床设计成通用机床、专门化机床和专用机床三种不同的类型。

机床工艺范围要根据市场需求以及用户要求合理确定。不仅要考虑单个机床的工艺范围，还要考虑生产系统整体，合理配置不同机床以及确定各自工艺范围，以便追求系统优化效果。一般来说，机床的工艺范围窄，可使机床的结构简单，容易实现自动化，生产率也可高一些。但是如果工艺范围过窄，会使机床的使用范围受到一定限制，并在一定程度上对加工工艺的革新起阻碍作用。如果工艺范围过宽，将使机床结构复杂，不能充分发挥机床各部件的性能，甚至有时会影响机床主要性能的提高。

用于单件或小批量生产的通用机床，要求在同一台机床上能完成多种多样的工作，以适应不同工序的需要，所以加工的工艺范围应该宽一些，例如，有较宽的转速范围和较充裕的尺寸参数，也可以增设各种附件以便扩大机床的工艺范围。

专用机床和专门化机床多用于大量或大批生产，因其是为某一特定的工艺要求服务的，为了提高生产率，采用工序分散方法，一台机床只负担几道甚至一道工序的加工。因此合理地缩小机床工艺范围以简化机床结构、提高效率、降低成本，是设计这一类机床的基本原则。

数控机床是一种能进行自动化加工的通用机床，由于数字控制的优越性，常常使其工艺范围比普通机床更宽，更适合于机械制造业多品种小批量的要求。加工中心由于具有刀库和自动换刀装置等，一次装夹能进行多面多工序加工，不仅工艺范围宽，而且有利于提高加工效率和加工精度。

6.1.2 机床精度和精度保持性

机床精度是反映机床零部件加工和装配误差的重要技术指标，会直接影响工件的尺寸、几何误差和表面粗糙度。机床精度包括几何精度、传动精度、运动精度、定位精度及工作精度等。

(1)几何精度。最终影响机床工作精度的那些零部件的精度，包括尺寸、形状、相互位置精度等，如导轨副的直线度，主轴的旋转轴心线对工作台移动方向的平行度或垂直度，主轴的全跳动等，是在机床静止或低速运动条件下进行测量的，可反映机床相关零部件的加工与装配质量。几何精度是评价机床质量的基本指标。

(2)传动精度。机床内联系传动链两末端执行件之间相对运动的准确性，反映传动零件的加工和装配质量及传动系统设计的合理性。

(3)运动精度。机床主要零部件在工作状态速度下无负载运转时的精度，包括回转精度(如主轴轴心漂移)和直线运动的不均匀性(如运动速度周期性波动)等。运动精度与传动链的设计、加工与装配质量有关。

(4)定位精度。机床主要部件在运动终点所达到的实际位置的精度，即实际位置与要求位置之间误差的大小，主要反映机床的测量系统、进给系统和伺服系统的特性。

(5)工作精度。机床对规定试件或工件进行加工的精度，不仅能综合反映出上述各项精度，还能反映机床的刚度、抗振性及热稳定性等特性。

机床的精度可分为普通精度级、精密级和高精密级三种精度等级。这三种精度等级的公差，如以普通精度级为1，则它们之间的比例大致为1：0.4：0.25。不同类别的普通级机床的公差等级是不同的，它们是按其工艺特点确定的。例如，车床 CA6140 与万能磨床 M1432A 皆为普通机床，但 M1432A 的精度明显比 CA6140 要高。

机床设计不仅要保证机床的加工精度，而且要使机床的加工精度保持一定时间，即精度保持性。精度保持性又称为使用寿命。一般由机床某些关键零件，如主轴、导轨、丝杠等的首次大修期所决定，中小型普通精度级通用机床包括组合机床的使用寿命约为 8 年。随着技术设备更新的加速，机床的使用寿命也在减短。由于产品的更新换代较快，专用机床的使用寿命较通用机床短；大型机床和精密机床、高精度机床重量大、价格高，使用寿命较长。为了提高机床的精度保持性，要特别注意关键零件选材和热处理，尽量提高其耐磨性，同时还要采用合理的润滑和防护措施。

6.1.3 机床生产率

机床的生产率通常是指单位时间内机床所能加工的工件数量，即

$$Q = \frac{1}{t} = \frac{1}{t_1 + t_2 + t_3/n}$$

式中，Q 为机床生产率；t 为单个工件的平均加工时间；t_1 为单个工件的切削加工时间；t_2 为单个工件加工过程中的辅助时间；t_3 为加工一批工件的准备与结束工作时间；n 为一批工件的数量。

要提高机床生产率，必须缩短加工一个工件的平均总时间，其中包括缩短切削加工时间、辅助时间及分摊到每个工件上的准备和结束时间。采用先进刀具提高机床的切削速度，采用大切深、大进给、多刀多刃和成型切削等，都可以减少单件加工时间，提高生产率。采用机械手等机构自动装卸工件、自动换刀，利用气动、液动、电动、离心等夹紧机构自动装卡工件，可减少辅助时间，从而提高生产率。

通过对上式的进一步分析还可知，要提高生产率，单靠减少切削加工时间或辅助时间是有一定限度的，必须使切削加工时间、辅助时间及准备结束时间同时减少才更有效。设计机床时，当与辅助时间和准备结束时间相比，切削加工时间较大时，自动化程度对生产率影响不大，提高生产率主要应减少切削加工时间。当切削加工时间较短时，自动化才显得迫切。

6.1.4 自动化程度

机床自动化加工可以减少人对加工的干预，减少失误，保证加工质量；减轻劳动强度，改善劳动环境；减少辅助时间，有利于提高劳动生产率。机床的自动化分为大批大量生产自动化和单件小批量生产自动化。大批大量生产自动化，采用自动化单机(如组合机床、自动机床(包括数控机床))组成生产流水线。单件小批量生产自动化，采用数控机床、加工中心组成能控制加工、工件输送的高灵活性高效自动化生产系统，简称柔性制造系统(flexible manufacturing system)。多个柔性制造系统可形成工厂自动化(factory automation)，能够进行多品种、小批量生产自动化。

机床的自动化程度可以用自动化系数表示：

$$K_z = \frac{t_z}{t_x}$$

式中，t_z 为一个工作循环中自动工作的时间；t_x 为完成一个工作循环的总时间。

设计机床应根据实际情况确定自动化程度和所采用的手段，通用机床用途较广，加工对象变化较大，但也应尽可能实现局部的自动化循环。实现自动化所采用的手段与生产批量有很大关系。

6.1.5 机床性能

机床在加工过程中产生的各种静态力、动态力及温度变化，会引起机床变形、振动、噪声等，给加工精度和生产率带来不利影响。机床性能就是指机床对上述现象的抵抗能力。由于影响的因素很多，在机床性能方面还难以像精度检验那样，制定出确切的检验方法和评价指标。

1. 传动效率

传动效率是衡量机床能否有效利用电动机输出功率的能力，可用下式表示：

$$\eta = P/P_E \approx (P_E - P_0)/P_E = 1 - P_0/P_E$$

式中，η 为机床传动效率；P 为机床输出功率；P_E 为电动机输出功率；P_0 为机床空运转功率。

机床的功率损失主要转化成摩擦热，会造成传动件的磨损和引起机床热变形，因此，传动效率是间接反映机床设计与制造质量的重要指标之一。对于普通机床，主轴最高转速时的空运转功率不应超过电机功率的 1/3。机床的传动效率与机床传动链的长短及传动件的速度有关，也受轴承预紧、传动件平衡和润滑状态等因素的影响。

2. 刚度

又称静刚度，是机床整机或零部件在静载荷作用下抵抗弹性变形的能力。如果机床刚度不足，在切削力等载荷作用下，会使有关零部件产生较大变形，恶化这些零部件的工作条件，特别会引起刀具与工件间产生较大位移，影响加工精度。

机床是一个由众多零件组合而成的复杂弹性体，为了提高机床刚度，要分析对刀具与工件间弹性位移影响较大的零部件，如主轴组件、刀架、支撑导轨等，同时要注意机床结构刚度的均衡与协调，防止出现薄弱环节。

3. 抗振能力

机床的抗振能力是指机床工作部件在交变载荷下抵抗变形的能力，包括抵抗受迫振动和自激振动的能力。习惯上称前者为抗振性，后者为切削稳定性。机床的受迫振动是在内部或外部振源，即交变力的作用下产生的，如果振源频率接近机床整机或某个重要零部件的固有频率，则会产生共振，必须加以避免。自激振动是机床—刀具—工件系统在切削加工中，由于内部具有某种反馈机制而产生的振动，其频率一般接近机床系统的某个固有频率。

机床零部件的振动会恶化其工作条件、加剧磨损、引起噪声；刀架与工件间的振动会直接影响加工质量、降低刀具耐用度，是限制机床生产率发挥的重要因素。

为了提高机床的抗振性能，可采取相应的措施。对来自机床外部的振源，最可靠最有效的方法就是隔离振源。尽量使主运动电动机与主机分离，并且采用橡胶摩擦传动(如平带传动、V带传动、多楔带传动等)驱动机床的主运动，避免了电机振动的传递。对无法隔离的振源(如立式机床的电动机)或传动链内部形成的振源，则应：①选择合理的传动形式(如采用变频无级调速电机或双速电机)，尽量减短传动链，减少传动件个数，即减少振动源的数量；②提高传动链各传动轴组件，尤其是主轴组件的刚度，提高其固有角频率；③大传动件应作动平衡或设置阻尼机构；④箱体外表面涂刷高阻尼涂层，如机床腻子等，增加阻尼比；⑤提高各部件结合面的表面精度，增强结合面的局部刚度。

自激振动，与机床的阻尼比特别是主轴组件的阻尼比，刀具以及切削用量尤其是切削宽度密切相关。除增大工作部件的阻尼比外，还可调整切削用量来避免自激振动，使切削稳定。

4. 噪声

随着机床切削速度的提高、功率的增大、自动化功能的增多和机床变速范围的扩大，机床噪声已经成为机床设计和制造中一个不容忽视的问题。噪声损伤人的听觉器官和生理功能，妨碍语言通信，降低劳动生产率，是一种公害，必须采取措施予以降低。

机床振动是噪声源，主要是：①齿轮、滚动轴承及其他传动零件的振动、摩擦等造成的机械噪声。传动件的传动线速度增加一倍，噪声增加6dB；载荷增加一倍，噪声增加3dB。②油泵、液压阀、管道中的油液冲击造成的液压噪声。③电机风扇、转子旋转搅动空气形成的空气噪声。④电动机定子内磁滞伸缩产生的电磁噪声。噪声可直接从这些零件发出，还可通过其周围的结构作二次声发射，故应从控制噪声的生成和隔音两个方面着手降低噪声。在生产方面，应先找出机床最主要的噪声源，再采取降低噪声的措施。如传动系统的合理安排，轴承及齿轮结构的合理设计，提高主轴箱体和主轴系统的刚度，避免结构共振，选用合理的润滑方式和轴承结构形式等。在隔音方面，应根据噪声的吸收和隔离原理，考虑隔音措施，如将齿圈与辐板分离，通过分层面的摩擦阻尼消声，齿轮箱严格密封，选用吸振材料作箱体罩壳等。

5. 热变形

机床工作时受到内部热源的影响，如电动机发热，液压系统发热，轴承、齿轮等摩擦传动发热以及切削热等；以及外部热源的影响，如环境温度变化和周围的辐射热源，使机床各部分温度发生变化。热源在机床上分布不均，且产生的热量不同，自然会导致机床各部分不同的温升。由于不同金属材料具有不同的热膨胀系数，所以机床各部分变形不一，产生机床热变形。机床热变形会破坏机床的原始精度，引起加工误差，还会破坏轴承、导轨等的调整间隙，加快运动件的磨损，甚至会影响正常运转。据统计，机床热变形引起的加工误差最大值约占全部误差的 70%，尤其是精密机床、大型机床、自动化机床、数控机床，热变形的影响较大，是不容忽视的。

机床设计中要求采取各种措施减少内部热源的发热量、改善散热条件、均衡热源、减少温升和热变形；还可采用热变形补偿措施，减少热变形对加工精度的影响。

6.1.6　可靠性

机床的可靠性是指机床在整个使用寿命期间内完成规定功能的能力。也就是要求机床不轻易发生或尽可能少发生故障。它是一项重要的技术经济指标，对于机床制造企业来说，是提高产品信誉，增强产品竞争力的重要手段，在企业经营中有相当重要的作用。随着自动化水平的不断提高，需要许多机床、仪表、控制系统和辅助装置协同工作，如自动线、自动化工厂等。它们对机床可靠性指标的要求是相当高的。因为当一台机床出现故障而停车时，往往会影响全线或某一部分的自动化生产。因此，对于纳入自动线、自动化加工系统或自动化工厂的机床，必须采取适当的措施来保证机床的可靠性。

为了维持使用可靠性所采取的措施称为维护。实际上在使用中的可靠性是靠检查、分解、修理、变换、调整和清扫等各种维护手段来维持的。这就要求在设计时就考虑机床的维护问题，如机床的操纵、观察、调整、装卸工件和工具应方便；机床维护简单，使用安全；零部件便于拆装，有互换性，易于查找故障进行修理，并便于安装、包装、运输和保管等。使用安全包括操作者的安全，误动作的防止，超载超程的保护，有关动作的互锁，用检测试验和报警等手段确认动作状态，探测故障和缺陷，记录和跟踪故障趋向等。

衡量可靠性的主要指标有可靠度、平均无故障工作时间(期望寿命)、故障率等。

1. 可靠度

可靠度是指机床或零件在规定条件下，在规定运行时间内，执行所规定的功能无故障运行的概率。用以时间 t 为随机变量的分布函数 $R(t)$ 表示

$$R(t) = 1 - F(t) = 1 - \int_0^t f(t)\,\mathrm{d}t = \int_t^\infty f(t)\,\mathrm{d}t$$

式中，$F(t)$ 为不可靠度；$f(t)$ 为故障概率密度分布函数。

2. 平均无故障工作时间

平均无故障工作时间即期望寿命，可由下式计算：

$$E(t) = \int_0^\infty t f(t)\,\mathrm{d}t = \int_0^\infty R(t)\,\mathrm{d}t$$

平均无故障工作时间表示故障间隔的平均时间，是一个比较直观的非常重要的指标。一些长寿命产品(如机床、数控系统、电视机、冰箱、汽车)多采用这一指标来规定其可靠性。也有用故障前运行时间的平均值来表示可靠性的。

3. 故障率

某一产品已经安全运行了某段时间间隔[0, t]，而在下一段时间间隔[t, t_1]内，产品的失效概率称为故障率。也就是故障率表示故障即将发生的概率。故障率用故障率函数来计算，故障率函数为

$$h(t) = \frac{f(t)}{R(t)}$$

故障率有初期、随机和集中耗损三种类型。初期故障型也称减少型，多发生在产品投入运行初期。为了消除初期失效，在产品交付用户前，应在较为苛刻的条件下运行一段时间，以便发现故障，并将其消除。随机故障型也称常数型，它随机发生，一般存在于比较复杂的系统中。集中耗损故障型也称增加型，是在产品运行一段时间后，故障发生的概率突然开始增加，预测这一时间的意义非常重大。

6.1.7　机床成本

机床设计完成后，经过试制、生产，最终要交付用户使用，因此要用最低成本获得产品必要的功能，以提高使用价值。价值、功能、成本三者关系可用下式表示：

$$价值 = \frac{功能}{成本}$$

由此可知，功能一定时成本降低或成本一定时功能提高都使价值变高，式中的功能主要包括产品性能、产品使用方便性、外观（形状、色彩）、维护保养方便性、产品寿命等。这种评价不仅取决于技术方面，而且还加入了用户的爱好、经济能力和使用目的等因素，所以不是绝对的。要使生产的机床保持在高水平上，必须不断提高功能、降低成本。

此外，机床成本和机床寿命要同时考虑，即寿命周期成本。它包括购入时机床的成本、使用时必须花费的操作与动力成本、维修成本、作为废物处理时的成本。因此从设计开始就要对机床进行全面的价值分析。一般来说，机床成本的 80% 左右在设计阶段就已经确定，为了尽可能地降低机床成本，机床设计工作应在满足用户需求的前提下，努力做到结构简单，工艺性好，方便制造、装配、检测与维护；机床产品结构要模块化，品种要系列化，尽量提高零部件的通用化和标准化水平。

6.1.8　机床宜人性

机床宜人性是指为操作者提供舒适、安全、方便、省力等劳动条件的程度。机床设计要布局合理、操作方便、造型美观、色彩悦目，符合人机工程学原理和工程美学原理，使操作者有舒适感、轻松感，以便减少疲劳，避免事故，提高劳动生产率。按照人机学的要求进行机床造型与色彩的设计是机床设计中不可忽视的内容。

人机学是综合研究人—机械—环境的一门科学，在机床造型与色彩设计中所涉及的人机学问题有：人与机床的关系；同人体的各种能力有关的机床本身及环境因素的处理；视觉、听觉及其他感觉的输入途径选择和相互关系；操作件、观察表盘、开关按钮的合理布置；充分考虑造型及色彩对人的生理特征与心理因素的效果等。

机床造型要由机床的功能和特点决定。要求简洁明快，美观大方，使用舒适方便。简洁的外形便于制造，符合人的视觉特征，看后易于记忆，印象深刻。使用舒适方便，如将操作手柄集中在人的主操作位置、设计坐着操作的机床、站着操作的靠式座椅、可调整高度的操纵面板灯。

机床造型有曲线形、方形和梯形三种。目前趋向以方形和梯形相结合的造型。梯形造型的最大特点是利用斜线斜面构型，增加造型的多变性和生动感，加之一般上小下大能增强稳定感。

外观造型应使机床整体统一，均衡稳定，比例协调。部件的形体目前多流行小圆角过渡的棱柱体造型，长、宽(或高)的比例要适当，常用的比值为黄金分割比例、均方根比例、整数比例等，其中长宽比为黄金分割比例的矩形称为黄金矩形；各部件的形体比例相互协调，衔接紧密、转换自然，组合而成的外形轮廓的几何线型要大体一致，达到线型风格的协调统一；整体造型应使人感到稳定而不笨重，轻巧且安定。

机床色彩的设计应有利于产品功能的发挥，符合时代特点，满足使用对象、环境的审美要求。色彩设计应充分表达产品功能特征并与使用环境相协调。例如，底座为耐油污和表示稳定，用色宜深沉；面板要求醒目，用色要对比度强又不刺眼；警示部分色调要鲜艳夺目而引起注意。

色彩可配合造型使机床达到人的审美要求。机床的主色调是绿色。实践证明，绿色有助于提高劳动生产率，蓝色和紫色则会降低劳动生产率。国内外各种机床多采用绿色，它给人以贴近自然、适宜、舒畅的感觉，同时也是一种耐油污的隐蔽色。机床色彩应适应不同的使用环境，热带地区使用的机床宜采用冷色，如乳白色、奶黄色，使人产生清凉、心情平静的感觉；寒冷地区应采用暖色，如橘黄色、橘红色等，以增强人们的温暖感。另外，出口机床，应注意不同国家和地区对色彩的好恶，使机床适合这些国家和地区人们的审美。目前，有些机床，特别是加工中心和数控机床，趋向于采用套色，以减弱形体的笨重感，上浅下深的色彩又可收到稳重的效果。

中小型机床，应按使用的工作环境确定主体色调，通常用明快、活泼的配色；大型、重型机床，不宜用太浅的颜色，而是用纯度、明度都较低的色调为主色调，增强视觉的稳定感和力度感；可用少部分与主体调和的明度较高的其他色彩，有目的、有重点地装饰和点缀，提高机床的生动活泼的效果。

色彩的安排要有明确的基调，注意配合的主次，避免一件产品上色彩繁多杂乱，机床主体色一般一至两种。应避免用手工艺的装饰手法去表现现代工业产品的外观形象。

6.1.9　系列化、通用化、标准化程度

机床品种系列化、零部件通用化和零件标准化简称为"三化"，其目的是便于机床设计、使用与维修；对机床产品的品种、规格、质量、数量和生产效率等有着重要的意义，它是一项重要的技术—经济政策，也是产品设计的方向。

系列化包括机床参数标准的制定、型谱的编制和产品的系列设计，主要用于通用机床，目的是用最少品种的机床，最大限度地满足国民经济各部门的需要。

不同型号的机床采用相同的零部件称为零部件通用化。这些适用于不同品种机床中的零部件称为通用件。通用化使零部件品种减少，生产批量增加，便于组织生产，降低机床成本，缩短设计制造周期，加快机床品种的发展。

机床零件设计中尽量使用国家规定的标准化零件，标准件可以外购或按国家标准制造。据统计，由专业厂大量生产所提供的紧固件，其成本可降低到 1/8～1/4，材料利用率可达 80%～95%，工时降低到 1/23～1/14，占有的设备减少为 10%，大大节省了设计和制造工作量。

一般以通用零件在零件总数(标准化零件除外)中所占百分比来表示机床的通用化程度；用标准零件在零件总数中所占百分比来表示机床的标准化程度。

机床三化之间有着密切的关系，零部件通用化依赖于产品系列化，而通用化和标准化又推动系列化，只有产品系列化才能使通用化和标准化有可靠的基础。

上述各项指标之间是互相联系又互相制约的。要求精度高则生产率往往受到限制；若精度和生产率都要求很高，则制造就可能比较困难，成本也将增加。因此，设计机床时必须从实际情况出发，合理地解决各项要求之间的矛盾，既要抓住重点又要照顾其他。一般应当优先考虑加工质量、生产率和可靠性。

6.2　机床的设计方法和设计步骤

6.2.1　机床的设计方法

理论分析、计算和试验研究相结合的设计方法是机床设计的传统方法，随着科学技术的进步和社会需求的变化，机床的设计理论和技术也在不断地发展。计算机技术和分析技术的迅速发展，为机床设计方法的发展提供了有利的技术支撑。计算机辅助设计(Computer Aided Design，CAD)和计算机辅助工程(Computer Aided Engineering，CAE)等技术已经应用于机床设计的各个阶段，改变了传统的经验设计方法，由定性设计向定量设计、由静态和线性分析向动态和非线性分析、由可行性设计向最佳设计过渡，从而提高了机床的设计质量和设计效率。

以下介绍一些较常见的设计思想和设计方法。

1. 创造性设计

创造性设计是人们在已掌握的基础理论、科学知识、工程技术的基础上进行新颖独特的设计，而不受现有模式的局限，不受传统观念的束缚，别出心裁地创造出前所未有的新成果。别出心裁也是从现有资料出发，充分发挥想象，进行辩证思维，才能创造出与众不同的方案。创造性设计首先要进行创造性想象。爱因斯坦说："'想象力'比知识更重要，现实世界只有一个，而想象力却可以创造千百个世界。"创造性想象就是反映事物本质属性和内在、外在有机联系，具有新颖的广义模式，可以物化的一种思想心理活动，这是人类智慧最集中的思维活动。它能使人类突破各种自然极限，在一切领域开创新的局面，以不断满足人类生产和生活的需求。在机床的功能定位、运动分析、运动分解、运动复合、动力元件的选用和匹配、功能部件选配和结构设计、传感检测元件的选用、材料的选取、控制方案等诸多方面都可以进行创新设计。

2. 机电结合

微电子技术和计算机技术的发展，促进了各学科的互相渗透、交叉和融合，出现了许多体积小、功能强、性能好的元器件和功能部件，特别是计算机技术的介入，使原来许多由硬件实现的功能，可以改由程序(软件)来实现，这更增加了产品的可靠性和功能的可扩展、可修改性(即灵活性或柔性)。以数控机床为例，它的主运动和进给运动都采取了高性能的无级调速电动机和脉宽调制技术进行控制；在位移传感器方面采用了光栅、光电脉冲编码器、激光定位测试；采用精密主轴、精密导轨、精密滚珠丝杠螺母副等；用液压驱动工作台升降、转位或换刀、松夹工件等；用气压清洁主轴锥孔；用可编程控制器代替硬件逻辑电路的功能，与插补轨迹控制形成一个有机的整体。这表明当前设计人员应尽可能地利用当代最新科学技术成就，去开发融机、电、液、光技术的复合型高性能产品。所以，今天已不能再用某一单项技术来衡量设备性能的优劣，而应考察其多项技术的综合应用水平。总之，机电有效地结合，软硬件合理地搭配是确保产品性能的重要设计思想。

3．并行工程方法

并行工程是集成地、并行地设计产品及其零部件和相关各种过程的一种系统方法。它要求产品的设计开发人员和其他人员一起共同工作，在设计一开始就考虑产品整个生命周期中从概念形成到产品报废处理的所有因素，包括质量、成本、进度计划和用户要求。一个人的能力总是有限的，他不可能同时精通产品从设计到售后服务各个方面的知识，也不可能掌握各方面的最新情报。因此，为了设计出便于加工制造、便于装配和维修、便于使用和回收的产品，就必须将了解产品寿命循环各个方面的专家，甚至包括潜在的用户集中起来，形成专门小组协同工作，随时对设计出的产品和零件从各个方面进行审查，力求使设计的产品便于加工制造、装配、维修、装卸运输，还应外观美、成本低、便于使用。还需要强调的是，这种过程并非单向的，而是一种将设计、制造、管理有机结合的快速的短反馈系统。

4．模块化设计

根据通用化原则所设计的部件，使用于不同的产品时，往往在功能或结构上不能满足要求，因此，发展了模块化设计，它是在通用化基础上发展起来的。

在对产品进行功能分析的基础上，划分并设计出一系列通用的功能模块，根据顾客要求，对这些模块进行选择和组合，就可以构成不同功能，或功能相同但性能不同、规格不同的产品，这种设计方法称为模块化设计。例如，对于具有某一功能的部件或单元(刀架)，根据用途和性能的不同，设计出多种能够互相选用的模块(如切断刀架、仿形刀架、转塔刀架等)，从而能根据生产需要选用模块，组成各种通用机床、变形机床和专用机床。又如，龙门刨床、龙门铣床和龙门导轨磨床的结构布局与基础件(如龙门架、床身等)极为相似，只要选择合理的基础件形状和尺寸参数，设计成可互换的模块，就可以满足三类机床的刚度要求。

利用模块化设计可以很好地解决产品品种、规格与设计制造周期和生产成本之间的矛盾。模块化设计也为产品快速更新换代、提高产品质量、维修方便、增强产品的竞争力提供了条件。

产品的模块化设计始于 1900 年法国一家公司用模块化原理设计书架。1920 年前后开始用于机床设计，20 世纪 50 年代欧美一些国家正式提出模块化设计的概念。机床行业过去的系列型谱设计、组合机床的通用部件设计都采用了这种方法。计算机图形学、计算机仿真的出现，更加速了这种技术的推广和应用。

模块化的进一步发展是生产的社会化。各种模块由专门的工厂制造，作为商品向社会供应。机床制造厂可根据要求的功能、性能和规格采购。由于各功能部件或单元由专门工厂集中生产，质量易于保证。机床厂则可以减轻工作量，缩短交货期，提高竞争能力。因此，模块化社会化生产近年得到迅速的发展。例如，主运动有变速箱和主轴单元；进给运动有进给驱动单元，包括滚珠丝杠、两端的轴承和轴承座，以及与伺服电动机连接的联轴节；导轨有直线运动滚动支承；刀具系统有转位刀架、刀库、机械手、加工中心主轴内的刀具夹持机构；控制系统有数控系统、伺服系统、可编程控制器；防护系统有防护罩、管缆防护套；还有位置检测单元、润滑单元、冷却单元、切屑搬运机构等。越来越多的功能单元已由专门化工厂集中生产，作为商品出售。专业厂不仅出售功能单元，而且代客户设计，提供技术服务。

5．优化设计

在产品或工程设计中，设计方案往往不是唯一的，从各个可行的方案中寻找尽可能好的或最佳方案的过程，称为优化设计。传统的设计过程是构思方案—评价—再构思—再评价，这也是寻优过程。但由于受到人的客观条件的限制，这种设计过程只可能得到"较好的可行解"，无法得到设计的最佳解。为了得到最佳解，20 世纪 70 年代至 80 年代国内外开始利用计算机辅助寻优过程，出现了最优化技术这一概念。从而以数学规划为理论，以计算机为工具，在数据库的支持下考虑多种约束，寻求满足某项预定目标的最佳设计方案成为现实和可能。

优化设计是在一定条件下，合理选择有关参数，以获得一个技术经济指标最佳的设计方案。例如，最经济、质量最轻、体积最小、寿命最长、最可靠等都可以在一定约束条件下构成设计所追求的目标。优化设计首先必须将工程设计问题转化为一个数学问题，然后利用规划论的方法，应用计算机求得最优方案。整个设计过程可分为两部分：一部分是利用数学规划论的部分，包括建立优化设计的数学模型及其所采用的优化方法；另一部分是利用计算机的自动计算过程，包括程序的编制、数据的准备与结果的分析和整理。

优化设计是设计方法上的一个重大变革，它使复杂设计问题有求出最佳方案的可能性，大大减轻了设计工作者的工作量，提高设计效率，降低产品成本，保证产品质量。

6. 可靠性设计

以前设计人员往往只根据性能要求提出设计方案，不能做可靠性的定量分析，现在由于可靠性技术的进步，可以把可靠性和性能、机能等一起作为设计参数，在产品设计阶段就进行考虑，即进行可靠性设计。

可靠性设计是建立在概率统计理论基础上的以零件、产品或系统的失效规律为基本研究内容的一门学科。可靠性设计就是在满足产品的功能、成本等要求的前提下，一切使产品可靠地运行的设计过程。它包括确定产品的可靠度、平均无故障工作时间、故障率，以及在上述指标已确定的前提下选择系统的结构、零件的尺寸、材料和其他技术要求等。

可靠性设计方法包括一般方法和特殊方法。可靠性设计的一般方法是根据以往积累的经验而形成的预防故障的设计方法，例如，有效地利用过去的经验，零件数要少、结构力求简化，易于进行检修、调整和更换等。可靠性设计的特殊方法常用的有可靠度分配设计方式、安全设计方式、安全寿命设计方式、防止故障设计方式、可靠性试验等。

机床的设计方法还应考虑机床的类型。通用机床采用系列化设计方法，系列中基型产品属创新设计类型，其他属变形设计类型。有些机床(如组合机床)属组合设计类型。

6.2.2　机床的设计步骤

不同类型的机床的设计方法也不尽相同，一般机床设计的步骤可分为总体设计、详细设计、机床整机综合评价。

1. 总体设计

1) 主要技术指标设计

主要技术指标设计是后续设计的前提和依据。设计任务的来源不同，如工厂的规划产品，或根据机床系列型谱进行设计的产品，或用户订货等，具体的要求不同，但所要进行的内容大致相同。主要技术指标如下。

(1)用途：即机床的工艺范围，包括加工对象的材料、质量、形状及尺寸等。

(2)生产率：包括加工对象的种类、批量及所要求的生产率。

(3)性能指标：加工对象所要求的精度(用户订货设计)或机床的精度、刚度、热变形、噪声等。

(4)主参数：或称主要规格，是机床各参数中最主要的一个或两个参数，它反映机床的加工能力，是确定机床主要零部件尺寸的依据。

（5）驱动方式：分电动机驱动和液压驱动。电动机驱动方式有普通电动机驱动、步进电动机驱动及伺服电动机驱动。驱动方式的确定不仅与机床的成本有关，还将直接影响传动方式的确定。

（6）成本及生产周期：无论是订货还是工厂规划产品，都应确定成本及生产周期方面的指标。

2) 调查研究

根据设计要求，进行调查研究，检索有关资料，包括技术信息、实验研究成果、新技术的应用成果等，类似机床的使用情况，要设计的机床的先进程度，国际水平等相关资料。调查制造厂家的设备条件、技术能力和生产经验等。

3) 总体方案设计

总体方案设计包括以下几种。

（1）运动功能设计：包括确定机床所需运动的个数、形式（直线运动、回转运动）、功能（主运动、进给运动、其他运动）及排列顺序，最后画出机床的运动功能图。

（2）基本参数设计：包括尺寸参数、运动参数和动力参数设计。尺寸参数主要是对机床加工性能影响较大的一些尺寸。运动参数指机床主轴转速或主运动速度、移动部件的速度等。动力参数包括电动机功率、伺服电动机的功率或转矩、步进电动机的转矩等。

（3）传动系统设计：包括传动方式、传动原理图及传动系统图设计。

（4）总体结构布局设计：包括运动功能分配、总体布局结构形式及总体结构方案图设计。

（5）控制系统设计：包括控制方式及控制原理、控制系统图设计。

4) 总体方案综合评价与选择

在总体方案设计阶段，对其各种方案进行综合评价，从中选择较好的方案。

5) 总体方案的设计修改与优化

对所选择的方案进行修改或优化，确定最终方案。

上述设计内容在设计过程中要交叉进行。

2．详细设计

（1）技术设计：包括确定结构原理方案、装配图设计、分析计算或优化。

（2）施工设计：包括零件图设计、商品化设计、编制技术文档等。

3．机床整机综合评价

在所有设计完成之后，还需对所设计的机床进行整机性能分析和综合评价。如果所设计的新机床是成批生产的产品，在工作图设计完成后，应进行样机试制以考验设计。对样机进行试验和鉴定，合格后再进行小批试制以考验工艺。设计人员应参加机床试制、试验和鉴定全过程，从中了解设计存在的问题，及时总结经验教训，及时修改设计，以便对机床进行必要的改进和提高，并为以后设计积累经验和资料。

6.3　机床总体方案设计

总体方案是机床部件和零件的设计依据，对整个设计的影响较大。因此，必须全面周密地分析、考虑，拟定一个技术合理、先进、经济效益高的总体方案。具体包括以下内容。

（1）工艺方案。经调查研究分析后，确定机床上的工艺方法、所需的运动等。工艺方案的制定是否合理，对生产效率和产品质量等有着极大的影响。对于专用机床，还需初步拟定专用夹具方案，绘制加工示意图等。

(2)机床总体布局。总体布局包括分配运动，选择传动形式和支承形式，安排操作部位，拟定从布局上改善技术经济指标的措施等。

(3)确定机床主要技术参数。包括计算和选择尺寸参数、运动参数、动力参数等。

另外，对于自动化机床，还需拟定机床的控制方案，当机床的传动和控制较复杂时，需绘制机床传动系统草图、机床液压系统草图和机床电器原理草图等。

对于不同类型的机床，总体方案设计的侧重点也不同。例如，对于专用机床，应侧重于工件分析和工艺分析；对于通用机床，侧重于现有同类型机床的调查、分析、改革、新科技成就的应用，机床品种的系列化、零部件的通用化和标准化等。

6.3.1　工艺方案

1．工艺方法的确定

机床上的工艺方法是多种多样的，按工种可分为车、铣、刨、钻、镗、磨、研磨、电加工、振动加工、激光加工等；每一工种还可以再分，如车削加工有车外圆、车端面、车槽、车球面等；按加工精度和表面粗糙度可分为粗加工、半精加工、精加工、光整加工等；按工序集中程度可分为单刀、多刀、单工件、多工件、单工位、多工位等；按作业形式可分为平行作业、顺序作业、平行—顺序作业等。

工艺方法对机床的结构和性能的影响很大，工艺方法的改变常导致机床的运动、传动、布局、结构、性能以及经济效果等方面的一系列变化。

2．机床运动的确定

确定机床运动，指确定机床运动的数目、运动的类型以及运动的执行件。

一般来说，工艺方法决定机床的运动。机床运动的确定又反过来影响工艺方法的选择。从简化机床结构的原则出发，应优先选择运动的数目少、对运动的要求低、执行件数目少的工艺方法。

3．加工示意图的绘制

加工示意图的作用是表明机床所采用的工艺方法和刀具，规定工件、刀具以及机床执行部件(如主轴箱、工作台、刀架等)的运动速度、行程以及主要联系尺寸。利用加工示意图可检查工件、刀具、机床部件之间在工作时是否会发生干涉。它是设计专用机床的执行部件和刀具、绘制机床总联系尺寸图的重要依据。

6.3.2　机床总体布局

工艺分析只确定零件的加工方法，以及要获得零件需求表面应具有的运动。如何实现这些运动，由哪个部件产生运动以及如何产生所需要的运动，工件是立式加工还是卧式加工，运动控制、机床操作位置等，将是总体布局所要解决的问题。

机床总体布局是指确定机床的组成部件，以及各个部件和操纵、控制机构在整台机床中的配置。合理总体布局的基本要求如下。

(1)保证工艺方法所要求的工件和刀具的相对位置与相对运动。

(2)保证机床具有与所要求的加工精度相适应的刚度和抗振性。

（3）使用方便，便于操作、调整、修理机床，便于输送、装卸工件，便于排除切削。

（4）经济效果好，如节省材料、减少占地面积等。

（5）造型美观。

机床总体布局设计的一般步骤：首先根据工艺分析分配机床部件的运动，选择传动形式和支承形式，然后安排操作部位，并拟定在布局上改善机床性能和技术经济指标的措施。上述步骤之间有着密切联系，必要时可相互贯穿或并行。

1．运动的分配

机床运动的分配应掌握以下原则。

（1）把运动分配给质量小的执行件。在其他条件相同的情况下，运动部件的质量越小，所需电动机功率和传动件尺寸也越小，制造成本也越低。因此，从简化传动件的角度来看，应把运动分配给质量小的执行件。例如，铣削小型工件的铣床，铣刀只有旋转运动，工件的纵向、横向、垂直运动分别由工作台、床鞍、升降台实现；加工大型工件的龙门式铣床，工件、工作台质量之和远大于铣削动力头的质量，铣削主轴有旋转运动和垂直、横向两个方向的移动，工作台带动工件只作纵向往复运动；大型镗铣中心，工件不动，横向、纵向运动都由镗铣主轴箱完成。

（2）运动分配应有利于提高工件的加工精度。对于一般钻孔工作，主运动和进给运动均由刀具完成比较方便。但在钻深孔时，常采用工件作旋转主运动，钻头作轴向进给运动，这样提高了被加工孔中心线的直线度，并便于润滑钻头、排屑（切削液从钻杆周围进入，冷却钻头，并将切屑从空心钻杆中排出）。

（3）运动分配应有利于提高运动部件的刚度。运动应分配给刚度高的部件。例如，小型外圆磨床，工件较短，工作台结构简单、刚度较高，纵向往复运动则由工作台完成（图 6-1(b)）；而大型外圆磨床，工件较长，工作台相对较窄，往复移动时支承导轨的长度大于工件长度的两倍，刚度较差，而砂轮架移动距离短，结构刚度相对较高，故纵向进给由砂轮架完成（图 6-1(a)）。

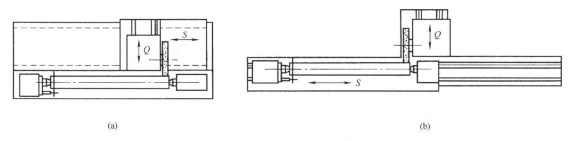

(a)　　　　　　　　　　　　　　　　　　　(b)

图 6-1　外圆磨床纵向进给运动分配

（4）运动分配应有利于减小机床占地面积。如图 6-1 所示，外圆磨床的纵向进给运动由刀具完成时（图 6-1(a)），机床比较短，占地面积较小，但操作者观察切削加工时走动较多。对于中小型外圆磨床，由于工件长度不大，多采用工作台进给（图 6-1(b)）；对于大型外圆磨床，采用刀具进给可显著缩小机床占地面积。

（5）运动的分配应视工件形状而定。不同形状的工件，需要的运动部件也不一样。例如，圆柱形工件的内孔常在车床上加工，工件旋转，刀具纵向移动。箱形体的内孔则在镗床上镗孔，工件移动，刀具旋转。因而应根据工件形状确定运动部件。

2．传动形式的选择

机床的传动有机械的、液压的、气动的、电气的以及综合的等多种形式。其中最常见的传动形式为机械传动和液压传动。选择机床传动形式的基本要求如下。

（1）实现所需的运动。例如，所需运动轨迹是直线运动、回转运动还是其他运动；所需运动是简单运动还是复合运动；运动是否需变速、换向，是否要求按自动循环进行等。

（2）满足运动性能要求。例如，要求无级变速还是有级变速；要求的变速范围和行程范围；对传动精度、定位精度、运动平稳性的要求等。

（3）经济效益高。对于回转运动的驱动，可以是机械的，也可以是液压的或电气的。一般利用齿轮变速机构实现有级变速，其工作可靠，制造成本低，在各类机床中得到广泛的应用。液动机驱动形式和直流发电机—电动机组驱动形式，可实现在工作中无级变速，但传动装置的成本较高。

回转运动的机械传动机构，线速度不太高而转矩较大时，可用齿轮传动；中心距较大时也可用链传动；线速度较高或要求传动平稳时可用带传动。

对于直线运动的驱动，机械的和液压的都得到了广泛应用。机械驱动形式一般为有级变速，也可利用机械无级变速器进行无级变速。液压驱动形式由于传动平稳，容易实现无级变速和运动控制的自动化，在机床中应用很广。

直线运动的机械传动机构，高速长行程可用齿轮齿条或蜗杆齿条传动；低速长行程可用丝杠螺母机构或蜗杆齿条传动；低速长行程又不许自锁的地方可用齿轮齿条机构；短行程的主运动可用曲柄连杆机构或曲柄摇杆机构。

间歇运动可以用棘轮机构等。

内联系传动也有多种形式。机械传动能保证定传动比、工作可靠，目前广泛应用于实现齿轮及螺纹加工机床的运动内联系。电气传动形式可实现运动变速、换向的自动化，并可保证定传动比，用于实现数控机床的坐标移动等。液压传动形式可利用液压随动系统，保证仿形机床的刀具和触指之间的运动联系，实现复杂表面加工的自动化。

3．支承形式的选择

机床形式与支承形式虽然都称为卧式、立式，但其含义却不同。机床形式是指主运动执行件的状态，如卧式机床，主轴或主运动方向是水平的。支承形式是指支承件的形状，支承件高度方向尺寸小于长度方向尺寸时称为卧式支承；支承件高度方向尺寸大于长度方向尺寸时称为立式支承。卧式机床可用卧式支承，也可用立式支承。例如，CA6140卧式机床卧式支承，X6132A卧式机床立式支承。单臂式和龙门式机床是按照机床形状定义的，实质上就是支承形式。

卧式支承的机床，重心低，刚度大，是中小型机床的首选支承形式。立式支承又称为柱式支承，简称立柱。这种支承占地面积小，刚度较卧式差，机床的操作位置比较灵活。立式支承适用于加工大尺寸工件的机床(落地车床除外)和箱形零件，且工作台移动进给的机床，如镗床、铣床、钻削机床、齿轮加工机床。单臂支承是在立柱的基础上增加了可上下移动的横向(水平方向)悬臂梁，结构简单，刚度差，应尽量不用。摇臂钻床为单臂支承，更换加工位置方便，大中型工件或群孔加工时可不移动工件，利用摇臂的转动、升降及主轴箱的水平移动找准钻孔位置。单柱立车也是单臂支承机床。这类支承的机床需有提高刚度的措施。龙门框架式支承，可以说是单臂式支承的改进形式，又称为双柱式支承。它的刚度大、结构复杂。适用于立式大型机床，如龙门刨床、龙门铣床、双柱立车、双柱立式坐标镗床等。这类支承的机床适用于大型工件的加工，或多件同时加工。必要时龙门框架式支承做成封闭框架，以承受巨大的冲击力。

4. 操作部位的布局

机床总体设计在考虑达到技术性能指标的同时，必须注意机床操作者的生理和心理特征，充分发挥人和机床的各自特点，达到人机最佳综合功效。

机床各部件相对位置的安排，应保证：①操作者和工件有适当的相对位置，有足够的活动空间，以便于工件的装卸、刀具的安装调试、加工情况的观察和工件检验；②操作者与操作手柄等控制元件的位置适当，有足够的操作空间，达到操作准确、省力、方便；③操作件应按《操作件技术条件》(JB/T 7277—2014)选用，操作件之间有合理的距离；④功能不同的按钮应有不同的颜色，且这些颜色应和人的视觉习惯一致，符合人的心理、生理特征，防止误操作。例如，卧式车床的床头箱在左边，而镗床的镗头在右边，都是为了适应右手操作的习惯和便于观察测量。

机床工件的安装高度应充分考虑人的身体高度，按照机床的形式合理确定。卧式机床，主轴高度应在 900～1200mm，若机床主轴高度过大，应设置操作垫板，降低操作高度；机床高度过低时，应将机床基础加高或用垫铁抬高；卧式机床下部应留有操作者双脚站立的空间，以便靠近机床，观察加工情况。立式大型机床，为了操作者弯腰装卸工件方便，工作台面高度较小，一般在 700mm 左右。中小型立式支承的机床，工件尺寸较小，工件安装高度应在人体肘高为宜，一般在 950～1050mm，以方便操作和观察加工。

操作者站立不动时手臂最大可及的工作范围是 1600mm，正常活动范围是 1200mm。常用手柄应集中设置在操作者正常活动范围内，不常用的手柄可就近设置。需在多个位置工作的机床，可采用联动控制机构。大型和重型机床，切削刃或切削面太高，超出人体视觉和操作的最佳高度，应设置阶梯式操作平台，便于观察不同高度的工件加工；并采用悬挂式按钮控制箱，实现多位置控制。当运动件作直线或旋转运动时，手柄操作方向应与运动件产生的运动方向一致；当操作件是手轮时，如运动件作直线运动，顺时针转动手轮，运动件应离开、向右、向上运动；如果运动件是旋转运动，手轮的转向应与运动件一致；如果运动件作径向运动，顺时针转动手轮，运动件作向心运动。

色觉视野是指各种颜色在黑背景条件下，人眼所能看到的最大空间范围。由于各种颜色对人眼的刺激不同，人眼的色觉视野也不同。人眼对白色的视野范围最大，向上为 55°～60°，向下为 70°～75°，左右方向为 120°。对黄、蓝、红色的视野范围依次减小，而对绿色的视野最小。最有效的视野区是向上 30°，向下 40°，左右方向为 15°～20°。

视距是指人在操作过程中正常的观察距离，一般为 360～760mm，最佳为 560mm。视距过大过小都会影响人读的速度和准确性，应根据工作要求的性质和精确程度来确定最佳视距。

人的眼睛沿水平方向运动比垂直方向运动灵活，目测水平尺寸比垂直尺寸精确，且不易疲劳，因而视觉接受的信号源应尽量水平排列。人的视线习惯从左到右、从上到下顺时针移动。观察某一区域时，视区观察效果最佳象限依次是右上象限(第一象限)、左上象限(第二象限)、左下象限(第三象限)、右下象限(第四象限)。人的眼睛对直线轮廓比曲线轮廓更容易接受。人的眼睛最容易辨别的颜色依次是红色、绿色、黄色、白色；通常用红色表示危险、禁止，要求立即处理的状态，红色按钮为停车；黄色表示提醒、警告，表达状态变得危险，达到临界状态，黄色按钮为点动；绿色表示安全、正常的工作状态，绿色按钮为工作。当两种颜色配合在一起时，最易辨别的顺序是黄底黑字、黑底白字、蓝底白字、白底黑字等。

6.3.3 主要技术参数的确定

1. 尺寸参数

机床的尺寸参数是指影响机床加工性能的一些尺寸，包括机床的主参数、第二主参数和其他一些尺寸参数。

机床主参数是代表机床的规格大小及反映机床最大工作能力的一种参数，是最重要的尺寸参数。机床的主参数已规定在《金属切削机床 型号编制方法》(GB/T 15375—2008)中。通用机床主参数已有标准，根据用户需要选用相应数值即可，而专用机床的主参数，一般以加工零件或被加工面的尺寸参数来表示。

工件回转的机床主参数是工件的最大加工尺寸，如车床、外圆磨床、无心磨床、齿轮加工机床等；工件移动的机床(镗床例外)主参数都是工作台面的最大宽度，如龙门刨床、龙门铣床、升降台式铣床、矩形工作台的平面磨床等；主运动为直线运动的机床(拉床、插齿机例外)主参数是主运动的最大位移，如刨床、插床等；立式钻床和摇臂钻床的主参数是最大钻孔直径；卧式镗床的主参数是主轴的直径；拉床不是用尺寸作主参数，而是用拉力值(单位是 kN)作主参数。

为了更完整地表示出机床的工作能力和工作范围，有些机床还规定有第二主参数。例如，卧式车床第二主参数为最大工件长度；升降台式铣床、龙门刨铣床为工作台面的长度；摇臂钻床为最大跨距等。此外，还要确定与被加工零件有关的尺寸，以及与标准化工具或夹具安装有关的尺寸参数，如卧式车床刀架上工件的最大回转直径、主轴锥孔的莫氏锥度及主轴孔允许通过的最大棒料直径等；龙门铣床横梁的最高、最低位置等；摇臂钻床主轴下端面至底座的最大、最小距离，主轴的最大伸出量等。

2. 运动参数

运动参数是机床执行件如主轴、刀架、工作台的运动速度，可分为主运动参数和进给运动参数两大类。

1) 主运动参数

主运动为旋转运动时，机床的主运动参数为主轴转速 n(单位为 r/min)

$$n = \frac{1000v}{\pi d}$$

式中，v 为切削速度，m/min；d 为工件或刀具直径，mm。

主运动是直线运动的机床，如刨床、插床、插齿机，主运动参数是刀具的每分钟往复次数(单位为次/min)。

不同的机床，对主运动参数的要求不同。专用机床(包括组合机床)是为特定工件的某一特定工序而设计的，每根主轴一般只有一个根据最佳切削速度而定转速，没有变速要求。对于通用机床，由于完成工序较广，又要适应一定范围的不同尺寸和不同材质零件的加工需要。要求主轴具有不同的转速(即实现变速)，因此需确定主轴的变速范围，即最高转速、最低转速。主运动可采用无级变速，也可采用分级变速。如果采用分级变速，则还应确定转速级数。

(1)最低和最高转速的确定。分析所设计的机床可能进行的工序，从中选择要求最高、最低转速的典型工序。按照典型工序的切削速度和刀具(或工件)直径，可计算出最低转速 n_{min}、最高转速 n_{max} 及变速范围 R_n

$$n_{\min} = \frac{1000v_{\min}}{\pi d_{\max}} , \quad n_{\max} = \frac{1000v_{\max}}{\pi d_{\min}} , \quad R_n = \frac{n_{\max}}{n_{\min}}$$

式中，$v_{\max}$、$v_{\min}$ 可根据切削用量手册、现有机床使用情况调查或者切削试验确定，通用机床的 $d_{\max}$ 和 $d_{\min}$ 并不是指机床上可能加工的最大和最小直径，而是指实际使用情况下，采用 $v_{\max}$（或 $v_{\min}$）时常用的经济加工直径，对于通用机床，一般取

$$d_{\max} = kD , \quad d_{\min} = R_d d_{\max}$$

式中，D 为机床能加工的最大直径，mm；k 为系数；R_d 为计算直径范围。

根据对现有同类机床使用情况的调查确定，如卧式车床 $k = 0.5$，摇臂钻床 $k = 1.0$，通常 $R_d = 0.2 \sim 0.25$。

例如，主参数为 400mm 的卧式车床，确定主轴最高转速。根据统计分析，车床的最高转速出现在硬质合金刀具精车小直径钢材工件的外圆工艺中，参考切削用量资料，可取 $v_{\max} = 200$m/min，对于通用车床 $k = 0.5$，$R_d = 0.25$，则

$$d_{\max} = kD = 0.5 \times 400\text{mm} = 200\text{mm}$$

$$d_{\min} = R_d d_{\max} = 0.25 \times 200\text{mm} = 50\text{mm}$$

$$n_{\max} = \frac{1000v_{\max}}{\pi d_{\min}} = \frac{1000 \times 200}{\pi \times 50}\text{r/min} = 1273\text{r/min}$$

卧式车床的最低转速出现在高速钢刀具精车合金钢工件的梯形丝杠工艺中，可取 $v_{\min} = 1.5$m/min，在主参数为 400mm 的卧式车床上加工丝杠的最大直径为 50mm，则

$$n_{\min} = \frac{1000 \times 1.5}{\pi \times 50}\text{r/min} = 9.55\text{r/mm}$$

实际使用中可能使用到的 $n_{\max}$ 或 $n_{\min}$ 的典型工艺不一定只有一种可能，可以多选择几种工艺作为确定最低及最高转速的参考。CA6140 主轴的最低转速为 10r/min，最高转速为 1400r/min，与计算结果相符。考虑今后技术发展的储备，新设计 400mm 车床主轴的最低转速为 10r/min，最高转速为 1600r/min。

(2) 主轴转速的合理排列。确定了 $n_{\max}$ 和 $n_{\min}$ 之后，在已知变速范围内若采用分级变速，则应进行转速分级；如果采用无级变速，有时也需用分级变速机构来扩大其无级变速范围。所谓分级即在变速范围内确定中间各级转速。目前，多数机床主轴转速按等比级数排列，其公比用符号 φ 表示，转速级数为 z，则转速数列为

$$n_1 = n_{\min} , \quad n_2 = n_1\varphi , \quad n_3 = n_1\varphi^2 , \quad \cdots , \quad n_z = n_1\varphi^{z-1}$$

主轴转速数列呈等比级数的规律排列，主要原因是使其在转速范围内的任意两个相邻转速之间的相对转速损失均匀。例如，加工某一工件所需要的最有利的切削速度为 v，相应转速为 n。通常，分级变速机构不能恰好得到这个转速，而是 n 处于某两级转速 n_j 和 n_{j+1} 之间，即 $n_j < n < n_{j+1}$。如果采用 n_{j+1}，将会提高切削速度，降低刀具寿命，为了不降低刀具的使用寿命，以采用较低的切削速度 n_j 为宜。这将带来转速损失 $n - n_j$，用相对转速损失率表示为

$$A = \frac{n - n_j}{n} \times 100\%$$

最大相对转速损失率是当所需的转速 n 趋近于 n_{j+1} 时，即

$$A_{\max} = \lim_{n \to n_{j+1}} \frac{n - n_j}{n} = \frac{n_{j+1} - n_j}{n_{j+1}} = 1 - \frac{n_j}{n_{j+1}} = \left(1 - \frac{1}{\varphi}\right) \times 100\% = \text{const}$$

可见，最大相对转速损失率取决于两相邻转速之比。在其他条件（直径、进给量、背吃刀

量)不变的情况下，相对转速的损失就反映了生产率的损失。A_{max} =const 使得机床在一定转速下的相对损失率均匀一致。

另外，如果机床的主轴转速数列是等比的，公比为 φ，且转速级数 z 为非质数，则这个数列可分解成几个等比数列的乘积，即可通过串联若干个滑移齿轮组来实现较多级的转速，使变速传动系统设计简化。例如，Z=24，则该数列可分解成为

$$\begin{Bmatrix} n_1 \\ n_2 \\ \vdots \\ n_{24} \end{Bmatrix} = n_1 \begin{Bmatrix} 1 \\ \varphi \\ \vdots \\ \varphi^{23} \end{Bmatrix} = n_1 \begin{Bmatrix} 1 \\ \varphi \\ \varphi^2 \end{Bmatrix} \begin{Bmatrix} 1 \\ \varphi^3 \\ \vdots \\ \varphi^{21} \end{Bmatrix} = n_1 \begin{Bmatrix} 1 \\ \varphi \\ \varphi^2 \end{Bmatrix} \begin{Bmatrix} 1 \\ \varphi^3 \end{Bmatrix} \begin{Bmatrix} 1 \\ \varphi^6 \end{Bmatrix} \begin{Bmatrix} 1 \\ \varphi^{12} \end{Bmatrix}$$

四个等比数列变速组串联，使机床主轴获得 24 种等比数列转速。

(3)标准公比原则。标准公比的确定依据如下原则：因为转速由 n_{min} 到 n_{max} 必须递增，所以公比 φ 应大于 1；公比 φ 大，最大相对转速损失率 A_{max} 就大，对机床劳动生产率影响就大，因此需加以限制，规定最大相对转速损失率 $A_{max} \leqslant 50\%$，则相应的公比 φ 不大于 2，故 $1 < \varphi \leqslant 2$；为了方便记忆，要求转速经 E_1 级变速后，转速值呈 10 倍的关系，故 φ 应符合如下关系，$\varphi = \sqrt[E_1]{10}$，E_1 是正整数；如果采用多速电动机驱动，通常电动机转速为 3000/1500r/min 或 3000/1500/750r/min，故要求转速经 E_2 级变速后，转速值呈 2 倍的关系，故 φ 也应符合如下关系，$\varphi = \sqrt[E_2]{2}$，E_2 也为正整数。

标准公比共有 7 个，如表 6-1 所示。其中 1.06、1.12、1.26 同是 10 和 2 的正整数次方根，其余的只是 10 或 2 的正整数次方根。标准公比不仅可用于主传动，也适用于等比进给传动。无级变速传动系统，电动机的当量公比(实际上是变速范围)较大，且不是标准数，后面串联的机械传动链短，其公比不按标准公比选取。

表 6-1 标准公比

φ	1.06	1.12	1.26	1.41	1.58	1.78	2
$\sqrt[E_1]{10}$	$\sqrt[40]{10}$	$\sqrt[20]{10}$	$\sqrt[10]{10}$	$\sqrt[20/3]{10}$	$\sqrt[5]{10}$	$\sqrt[4]{10}$	$\sqrt[20/6]{10}$
$\sqrt[E_2]{2}$	$\sqrt[12]{2}$	$\sqrt[6]{2}$	$\sqrt[3]{2}$	$\sqrt{2}$	$\sqrt[3/2]{2}$	$\sqrt[6/5]{2}$	2
A_{max}	5.7%	10.7%	20.6%	29.1%	36.7%	43.8%	50%
与1.06关系	1.06^1	1.06^2	1.06^4	1.06^6	1.06^8	1.06^{10}	1.06^{12}

(4)公比选用原则。由上述可知，选取公比 φ 小一些，可以减少相对转速损失，但在一定变速范围内转速级数 z 将增加，须增加变速组数目、增加传动副个数，使机床结构复杂。所以，对于大批大量生产的自动化与半自动化机床，因为要求较高的生产率，相对转速损失要小，故 φ 要取小些，可取 1.12 或 1.26；对于大型重型机床，因其加工时间长，选择合理的切削速度对提高生产率作用较大，故公比 φ 也应取小些，一般选取 1.12 或 1.26；对于中型通用机床，通用性较大，要求转速级数 z 要多一些，但结构又不能过于复杂，常取 φ=1.26 或 1.41；对于非自动化小型机床，加工时间小于辅助时间，转速损失对机床劳动效率影响不大，为使机床结构简单，公比 φ 可选大一些，可选择 1.58、1.78，甚至 2。

2)进给运动参数

大部分机床的进给量用工件或刀具每转的位移(mm/r)表示，如车床、钻床、镗床等。直线往复运动的机床，如刨床、插床，以每一往复的位移量表示。由于铣床和磨床使用的是多

刃刀具，进给量常以每分钟的位移量(mm/min)表示。

在其他条件(切速、切深等)不变的情况下，进给量的损失也反映了生产率的损失。数控机床和重型机床的进给量为无级调速；普通机床多采用分级变速。采用分级变速时，进给量一般为等比数列。螺纹加工机床和卧式车床的进给量数列，按照加工标准螺纹导程数列来选取，因此，进给量数列为分段等差数列。刨床和插床采用棘轮机构实现进给运动，进给量大小靠每次拨动一齿、二齿或几齿来改变，因此，进给量也是等差数列。而用交换齿轮改变进给量大小的自动车床，其进给量就不是按一定规则排列的，而是选择最有利的。

3. 动力参数

动力参数指主运动、进给运动和辅助运动的动力消耗，它主要由机床的切削载荷和驱动的工件质量决定。对于专用机床，机床的功率可根据特定工序的切削用量计算或测定；对于通用机床，由于加工情况多变，切削用量的变化较大，且对传动系统中的摩擦损失及其他因素消耗的功率研究不够等，目前单纯用计算的方法来确定功率是困难的，故通常用类比、测试和近似计算几种方法互相校核来确定。下面介绍用近似计算的方法确定机床动力参数。

1) 主电动机功率的确定

机床主运动的功率包括切削功率、空转功率损失和附加机械摩擦损失三部分。

进行切削加工时，要消耗切削功率 $P_{切}$。切削功率与刀具材料、工件材料和所选用的切削用量有关。如果是专用机床，工作条件比较固定，刀具、工件材料与切削用量基本不变，计算较准确；若是通用机床，则刀具与工件材料和切削用量的变化都相当大，通常可根据机床检验标准中规定的切削条件进行计算。

机床主运动空转时，要消耗电动机的一部分功率，这部分消耗称为空转功率损失，用符号 $P_{空}$ 表示。机床的空转功率损失与传动件的预紧程度及装配质量有关，是传动件摩擦、搅油等因素引起的，其大小随传动件转速的增大而增大。中型机床主传动空转功率损失可用下列经验公式进行估算：

$$P_{空} = \frac{k_1}{10^6}\left(3.5d_a\sum n_i + k_2 d_{主} n_{主}\right)$$

式中，d_a 为主运动链中除主轴外的所有传动轴的平均直径。如果主运动链的结构尺寸尚未确定，则按主运动电动机的功率估算：

当 1.5kW< $P_{主}$ ≤2.5kW 时，d_a=30mm；

当 2.5kW< $P_{主}$ ≤7.5kW 时，d_a=35mm；

当 7.5kW< $P_{主}$ ≤14kW 时，d_a=40mm。

$d_{主}$ 为主轴前后轴径的平均值，mm；$n_{主}$ 为主轴转速，r/min；$\sum n_i$ 为当主轴转速为 $n_{主}$ 时，传动链内除主轴以外各传动轴的转速之和，r/min；k_1 为润滑油黏度的修正系数。用 N46 号机械油时，k_1=1；用 N32 号机械油时，k_1=0.9；用 N15 号机械油时，k_1=0.75；k_2 为主轴轴承系数。主轴用两支承的滚动轴承或滑动轴承，k_2=8.5；三支承滚动轴承，k_2=10。

机床切削工件时，齿轮、轴承等零件上的接触压力增大，无用功耗损也增大。比 $P_{空}$ 多出来的那部分功率损耗，称为附加机械摩擦损失功率 $P_{附}$。切削功率越大，这部分损失也越大。

综上所述，机床主运动电动机的功率 $P_{主}$ 为

$$P_{主} = P_{切} + P_{空} + P_{附} = \frac{P_{切}}{\eta_{机}} + P_{空}$$

$$\eta_{机} = \eta_1\eta_2\eta_3\cdots$$

式中，η_1、η_2、η_3 分别为主运动链中各传动副的机械效率。

开始设计机床时，当主传动链的结构方案尚未确定时，无法计算主运动的空载功率损失和机械效率，可按下式粗略估算主电动机功率：

$$P_主 = \frac{P_切}{\eta_总}$$

式中，$\eta_总$ 为主传动链的总效率。主运动为旋转运动的机床，$\eta_总$ =0.7~0.85，机构较简单和主轴转速较低时，$\eta_总$ 取大值；主运动为直线运动的机床，$\eta_总$ =0.6~0.7。

2)进给运动电动机功率的确定

根据机床进给运动驱动源，可分成如下几种情况。

(1)进给运动与主运动合用一台电动机，如普通卧式车床、钻床等。进给运动消耗的功率远小于主传动功率。统计结果，卧式车床的进给功率 P_f =(0.03~0.04)$P_主$，钻床的 P_f =(0.04~0.05)$P_主$，铣床的 P_f =(0.15~0.20)$P_主$。此时可不单独计算进给功率，而是在确定主电动机功率时引入一个系数 k，机床主电动机功率为

$$P_主 = \frac{P_切}{\eta_机 k} + P_空$$

普通车床 k =0.96；自动车床 k =0.92；铣床、卧式镗床 k =0.85；齿轮机床 k =0.8；在空行程中进刀的机床(如刨床、插床) k =1。

(2)进给运动中工作进给与快速进给合用一台电动机时，快速进给电动机满载起动，且加速度大，所消耗的功率远大于工作进给功率，且工作进给与快速进给不同时进行。所以该电动机功率按快速进给功率选取。数控机床属于这类情况。

(3)进给运动采用单独电动机驱动，需要确定进给运动所需功率(或转矩)。对普通交流电动机，进给运动电动机功率 P_f 按下式计算：

$$P_f = \frac{Qv_f}{60000\eta_f}$$

式中，Q 为进给牵引力，N；v_f 为进给速度，m/min；η_f 为进给传动系统的机械效率。

进给牵引力等于进给方向上切削分力与摩擦力之和，进给牵引力估算公式的例子如表 6-2 所示。

表 6-2　进给牵引力的计算

进给形式 导轨形式	水平进给	垂直进给
三角形或三角形与矩形组合导轨	$KF_Z + f'(F_X + G)$	$K(F_Z + G) + fF_X$
矩形导轨组合	$KF_Z + f'(F_X + F_Y + G)$	$K(F_Z + G) + f'(F_X + F_Y)$
燕尾形导轨	$KF_Z + f'(F_X + 2F_Y + G)$	$K(F_Z + G) + f'(F_X + 2F_Y)$
钻床主轴		$F_Q \approx F_f + f\dfrac{2T}{d}$

注：G 为移动部件的重力，N；F_Z、F_Y、F_X 为在局部坐标系内，切削力在进给方向、垂直于导轨面方向、导轨的侧方向分力，N；F_f 为钻削进给抗力，N；f' 为当量摩擦系数；在正常润滑条件下，铸铁副三角导轨 f' =0.17~0.18；铸铁矩形导轨 f' =0.12~0.13；铸铁燕尾形导轨 f' =0.2；铸铁对塑料的 f' =0.03~0.05；滚动导轨的 f' =0.01 左右；f 为钻床主轴套上的摩擦系数；K 为考虑颠覆力矩影响的系数：三角形和矩形导轨 K =0.1~0.15；燕尾形导轨 K =1.4；d 为主轴直径，mm；T 为主轴的转矩，N·mm。

对于数控机床的进给运动，伺服电动机按转矩选择，可按下式计算：

$$T_{f\text{电}} = \frac{9550P_f}{n_{f\text{电}}}$$

式中，$T_{f\text{电}}$ 为电动机转矩，N·m；P_f 为电动机功率，kW；$n_{f\text{电}}$ 为电动机转速，r/min。

3) 快速运动电动机功率的确定

快速运动电动机起动时消耗的功率最大，要同时克服移动件的惯性力和摩擦力，可按下式计算：

$$P_{\text{快}} = P_1 + P_2$$

式中，$P_{\text{快}}$ 为快速电动机功率，kW；P_1 为克服惯性力所需的功率，kW；P_2 为克服摩擦力所需的功率，kW。

$$P_1 = \frac{T_a n}{9550\eta}$$

式中，T_a 为克服惯性力所需电动机轴上的转矩，N·m；n 为电动机转速，r/min；η 为传动机构的机械效率。

$$T_a = J\frac{\omega}{t_a}$$

式中，J 为转化到电动机轴上的转动惯量，kg·m²；ω 为电动机的角速度，rad/s；t_a 为电动机起动加速过程的时间，s，数控机床可取为伺服电动机机械时间常数的 3～4 倍，中、小型普通机床可取 t_a =0.5s，大型普通机床可取 t_a =1.0s。

各运动部件折算到电动机轴上的转动惯量为

$$J = \sum_k J_k \left(\frac{\omega_k}{\omega}\right)^2 + \sum_i m_i \left(\frac{v_i}{\omega}\right)^2$$

式中，J_k 为各旋转件的转动惯量，kg·m²；ω_k 为各旋转件的角速度，rad/s；m_i 为各直线移动件的质量，kg；v_i 为各直线移动件的速度，m/s。

快速移动部件大多质量较大。如果是升降运动，则电动机要同时克服部件重力和摩擦力，即 P_2 为

$$P_2 = \frac{(mg + fF)v}{60000\eta}$$

如果是水平移动，则

$$P_2 = \frac{f'mgv}{60000\eta}$$

式中，m 为移动部件的质量，kg；g 为重力加速度，g =9.8m/s²；F 为由于重心与升降机构(如丝杠)不同心而引起的导轨上的挤压力，N；f' 为当量摩擦系数，矩形导轨 f' =0.12～0.13，直角三角形导轨 f' =0.17～0.18，燕尾形导轨 f' =0.2；v 为移动部件的移动速度，m/min。

应该指出，P_1 仅存在于起动过程，当运动部件达到正常速度时，即消失。交流异步电动机的起动转矩为满载时额定转矩的 1.6～1.8 倍，工作时又允许短时间过载，最大转矩可为额定转矩的 1.8～2.2 倍，而且快速行程的时间很短。因此，可根据上面计算方法计算出来的 $P_{\text{快}}$ 和电动机转速 n 计算起动转矩，并据此来选择电动机，使电动机的起动转矩大于计算出来的起动转矩就可以了。这样选出来的电动机的额定功率可小于上面的计算结果。

如果结构尚未确定，不能计算部件质量和转动部件惯量时，可根据现有机床，在统计分析的基础上，类比确定。一般普通机床的快速电动机功率和快速运动速度可参考表 6-3 选择。一般数控机床的快速运动速度为 10～40m/min，高速数控机床可达 200m/min。

表 6-3 机床部件快速运动速度和功率

机床类别	主参数/mm		移动部件名称	速度/(m·min⁻¹)	功率/kW
卧式车床	床身上最大回转直径	400	溜板箱	3.0～5.0	0.25～0.5
		630～800	溜板箱	4.0	1.1
		1000	溜板箱	3.0～4.0	1.5
		2000	溜板箱	3.0	4.0
立式车床	最大车削直径	单柱 1250～1600	横梁	0.44	2.2
		双柱 2000～3150	横梁	0.35	7.5
		5000～10000	横梁	0.3～0.37	17
摇臂钻床	最大钻孔直径	25～35	摇臂	1.28	0.8
		40～50	摇臂	0.9～1.4	1.1～1.2
		75～100	摇臂	0.6	3.0
		125	摇臂	1.0	7.5
卧式镗床	主轴直径	63～75	主轴箱和工作台	2.8～3.2	1.5～2.2
		85～110	主轴箱和工作台	2.5	2.2～2.8
		126	主轴箱和工作台	2.0	4.0
		200	主轴箱和工作台	0.8	7.5
升降台铣床	工作台工作面宽度	200	工作台和升降台	2.4～2.8	0.6
		250	工作台和升降台	2.5～2.9	0.6～1.7
		320	工作台和升降台	2.3	1.5～2.2
		400	工作台和升降台	2.3～2.8	2.2～3
龙门铣床	工作台工作面宽度	800～1000	横梁	0.65	5.5
			工作台	2.0～3.2	4.0
龙门刨床	最大刨削宽度	1000～1250	横梁	0.57	3.0
		1250～1600	横梁	0.57～0.9	3.0～5.5
		2000～2500	横梁	0.42～0.6	7.5～10

习题与思考题

6-1 什么是机床的工艺范围？根据工艺范围可将机床分为哪几种不同的类型？

6-2 机床精度包括哪几个方面？

6-3 机床性能的评价指标有哪些？

6-4 什么是机床的可靠性？衡量可靠性的主要指标有哪些？

6-5 机床的"三化"指的是什么？

6-6 机床的设计方法有哪些？试说出其中三种设计方法的设计思想。

6-7 机床总体方案设计包括哪些内容？

6-8 简述机床合理总体布局的基本要求。

6-9 机床运动的分配应掌握哪些原则？

6-10 主轴转速数列标准公比的取值范围是多少？为什么？

6-11 主轴转速为什么一般按等比数列排列？

6-12 机床主运动的功率包括哪几部分？

6-13 简述选择机床传动形式的基本要求。

6-14 对机床各部件的位置安排应保证什么？

第7章 机床的传动设计

本章知识要点

(1)掌握转速图基本概念、原理、结构式、结构网。

(2)掌握主传动链转速图的拟定原则、转速图的绘制和齿轮齿数的确定方法。

(3)掌握扩大变速范围的传动系统的设计方法。

(4)掌握计算转速的概念和确定方法。

(5)掌握无级变速系统的设计、进给传动系统的设计要点。

(6)掌握滑移齿轮变速组中齿轮轴向布置的尺寸确定方法。

机床的传动系统通常由下列几种传动系统的全部或一部分所组成。

1. 表面成型运动传动系统

被加工表面通常是由母线沿一定运动轨迹移动而形成的。表面成型运动传动系统用于传动工件或刀具作母线和母线运动轨迹的运动。它由下列部分组成。

(1)主运动传动系统。用于传动切下切屑的运动，也称主传动系统。

(2)进给运动传动系统。用于实现维持切削运动连续进行的运动。

(3)切入运动传动系统。用于实现使工件表面逐步达到规定尺寸的运动。

2. 辅助运动传动系统

用于实现使加工过程能正常进行的辅助运动，如快速趋近、快速退出，刀具和工件的自动装卸与夹紧等运动。

其他还有分度运动传动系统、控制运动传动系统、校正运动传动系统等。

机床的主传动系统实现机床的主运动，其末端件直接参与切削加工，形成所需的表面和加工精度，且变速范围宽，传递功率大，是机床中最重要的传动链。机床的主传动系统因机床的类型、性能、规格尺寸等因素的不同，应满足的要求也不一样。设计机床主传动系统时最基本的原则就是以最经济、合理的方式满足既定的要求。在设计时应结合具体机床进行具体分析。一般设计时应满足下述基本要求。

(1)满足机床的使用性能要求。首先应满足机床的运动特性，如机床的主轴有足够的变速范围和转速级数(直线运动机床，应有足够的双行程数范围和变速级数)。传动系统设计合理，操纵方便灵活、迅速、安全可靠等。

(2)满足机床传递动力的要求。主电动机和传动机构能够提供及传递足够的功率与转矩，具有较高的传动效率。

(3)满足机床的工作性能要求。主传动中所有零部件应有足够的刚度、精度、抗振性能和较小的热变形。

(4)满足经济性要求。传动链尽可能简短，零件数目要少，以便节省材料，降低成本。

(5)调整维修方便，结构简单、合理，便于加工和装配。防护性能好，使用寿命长。

传动系统按变速的连续性，可分为分级变速传动和无级变速传动。

分级变速传动在一定变速范围内只能得到某些转速，变速级数一般不超过 20～30 级。分级变速传动方式有滑移齿轮变速、交换齿轮变速和离合器(如摩擦式、牙嵌式、齿轮式离合器)变速。因它传递的功率较大，变速范围广，传动比准确，工作可靠，广泛地应用于通用机床，尤其是中小型通用机床中。缺点是有速度损失，不能在运转中进行变速。

无级变速传动可以在一定变速范围内连续改变转速，以便得到最有利的切削速度；能在运转中变速，便于实现变速自动化；能在负载下变速，便于车削大端面时保持恒定的切削速度，以提高生产效率和加工质量。无级变速传动可由机械摩擦无级变速器、液压无级变速器和电气无级变速器实现。机械摩擦无级变速器结构简单、使用可靠，常用在中小型车床、铣床等主传动中。液压无级变速器传动平稳、运动换向冲击小，便于实现直线运动，常用于主运动为直线运动的机床，如拉床、刨床等机床的主传动中。电气无级变速器有直流电动机或交流调速电动机两种，由于可以大大简化机械结构，便于实现自动变速、连续变速和负载下变速，应用越来越广泛，尤其在数控机床上目前几乎全部采用电气无级变速。

数控机床和大型机床，有时为了在变速范围内满足一定恒功率和恒转矩的要求，或为了进一步扩大变速范围，常在无级变速器后面串接机械分级变速装置。

7.1　分级变速主传动系统设计

主传动系统设计的主要任务是：根据已确定的机床主要技术参数，拟定结构式、转速图，合理分配各变速组中各传动副的传动比，确定齿轮齿数和带轮直径等，绘制主传动变速传动系统图。

7.1.1　转速图

1. 转速图的概念

在设计和分析分级变速主传动系统时，要用到的工具是转速图。转速图是表示主轴各转速的传递路线和转速值，各传动轴的转速数列及转速大小，各传动副的传动比的线图。转速图包括一点三线。一点是转速点，三线是主轴转速线、传动轴线、传动线。中型卧式车床变速传动系统图如图 7-1(a)所示，图 7-1(b)是它的转速图。

转速图由一些互相平行和垂直的格线组成。其中，距离相等的一组竖线代表各轴，轴号写在上面，从左向右依次标注电、Ⅰ、Ⅱ、Ⅲ、Ⅳ等分别表示电动机轴、Ⅰ轴、Ⅱ轴、Ⅲ轴、Ⅳ轴，Ⅳ轴为主轴。竖线间的距离不代表各轴间的实际中心距。

距离相等的一组水平线代表各级转速，与各竖线的交点代表各轴的转速。由于分级变速机构的转速是按等比级数排列的，如纵坐标是对数坐标，则相邻水平线的距离是相等的，表示的转速之比是等比级数的公比 φ，本例 $\varphi = 1.41$。转速图中的小圆圈(或黑点)表示该轴具有的转速，即转速点。如在Ⅳ轴上有 12 个小圆圈，表示主轴具有 12 级转速，从 31.5r/min 至 1400r/min，相邻转速的比是 φ，即相邻转速之间有如下关系：

$$\frac{n_2}{n_1} = \varphi, \quad \frac{n_3}{n_2} = \varphi, \quad \cdots, \quad \frac{n_Z}{n_{Z-1}} = \varphi$$

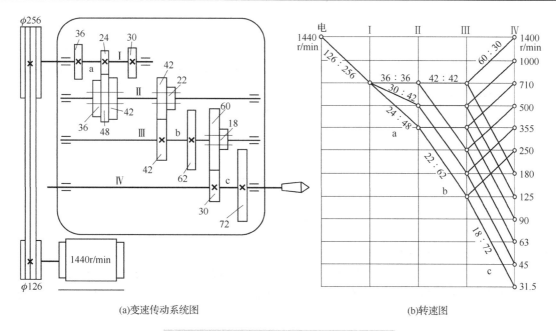

(a)变速传动系统图   (b)转速图

图 7-1 卧式车床主变速传动系统图和转速图

两边取对数，得

$$\lg n_2 - \lg n_1 = \lg \varphi$$
$$\lg n_3 - \lg n_2 = \lg \varphi$$
$$\vdots$$
$$\lg n_z - \lg n_{z-1} = \lg \varphi$$

因此，若将转速图上的纵坐标取为对数坐标，则任意相邻两转速相距为一格，即一个 $\lg\varphi$，代表各级转速水平线的间距相等。为了便于使用，习惯上在转速图上不写 $\lg$ 符号，而直接写出转速值。

两转速点之间的连线称为传动线，表示两轴间一对传动副的传动比，用主动齿轮与从动齿轮的齿数比或主动带轮与从动带轮的轮径比表示。传动比与速比互为倒数关系。传动线的倾斜方式代表传动比的大小，传动比大于 1，其对数值为正，传动线向上倾斜；传动比小于 1，其对数值为负，传动线向下倾斜。倾斜程度表示升降速度的大小。一个主动转速点引出的传动线的数目，代表该变速组的传动副数。平行的传动线代表同一传动比，只是主动转速点不同。

如本例中，电动机轴与轴Ⅰ之间为皮带定比传动，其传动比为

$$i = \frac{126}{256} = \frac{1}{2.03} = \frac{1}{1.41^{2.04}} = \frac{1}{\varphi^{2.04}}$$

是降速传动，电动机轴与轴Ⅰ之间的传动线向下倾斜 2.04 格，使轴Ⅰ的转速正好位于转速线上。轴Ⅰ的转速为

$$n_I = 1440 \times \frac{126}{256} \approx 710 \ (\text{r/min})$$

轴Ⅰ—轴Ⅱ之间的变速组 a，轴Ⅰ转速点上引出三条传动线，说明该变速组有三个传动副。轴Ⅱ—轴Ⅲ之间的变速组 b，从轴Ⅱ上的一个主动转速点上引出两条传动线，说明该变速组有两个传动副。

2. 转速图原理

通常按照动力传递的顺序(从电动机到执行件的先后顺序),即传动顺序分析机床的转速图。按传动顺序,变速组依次为第一变速组、第二变速组、第三变速组、…,分别用 a、b、c、… 表示。变速组的传动副数用 P 表示,变速范围用 r 表示。

第一变速组 a(轴 Ⅰ —轴 Ⅱ 之间的变速组),有三个传动副, $P_a = 3$;传动比分别为

$$i_{a1} = \frac{24}{48} = \frac{1}{2} = \frac{1}{\varphi^2}$$

$$i_{a2} = \frac{30}{42} = \frac{1}{1.41} = \frac{1}{\varphi}$$

$$i_{a3} = \frac{36}{36} = \frac{1}{1} = \frac{1}{\varphi^0}$$

在转速图上,三条传动线分别下降 2 格、下降 1 格、水平。

变速组中,主动轴上同一点传往从动轴相邻两传动线的比值称为级比,级比通常写成公比幂的形式,用 φ^{x_i} 表示,其幂指数 x_i 称为级比指数,它相当于由上述相邻两传动线与从动轴交点之间相距的格数。

变速组 a 中, $i_{a3} : i_{a2} : i_{a1} = 1 : \frac{1}{\varphi} : \frac{1}{\varphi^2} = \varphi^2 : \varphi : 1$,级比指数 $x_a = 1$ 。我们把级比等于公比或级比指数等于 1 的变速组称为基本组。基本组的传动副数用 P_0 表示,级比指数用 x_0 表示。在该车床主传动中,第一变速组 a 为基本组, $P_0 = 3$, $x_0 = 1$ 。

变速组中最大与最小传动比的比值,称为该变速组的变速范围。

在本例中,基本组的变速范围为

$$r_0 = \frac{i_{a3}}{i_{a1}} = \frac{1}{\varphi^{-2}} = \varphi^2 = \varphi^{x_0(P_0-1)}$$

经基本组的变速,使轴 Ⅱ 得到 P_0 级等比数列转速。

第二变速组 b(轴 Ⅱ —轴 Ⅲ 间的变速组),有两个传动副, $P_b = 2$,传动比分别为

$$i_{b1} = \frac{22}{62} = \frac{1}{2.82} = \frac{1}{\varphi^3}$$

$$i_{b2} = \frac{42}{42} = \frac{1}{1} = \frac{1}{\varphi^0}$$

在转速图上, Ⅱ 轴的每一转速都有两条传动线与 Ⅲ 轴相连,分别为下降 3 格和水平。

变速组 b 中,级比为 φ^3 ,级比指数 $x_b = 3$,变速范围为

$$r_b = \frac{i_{b2}}{i_{b1}} = \frac{1}{\varphi^{-3}} = \varphi^3 = \varphi^{x_b(P_b-1)}$$

在转速图中,轴 Ⅱ 的 P_0 级等比数列转速线相距 $P_0 - 1$ 格,在变速组 b 中,传动线 i_{b1} 可作 P_0 条平行线占据 $P_0 - 1$ 格,传动线 i_{b2} 产生的最低转速点必须与 i_{b1} 产生的最低转速点相距 $P_0 - 1 + 1$ 格,才能使轴 Ⅲ 得到连续而不重复的等比数列转速,即 $x_b = 3 = P_0$ 。我们把级比指数等于基本组传动副数的变速组称为第一扩大组。其传动副数、级比指数、变速范围分别用 P_1 、 x_1 、 r_1 表示。在该车床主传动中, $P_1 = 2$, $x_1 = 3$,变速范围表示为

$$r_1 = \varphi^{x_1(P_1-1)} = \varphi^{P_0(P_1-1)}$$

经第一扩大组后,机床得到 $P_0 P_1$ 级连续而不重复的等比数列转速。

第三变速组 c(轴Ⅲ—轴Ⅳ之间的变速组)，有两个传动副，$P_c = 2$，传动比分别为

$$i_{c1} = \frac{18}{72} = \frac{1}{4} = \frac{1}{\varphi^4}$$

$$i_{c2} = \frac{60}{30} = \frac{2}{1} = \frac{\varphi^2}{1}$$

在转速图上，Ⅲ轴的每一转速都有两条传动线与Ⅳ轴相连，分别为下降 4 格和上升 2 格。

变速组 c 中，级比为 φ^6，级比指数 $x_c = 6$，变速范围为

$$r_c = \frac{i_{c2}}{i_{c1}} = \frac{\varphi^2}{\varphi^{-4}} = \varphi^6 = \varphi^{x_c(P_c - 1)}$$

在转速图中，轴Ⅲ的 $P_0 P_1$ 个转速点占据 $P_0 P_1 - 1$ 格，变速组 c 中，传动线 i_{c1} 可作 $P_0 P_1$ 条平行线占据 $P_0 P_1 - 1$ 格，传动线 i_{c2} 产生的最低转速点必须与 i_{c1} 产生的最低转速点相距 $P_0 P_1 - 1 + 1$ 格，才能使轴Ⅳ得到连续而不重复的等比数列转速，即 $x_c = P_0 P_1 = 3 \times 2 = 6$。我们把级比指数等于 $P_0 P_1$ 的变速组称为第二扩大组。第二扩大组的传动副数、级比指数、变速范围分别用 P_2、x_2、r_2 表示。在该机床的主传动中，第二扩大组的传动副数 $P_2 = 2$，级比指数 $x_2 = P_0 P_1 = x_1 P_1 = 6$，变速范围表示为

$$r_2 = \varphi^{x_2(P_2 - 1)} = \varphi^{P_0 P_1 (P_2 - 1)}$$

经第二扩大组的进一步扩大，使主轴(轴Ⅳ)得到 $Z = 3 \times 2 \times 2 = 12$ 级连续等比的转速。总变速范围是

$$R = r_0 r_1 r_2 = \varphi^{P_0 - 1 + P_0 (P_1 - 1) + P_0 P_1 (P_2 - 1)} = \varphi^{Z - 1} = \varphi^{12 - 1} = 45$$

变速组按级比指数由小到大的排列顺序称为扩大顺序，本例中扩大顺序和传动顺序一致。一般说来，扩大顺序并不一定与传动顺序相同。综上所述，一个等比数列变速系统中，必须有基本组、第一扩大组、第二扩大组、第三扩大组等。

第 j 扩大组的级比指数为

$$x_j = P_0 P_1 P_2 \cdots P_{(j-1)}$$

第 j 扩大组的变速范围为

$$r_j = \varphi^{x_j(P_j - 1)} = \varphi^{P_0 P_1 P_2 \cdots P_{(j-1)}(P_j - 1)}$$

总变速范围为

$$R = r_0 r_1 r_2 \cdots r_j = \varphi^{P_0 P_1 P_2 \cdots P_j - 1} = \varphi^{Z - 1}$$

研究机床传动系统内部规律，分析和设计各种传动方案时，除利用转速图外，还需利用结构网或结构式。

3. 结构网

结构网与转速图的主要区别是，结构网只表示传动比的相对关系，而不表示传动比和传动轴(主轴除外)转速的绝对值。由于不表示转速数值，故结构网常画成对称的形式，如图 7-2 所示。从图中可看出各变速组的传动副数和级比指数，还可以看出其传动顺序和扩大顺序。

4. 结构式

设计分级变速主传动系统时，为了便于分析和比较不同传动设计方案，常采用结构式形式。各变速组传动副数的乘积等于主轴转速级数 Z，将这一关系按传动顺序写出数学式，级比指数写在该变速组传动副数的右下角，就形成结构式。图 7-2 所示的结构网相应的结构式为

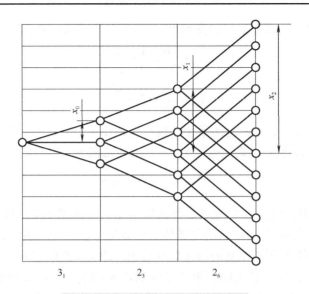

图 7-2　12 级等比传动系统的结构网

$$12 = 3_1 \times 2_3 \times 2_6$$

式中，12 表示主轴的转速级数为 12 级；3、2、2 分别表示按传动顺序排列各变速组的传动副数，即该变速传动系统由三个变速组组成，第一变速组的传动副数为 3，第二变速组的传动副数为 2，第三变速组的传动副数为 2；结构式中的下标 1、3、6 分别表示各变速组的级比指数。

上述结构式中，第一变速组的级比指数为 1，是基本组；第二变速组的级比指数等于基本组的传动副数，是第一扩大组；第三变速组的级比指数等于基本组与第一扩大组传动副数的乘积，是第二扩大组。该关系称为级比规律。

图示方案是传动顺序和扩大顺序相一致的情况，若将基本组和各扩大组采取不同的传动顺序，还有许多方案。例如，$12 = 3_2 \times 2_1 \times 2_6$，$12 = 2_3 \times 3_1 \times 2_6$，等等。

综上所述，我们可以看出结构式简单、直观，能清楚地显示出变速传动系统中主轴转速级数 z，各变速组的传动顺序，传动副数 P_i 和各变速组的级比指数 x_i，其一般表达式为

$$Z = \left(P_a\right)_{x_a} \times \left(P_b\right)_{x_b} \times \left(P_c\right)_{x_c} \times \cdots \times \left(P_i\right)_{x_i}$$

5. 传动系统的转速重合及空转速

等比传动系统只要符合级比规律，就能获得连续等比的转速。若某变速组的实际级比指数小于级比规律要求的理论值，则会产生转速重合。如果该变速组为双速变速组，则级比指数理论值与实际值的差就是重复转速的级数，且重合转速发生在主轴转速数列的中间位置，如图 7-3(a)所示。如果产生重合转速的变速组为三速变速组，重合转速级数为级比指数差的两倍，如图 7-3(b)所示。

若某变速组的级比指数大于级比规律要求的理论值，则会产生空转速。如果该变速组为双速变速组(基本组例外)，则级比指数与理论值的差就是空转速的级数，且空转速发生在主轴转速数列的中间位置，如图 7-4 所示；空转速若产生于两个传动副的基本组，则将形成对称双公比传动系统，空转速均匀插入主轴转速数列的两端，形成高低转速端的大公比，且大公比为小公比的平方(此部分内容将在 7.3 节进行详细介绍)。

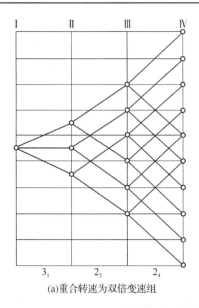

(a)重合转速为双倍变速组

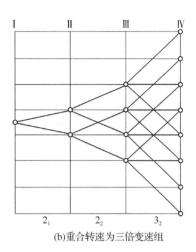

(b)重合转速为三倍变速组

图 7-3 级比指数实际值小于理论值的等比转速结构网

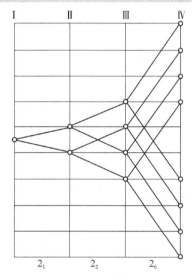

图 7-4 级比指数实际值大于理论值的转速结构网

7.1.2 主传动链转速图的拟定原则

拟定转速图是设计传动系统的重要内容，它对整个机床设计质量，如结构的繁简、尺寸的大小、效率的高低、使用与维修方便性等有较大影响。因此，在拟定转速图时必须遵循以下几项原则，在各种可能实现的方案中选择较合理的方案。

现在通过一个例题进行分析说明。机床类型：中型机床，$z = 12$，$\varphi = 1.41$，主轴转速为 31.5、45、63、90、125、180、250、355、500、710、1000、1400，电动机转速 $n_m = 1440 \text{r/min}$。变速组和传动副数的组合可有以下方案：

①$12 = 3 \times 2 \times 2$；②$12 = 2 \times 3 \times 2$；③$12 = 2 \times 2 \times 3$；④$12 = 4 \times 3$；
⑤$12 = 3 \times 4$；⑥$12 = 6 \times 2$；⑦$12 = 2 \times 6$。

1. 每一变速组内的传动副数目一般应取 2 或 3

方案④、⑤、⑥、⑦的优点是变速组数目少，只有两组，传动链短，传动轴数少。缺点是同一变速组中的传动副数目较多，为 4 或 6 个，这样使变速箱轴向尺寸大，变速操作复杂。方案⑥、⑦的齿轮副总数为 8(6+2) 对，其他方案的齿轮副总数为 7(3+2+2 或 4+3) 对。

理论上可分析得出，在变速系统中，采用双联或三联滑移齿轮进行变速是容易实现的。如为四联滑移齿轮，会增加轴向尺寸；如果用两个双联滑移齿轮，则操纵机构必须互锁，以防止两个滑移齿轮同时啮合，所以一般较少使用。

因此，应采用方案①、②、③。

2. 传动顺序前多后少的原则

传动副数较多的变速组安排在传动顺序前面，传动副数较少的变速组则安排在后面，称为"前多后少"原则。

主变速传动系统从电动机到主轴，通常为降速传动，接近电动机的传动件转速较高，传递的转矩较小，尺寸小一些；反之，靠近主轴的传动件转速较低，传递的转矩较大，尺寸就较大。因此，在拟定主变速传动系统时，应尽可能将传动副较多的变速组安排在前面，传动副少的变速组放在后面。即 $P_a \geq P_b \geq P_c \geq \cdots$，使主变速传动系统中更多的传动件在高速范围内工作，尺寸小一些，以便节省变速箱的造价，减小变速箱的外形尺寸。按此原则应选方案①。

3. 传动顺序与扩大顺序相一致的原则

当变速传动系统中各变速组顺序确定之后，还有多种不同的扩大顺序方案。在方案① $12 = 3 \times 2 \times 2$ 中，有下列 6 种扩大顺序方案：

①$12 = 3_1 \times 2_3 \times 2_6$；②$12 = 3_1 \times 2_6 \times 2_3$；③$12 = 3_2 \times 2_1 \times 2_6$；
④$12 = 3_4 \times 2_1 \times 2_2$；⑤$12 = 3_2 \times 2_6 \times 2_1$；⑥$12 = 3_4 \times 2_2 \times 2_1$。

其结构网如图 7-5 所示。

在上述 6 种方案中，比较① $12 = 3_1 \times 2_3 \times 2_6$（图 7-5(a)）和③$12 = 3_2 \times 2_1 \times 2_6$（图 7-5(c)）两种扩大顺序方案。

图 7-5(a) 所示的方案中，变速组的扩大顺序与传动顺序一致，即基本组在最前面，依次为第一扩大组，第二扩大组(即最后扩大组)，各变速组变速范围逐渐扩大。图 7-5(c) 所示的方案则不同，第一扩大组在最前面，然后依次为基本组、第二扩大组。将上述两种方案相比较，后一种方案因第一扩大组在最前面，Ⅱ 轴的转速范围比前一种方案大。如果两种方案 Ⅱ 轴的最高转速一样，后一种方案 Ⅱ 轴的最低转速较低，在传递相等功率的情况下，受的转矩较大，传动件的尺寸也就比前种方案大。将图 7-5(a) 所示的方案与其他多种扩大顺序方案相比，可以得出同样的结论。

因此，在设计主变速传动系统时，尽可能做到变速组的传动顺序与扩大顺序相一致。由转速图上可发现，当变速组的扩大顺序与传动顺序相一致时，前面变速组的传动线分布紧密，而后面变速组传动线分布较疏松，所以变速组的扩大顺序与传动顺序相一致的原则可简称为"前密后疏"原则。即变速组中，级比指数小，传动线密；级比指数大，传动线疏。数学表达式为

$$x_a < x_b < x_c < \cdots$$

因此，对本例而言，扩大方案①更为理想。

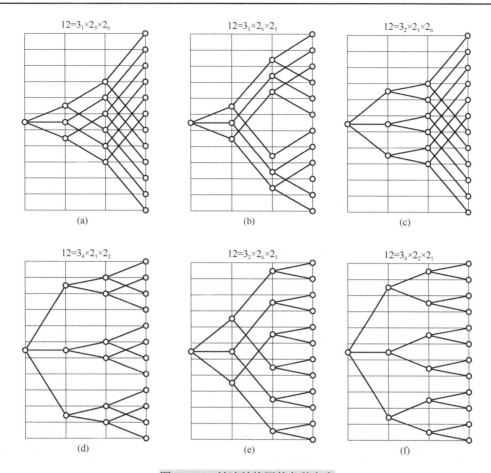

图 7-5　12 转速结构网的各种方案

4. 各变速组的变速范围不应超过极限变速范围

设计机床主传动变速传动系统时，为避免从动齿轮尺寸过大而增加箱体的径向尺寸，一般限制最小传动比 $i_{min} \geqslant 1/4$；为避免扩大传动误差，减少振动噪声，一般限制直齿圆柱齿轮的最大传动比 $i_{max} \leqslant 2$，斜齿圆柱齿轮传动较平稳，可取 $i_{max} \leqslant 2.5$。因此各变速组的变速范围相应受到限制，直齿圆柱齿轮变速组的极限变速范围为 $r_{max} = 2 \times 4 = 8$，斜齿圆柱齿轮变速组的极限变速范围为 $r_{max} = 2.5 \times 4 = 10$。

检查变速组的变速范围是否超过极限值时，只需检查最后一个扩大组。由于第 j 扩大组的变速范围为 $r_j = \varphi^{P_0 P_1 P_2 \cdots P_{(j-1)}(P_j-1)}$，$j$ 越大，变速范围越大，其他变速组的变速范围都比最后扩大组的小，只要最后扩大组的变速范围不超过极限值，其他变速组更不会超过极限值。

例如，结构式 $12 = 3_1 \times 2_3 \times 2_6$，$\varphi = 1.41$，第二扩大组 2_6 为最后扩大组，其变速范围为

$$r_2 = \varphi^{x_2(P_2-1)} = \varphi^{6 \times (2-1)} = \varphi^6 = 8$$

等于 r_{max} 值，符合要求，其他变速组的变速范围肯定也符合要求。

又如，$12 = 3_4 \times 2_1 \times 2_2$，第二变速组的级比指数为 1，是基本组，$P_0 = 2$；第三变速组级比指数为 2，是第一扩大组，$P_1 = 2$；第一变速组级比指数为 $x_a = 4 = P_0 P_1$，是第二扩大组，其变速范围为

$$r_2 = \varphi^{x_2(P_2-1)} = \varphi^{4(3-1)} = \varphi^8 = 16$$

超出 r_{max} 值，是不允许的。

再以变速组和传动副数的组合方案④ $12 = 4 \times 3$ 和⑤ $12 = 3 \times 4$ 为例，从极限传动比、极限变速范围考虑，若传动副数为 4 的变速组是扩大组，则变速范围为

$$r_1 = \varphi^{x_1(P_1-1)} = \varphi^{3 \times (4-1)} = \varphi^9 = 22.6$$

若传动副数为 3 的变速组是扩大组，则变速范围为

$$r_1 = \varphi^{x_1(P_1-1)} = \varphi^{4 \times (3-1)} = \varphi^8 = 16$$

均超出极限变速范围，所以这两个方案不合理。

通过上面的分析可以看出，从不同的原则出发，有时可以得到相同的选择结果。

从 r_j 的计算公式可知，为使最后扩大组的变速范围不超过允许值，最后扩大组的传动副一般取 $P_j = 2$ 较合适。

5. 合理分配传动比，使中间轴具有较高的转速

在设计传动系统时，电动机与主轴的转速已经确定。当降速时，分配传动比应使各中间传动轴的最低转速适当地高些。因为转速高时，在传递一定功率条件下，传递的转矩就小，相应的传动件尺寸也小。因此，按传动顺序的各变速组的最小传动比应采取逐步降速的方法，而且最后扩大组的最小传动比一般取极限值，即要求

$$i_{a\min} \geqslant i_{b\min} \geqslant i_{c\min} \geqslant \cdots \geqslant \frac{1}{4}$$

这就是在降速传动时采取"前缓后急"的原则。但是，中间轴的转速不应过高，以免产生振动、发热和噪声。通常，希望齿轮的线速度不超过 $12 \sim 15 m/s$。对于中型车、钻、铣等机床，中间轴的最高转速不宜超过电动机的转速。对于小型机床和精密机床，由于功率较小，传动件不会太大，振动、发热和噪声是应该考虑的主要问题。因此要注意限制中间轴的转速，不使其过高。

由于制造安装等，传动件工作中有转角误差。传动件在传递转矩和运动的同时，也将其自身的转角误差按传动比的大小放大缩小，依次向后传递，最终反映到执行件上。如果最后变速组的传动比小于 1，就会将前面各传动件传递来的转角误差缩小，传动比越小，传递来的误差缩小倍数就越大，从而提高传动链的精度。因此采用前缓后急的最小传动比原则，有利于提高传动链末端执行件的旋转精度。

另外，各传动副的传动比不能超过极限传动比的限制。为计算和转速图绘制方便，各变速组的最小传动比应尽量为公比的整数次幂。

在设计变速传动系统时，一般应遵照上述五项原则，但必须从实际出发，灵活运用。第 1、4 项原则一般须严格遵循，其余 3 项可根据具体情况，分析利弊后酌情取舍，设计出较为合理的变速传动系统方案。如采用双速电动机驱动时，电动机的级比为 2，但一般机床主传动的公比不会为 2。所以电动机不可能是基本组，只能为第一扩大组，传动顺序和扩大顺序不一致。再如，车床 CA6140 中，轴 I 上安装有双向摩擦离合器，占据一定轴向长度，为使轴 I 不致过长，第一变速组为双联滑移齿轮变速组，第二变速组为三联滑移齿轮变速组，传动顺序上传动副数不是前多后少；轴 I 上的双向摩擦离合器径向尺寸较大，为了使第一变速组齿轮的中心距不致过大，第一变速组采用升速传动。

7.1.3 拟定转速图

电动机和主轴的转速是已定的，当选定了结构网或结构式后，就可以分配各传动组的传动比并确定中间轴的转速，再加上定比传动，就可画出转速图了。

仍以上述 12 级转速的中型机床为例。本例所选定的结构式共有 3 个传动组，变速机构共需 4 根轴，加上电动机轴共 5 根轴，故转速图需 5 条竖线。主轴共 12 级转速，电动机轴转速与主轴最高转速相近，故需 12 条横线。注明主轴的各级转速，电动机轴转速也应在电动机轴上注明，如图 7-6 所示。

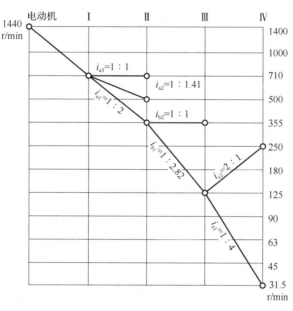

图 7-6 转速图的拟定

中间各轴的转速可以从电动机轴开始往后推，也可以从主轴开始往前推。通常，以往前推比较方便。即先决定轴Ⅲ的转速。

变速组 c 的变速范围为 $\varphi^6 = 8 = r_{max}$，可知两个传动副的传动比必然是最大和最小两个极限值：

$$i_{c1} = \frac{1}{4} = \frac{1}{\varphi^4} , \qquad i_{c2} = \frac{2}{1} = \frac{\varphi^2}{1}$$

这样就确定了轴Ⅲ的六种转速只有一种可能，即 125r/min、180r/min、250r/min、355r/min、500r/min、710r/min。

随后确定轴Ⅱ的转速。变速组 b 的级比指数为 3，在传动比极限值的范围内，轴Ⅱ的转速最高可为 500r/min、710r/min、1000r/min，最低可为 180r/min、250r/min、355r/min。按照最小传动比前缓后急的原则，该变速组的两个传动副的传动比可取为

$$i_{b1} = \frac{1}{\varphi^3} = \frac{1}{2.8} , \qquad i_{b2} = \frac{1}{1}$$

轴Ⅱ的转速确定为 355r/min、500r/min、710r/min。

同理，对于变速组 a，三个传动副的传动比可取为

$$i_{a1} = \frac{1}{\varphi^2} = \frac{1}{2}, \qquad i_{a2} = \frac{1}{\varphi} = \frac{1}{1.41}, \qquad i_{a3} = \frac{1}{1}$$

这样就确定了轴 I 的转速为 710r/min。

电动机轴与轴 I 之间为带传动,传动比接近 $1/2 = 1/\varphi^2$。最后,在图 7-6 上补足各连线,就可以得到如图 7-1(b)所示的转速图。

7.1.4　齿轮齿数的确定

当各变速组的传动比确定之后,可确定齿轮齿数、带轮直径等。关于定比传动的带轮直径和齿轮齿数的确定,可根据机械设计手册推荐的计算方法确定。下面介绍变速组内齿轮齿数的确定。

1. 确定齿轮齿数时应注意的问题

齿轮齿数在保证输出转速准确的前提下,尽量减少齿数,使齿轮结构尺寸紧凑。一般情况下,要求如下。

(1)确定齿轮齿数时,应符合转速图上传动比的要求,实际传动比(齿轮齿数之比)与理论传动比(转速图上要求的传动比)之间允许有误差,但不能过大。确定齿轮齿数所造成的转速误差,一般不应超过 $\pm 10(\varphi-1)\%$,即

$$\frac{n-n'}{n} \leqslant \pm 10(\varphi-1)\%$$

式中,n 为要求的主轴转速;n' 为齿轮传动实际的主轴转速。

(2)齿轮的齿数和 S_z 不应过大,以免加大两轴之间的中心距,使机床的结构庞大。一般推荐齿数和 $S_z \leqslant 100 \sim 120$。

(3)最小齿轮的齿数要尽可能小,但应考虑以下几点。

① 最小齿轮不产生根切现象。直齿圆柱齿轮最小齿数 $z_{\min} \geqslant 17$;采用正变位,保证不根切的情况下,直齿圆柱齿轮最小齿数 $z_{\min} \geqslant 14$。

② 受结构限制的最小齿数的各齿轮(尤其是最小齿轮),应能可靠地装到轴上或进行套装,齿轮的齿根圆至键槽顶面的距离 $a \geqslant 2m$(m 为模数),如图 7-7 所示,以保证有足够的强度,避免出现变形、断裂。即

$$\frac{z_{\min}m - 2.5m}{2} - T \geqslant 2m$$

可得

$$z_{\min} \geqslant \frac{2T}{m} + 6.5$$

式中,T 为齿轮的键槽顶面距轴孔中心的距离。

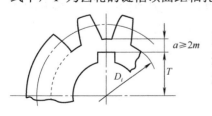

图 7-7　齿轮壁厚

③ 两轴间最小中心距应取得适当。若齿数和 S_z 太小,则中心距过小,将导致两轴的轴承及其他结构之间的距离过近或相碰。为了满足结构安装要求,相邻轴承孔的壁厚不小于 3mm。

(4)当变速组内各齿轮副的齿数和不相等时,齿数和的差不能大于 3。

2. 变速组内齿轮模数相同时齿轮齿数的确定

确定齿轮齿数时，首先须定出各变速组内齿轮副的模数，以便根据结构尺寸判断其最小齿轮齿数或齿数和是否适宜。在同一变速组内的齿轮可取相同的模数，也可取不同的模数。后者只有在一些特殊情况下，如最后扩大组或背轮传动中，因各齿轮副的速度变化大，受力情况相差也较大，在同一变速组内才采用不同的模数。为了便于设计和制造，主传动系统中所采用齿轮模数的种类尽可能少一些，在同一变速组内一般都取相同的模数，因为各齿轮副的速度变化不大，受力情况相差也不大，故允许采用同一个模数。

1) 计算法

在同一变速组内，各对齿轮的齿数之比，必须满足转速图上已经确定的传动比；当各对齿轮的模数相同，且不采用变位齿轮时，各对齿轮的齿数和也必然相等。

主动齿轮的齿数用 z_j 表示，被动齿轮的齿数用 z'_j 表示，$z_j + z'_j = S_{zj}$，则传动比 i_j 为

$$i_j = \frac{z_j}{z'_j} = \frac{a_j}{b_j}$$

其中，a_j、b_j 为互质数，设

$$a_j + b_j = S_{0j}$$

则

$$z_j = a_j \frac{S_{zj}}{S_{0j}} , \quad z'_j = b_j \frac{S_{zj}}{S_{0j}}$$

由于 z_j 是整数，S_{zj} 必定能被 S_{0j} 所整除；如果各传动副的齿数和皆为 S_z，则 S_z 能被 S_{01}、S_{02}、S_{03} 所整除，换言之，S_z 是 S_{01}、S_{02}、S_{03} 的公倍数。所以确定齿轮齿数时，应在允许的误差范围内，确定合理的 a_j、b_j，进而求得 S_{01}、S_{02}、S_{03}，并尽量使 S_{01}、S_{02}、S_{03} 的最小公倍数为最小，最小公倍数用 S_0 表示，则 S_z 必定为 S_0 的整倍数。设 $S_z = kS_0$，k 为整数系数。然后根据最小传动比或最大传动比中的小齿轮确定 k 值，确定各齿轮的齿数。

【例 7-1】　图 7-1 (b) 所示车床的变速组 a 有三个传动副，其传动比分别是：$i_{a1} = \varphi^{-2}$，$i_{a2} = \varphi^{-1}$，$i_{a3} = 1$，$\varphi = 1.41$，试确定各齿轮的齿数。

解　$i_{a1} = \varphi^{-2} = \dfrac{1}{2}$，$S_{01} = 3$；$i_{a2} = \varphi^{-1} = \dfrac{5}{7}$，$S_{02} = 12$；$i_{a3} = \dfrac{1}{1}$，$S_{03} = 2$。$S_{01}$、$S_{02}$、$S_{03}$ 的最小公倍数为 12，即 $S_0 = 12$，则 $S_z = 12k$。最小齿轮齿数发生在最小传动比 i_{a1} 中，$z_{a1} = \dfrac{12k}{3} = 4k$ $\geqslant 17$，可得 $k \geqslant 5$，现取 $k = 6$，则 $z_{a1} = 24$；$z_{a2} = 5 \times \dfrac{12k}{12} = 5k = 30$；$z_{a3} = \dfrac{12k}{2} = 6k = 36$；$S_z = 12k = 72$；$z'_{a1} = 72 - 24 = 48$；$z'_{a2} = 72 - 30 = 42$，$z'_{a3} = 72 - 36 = 36$。

齿轮齿数往往需反复多次计算才能确定，合理与否还要在结构设计中进一步检验，必要时还会改变。比如，因中心距过小，两轴上的零件相碰或因齿轮 (尤其应注意滑移齿轮) 与其他件相碰时，就须改变齿数和，个别情况下只有改变有关齿轮副的传动比才能解决问题。如果根据传动比要求，按上述计算所得到的齿数和 S_z 过大以及传动比误差过大时，还可采用变位齿轮的方法来凑中心距，以获得要求的传动比值。

【例 7-2】　某铣床基本组的变速组有三个传动副，其传动比分别是：$i_{a1} = \dfrac{1}{2.51}$，$i_{a2} = \dfrac{1}{2}$，

$i_{a3} = \dfrac{1}{1.58}$，试确定各传动副齿轮齿数。

解　由于 $i_{a2} = \dfrac{1}{2}$，$S_{02} = 3$；要使 S_{01}、S_{02}、S_{03} 的最小公倍数为最小，须使 S_{01}、S_{03} 为 3 的倍数。在转速误差允许的范围内，最大传动比为 $i_{a3} = \dfrac{1}{1.58} \approx \dfrac{5}{8} \approx \dfrac{7}{11} \approx \dfrac{9}{14}$，取 $i_{a3} = \dfrac{7}{11}$，$S_{03} = 18$；最小传动比 $i_{a1} = \dfrac{1}{2.51} \approx \dfrac{2}{5} \approx \dfrac{7}{18}$，$S_{01}$ 没有 3 的倍数值，只好采用变位齿轮，减少或增加 S_{z1}，但 i_{a1} 是最小传动比，最小齿数齿轮为 z_{a1}（需利用此值确定 k 值），必须按 $S_{01} = 18$ 确定 S_z；因而，选择

$$i_{a1} = \frac{1}{2.51} \approx \frac{2}{5} \approx \frac{5.142857}{12.857143}$$

则 $S_0 = 18$，$S_z = 18k$。

$$z_{a1} = 5.142857 \times \frac{18k}{18} = 5.142857k，\quad k = 4，\quad z_{a1} > 17$$

$$z_{a2} = \frac{18k}{3} = 6k = 24，\quad z_{a3} = 7 \times \frac{18k}{18} = 7k = 28，\quad S_z = 18 \times 4 = 72$$

$$z'_{a2} = 72 - 24 = 48，\quad z'_{a3} = 72 - 28 = 34$$

由确定齿轮齿数时注意的问题可知：$69 \leqslant S_{z1} = 7k_1 \leqslant 75$，取：$k_1 = 10$，则 $S_{z1} = 70$。于是有

$$z_{a1} = 2 \times \frac{70}{7} = 20，\quad z'_{a1} = 70 - 20 = 50$$

齿轮 z_{a1}、z'_{a1} 采用正变位齿轮，总变位系数为 1.1。

2) 查表法

若转速图上的齿轮副传动比是标准公比的整数次方、变速组内的齿轮模数相同，则变速组内每对齿轮的齿数和 S_z 及小齿轮的齿数可从表 7-1 中选取。在表中，横坐标是齿数和 S_z（范围为 40～120）；纵坐标是传动副的传动比 i（范围为 1～4.73）；表中所列值是传动副中小齿轮的齿数，齿数和 S_z 减去小齿轮齿数则是大齿轮齿数。表中所列的 i 值全大于 1，即全是升速传动。对于降速传动副，可取其倒数查表。

现举例说明表 7-1 的用法。仍以变速组有三个传动副，其传动比分别是：$i_{a1} = \varphi^{-2}$，$i_{a2} = \varphi^{-1}$，$i_{a3} = 1$ 为例。前两个传动比小于 1，取其倒数，查 i 为 2、1.41 和 1 的三行。有数字的即为可能方案。在合适的齿数和 S_z 范围内，查出存在上述三个传动比的 S_z 分别有

$$i_{a1} = \varphi^{-2} = \frac{1}{2}，\quad S_z = \cdots，60，63，66，69，72，75，\cdots$$

$$i_{a2} = \varphi^{-1} = \frac{1}{1.41}，\quad S_z = \cdots，60，63，65，67，68，70，72，73，75，\cdots$$

$$i_{a3} = 1，\quad S_z = \cdots，60，62，64，66，68,，70，72，74，\cdots$$

从以上三行中可以选出，$S_z = 60$ 和 72 是共同适用的。如取 $S_z = 72$，从表中查出小齿轮齿数分别为 24、30、36，则可算出三个传动副的齿轮齿数为 $i_{a1} = 24/48$，$i_{a2} = 30/42$，$i_{a3} = 36/36$。

实际上，表 7-1 是把常用的传动比和齿数和按计算方法的公式进行计算而得到的，所以查表法与计算法的结果相同。

表 7-1　各种常用传动比的适用齿数

i \ S_z	40	41	42	43	44	45	46	47	48	49	50	51	52	53	54	55	56	57	58	59	60	61	62	63	64	65	66	67	68	69	70	71	72	73	74	75	76	77	78	79
1.00	20		21		22		23		24		25		26		27		28		29		30		31		32		33		34		35		36		37		38		39	
1.06		20		21		22		23		24		25	25		26		27		28		29		30		31		32		33		34		35		36		37		38	38
1.12	19		20					22		23		24		25		26		27		28		29	29	30	30		31		32		33		34		35			36	37	37
1.19			19		20		21		22		23			24		25		26		27		28		29	29		30		31		32		33	33	34	34	35	35		36
1.26		18		19		20		21			22		23		24		25	25		26		27		28		29	29		30		31		32	32	33	33		34		35
1.33	17		18		19			20		21		22			23		24		25		26	26		27		28		29	29		30		31	31	32	32		33		34
1.41		17		18			19		20			21		22		23	23		24		25		26	26		27		28	28		29		30	30	31	31		32		33
1.50	16					18		19	19		20		21	21		22		23	23		24		25	25		26		27	27		28		29	29		30		31	31	
1.58		16			17		18			19		20	20		21			22		23	23		24		25	25		26		27	27			28	29	29		30	30	
1.68	15			16			17		18			19		20	20		21			22		23	23		24	24		25		26	26		27	27		28		29	29	
1.78			15		16	16		17			18			19		20	20		21	21		22			23		24	24		25	25		26	26		27		28	28	
1.88	14			15			16			17			18			19		20	20		21	21		22	22		23	23		24			25		26	26		27	27	
2.00			14			15			16			17			18			19			20			21			22			23			24			25			26	
2.11				14	14			15			16			17			18			19			20	20		21			22	22		23	23		24	24		25	25	
2.24						14			15	15			16			17			18	18		19	19		20	20			21			22	22		23	23		24	24	
2.37								14			15	15			16			17	17		18	18			19			20	20		21				22	22		23	23	
2.51							13			14			15	15			16			17	17			18	18		19	19			20	20		21	21			22	22	
2.66												14				15			16	16			17	17		18	18			19	19			20	20	21	21		
2.82														14	14			15	15			16				17			18	18			19	19			20	20		
2.99																	14			15	15			16	16			17	17			18	18			19	19			20
3.16																							15	15			16	16			17	17			18	18			19	19
3.35																										15	15			16	16			17	17	17			18	18
3.55																														15			16	16				17	17	
3.76																																15	15				16	16		

续表

i ＼ S_z	80	81	82	83	84	85	86	87	88	89	90	91	92	93	94	95	96	97	98	99	100	101	102	103	104	105	106	107	108	109	110	111	112	113	114	115	116	117	118	119	120
1.00	40		41		42		43		44		45		46		47		48		49		50		51		52		53		54		55		56		57		58		59		60
1.06	39	39	40	40	41	41	42	42	43	43	44	44	45	45	46	46	47	47	48	48	49	49	50	50	51	51	51	52	52	53	53	54	54	55	55	56	56	57	57	58	58
1.12	38	38	39	39	40	40	41	41	41	42	42	43	43	44	44	45	45	46	46	47	47	48	48	49	49	50	50	50	51	51	52	52	53	53	54	54	55	55	56	56	57
1.19	37	37	38	38	38	39	39	40	40	41	41	42	42	43	43	43	44	44	45	45	46	46	47	47	48	48	48	49	49	50	50	51	51	52	52	53	53	53	54	54	55
1.26	35	36	36	37	37	38	38	39	39	39	40	40	41	41	42	42	43	43	43	44	44	45	45	46	46	47	47	47	48	48	49	49	50	50	51	51	51	52	52	53	53
1.33	34	35	35	36	36	36	37	37	38	38	39	39	39	40	40	41	41	42	42	42	43	43	44	44	45	45	45	46	46	47	47	48	48	48	49	49	50	50	51	51	51
1.41	33	34	34	34	35	35	36	36	37	37	37	38	38	39	39	39	40	40	41	41	42	42	42	43	43	44	44	44	45	45	46	46	46	47	47	48	48	48	49	49	50
1.50	32	32	33	33	34	34	35	35	35	36	36	37	37	37	38	38	39	39	39	40	40	41	41	41	42	42	43	43	43	44	44	45	45	45	46	46	47	47	47	48	48
1.58	31	31	32	32	33	33	33	34	34	34	35	35	36	36	36	37	37	38	38	38	39	39	40	40	40	41	41	41	42	42	43	43	43	44	44	45	45	45	46	46	46
1.68	30	30	31	31	31	32	32	33	33	33	34	34	34	35	35	36	36	36	37	37	37	38	38	38	39	39	40	40	40	41	41	41	42	42	43	43	43	44	44	44	45
1.78	29	29	30	30	30	31	31	31	32	32	32	33	33	34	34	34	35	35	35	36	36	36	37	37	37	38	38	39	39	39	40	40	40	41	41	41	42	42	43	43	43
1.88	28	28	28	29	29	30	30	30	31	31	31	32	32	32	33	33	33	34	34	34	35	35	35	36	36	36	37	37	38	38	38	39	39	39	40	40	40	41	41	41	42
2.00	27	27	27	28	28	28	29	29	29	30	30	30	31	31	31	32	32	32	33	33	33	34	34	34	35	35	35	36	36	36	37	37	37	38	38	38	39	39	39	40	40
2.11	26	26	26	27	27	27	28	28	28	29	29	29	30	30	30	31	31	31	32	32	32	32	33	33	33	34	34	34	35	35	35	36	36	36	37	37	37	38	38	38	39
2.24	25	25	25	26	26	26	27	27	27	28	28	28	28	29	29	29	30	30	30	31	31	31	32	32	32	32	33	33	33	34	34	34	35	35	35	36	36	36	36	37	37
2.37	24	24	24	25	25	25	26	26	26	26	27	27	27	28	28	28	29	29	29	29	30	30	30	31	31	31	31	32	32	32	33	33	33	34	34	34	34	35	35	35	36
2.51	23	23	23	24	24	24	25	25	25	25	26	26	26	27	27	27	27	28	28	28	29	29	29	29	30	30	30	31	31	31	31	32	32	32	33	33	33	33	34	34	34
2.66	22	22	22	23	23	23	24	24	24	24	25	25	25	25	26	26	26	27	27	27	27	28	28	28	28	29	29	29	30	30	30	30	31	31	31	31	32	32	32	33	33
2.82	21	21	22	22	22	22	23	23	23	23	24	24	24	24	25	25	25	25	26	26	26	27	27	27	27	28	28	28	28	29	29	29	29	30	30	30	30	31	31	31	31
2.99	20	20	21	21	21	21	22	22	22	22	23	23	23	23	24	24	24	24	25	25	25	25	26	26	26	26	27	27	27	27	28	28	28	28	29	29	29	29	30	30	30
3.16	19	20	20	20	20	20	21	21	21	21	22	22	22	22	23	23	23	23	24	24	24	24	25	25	25	25	26	26	26	26	26	27	27	27	27	28	28	28	28	29	29
3.35	18	19	19	19	19	20	20	20	20	21	21	21	21	21	22	22	22	22	23	23	23	23	24	24	24	24	24	25	25	25	25	26	26	26	26	26	27	27	27	27	28
3.55	18	18	18	18	19	19	19	19	19	20	20	20	20	20	21	21	21	21	22	22	22	22	22	23	23	23	23	24	24	24	24	24	25	25	25	25	26	26	26	26	26
3.76	17	17	17	17	18	18	18	18	19	19	19	19	19	20	20	20	20	20	21	21	21	21	21	22	22	22	22	23	23	23	23	23	24	24	24	24	24	25	25	25	25
3.98	16	16	17	17	17	17	17	18	18	18	18	18	19	19	19	19	19	20	20	20	20	20	21	21	21	21	21	22	22	22	22	22	23	23	23	23	23	24	24	24	24
4.22	15	16	16	16	16	16	17	17	17	17	17	17	18	18	18	18	18	19	19	19	19	19	20	20	20	20	20	21	21	21	21	21	22	22	22	22	22	22	23	23	23
4.47	15	15	15	15	15	16	16	16	16	16	17	17	17	17	17	17	18	18	18	18	18	19	19	19	19	19	19	20	20	20	20	20	21	21	21	21	21	21	22	22	22
4.73	14	14	14	15	15	15	15	15	15	16	16	16	16	16	16	17	17	17	17	17	17	18	18	18	18	18	19	19	19	19	19	19	20	20	20	20	20	20	21	21	21

注：齿轮传动比的相对误差不大于±1.5‰。

3. 变速组内模数不同时齿轮齿数的确定

在最后变速组中，两传动副可采用不同的齿轮模数。大模数齿轮，抗弯能力强，传递转矩大，用于低速传动中；高速则采用小模数多齿数齿轮，增加啮合重合度，提高运动的平稳性，并减少齿轮振动和噪声值。

低速传动的齿轮副齿数和、模数、传动比、主动齿轮齿数分别用 S_{z1}、m_1、i_1、z_1 表示；高速传动的齿轮副齿数和、模数、传动比、主动齿轮齿数分别用 S_{z2}、m_2、i_2、z_2 表示；如果不采用变位齿轮，因两传动副的中心距必须相等，所以

$$S_{z1}m_1 = S_{z2}m_2$$

$$\frac{S_{z1}}{S_{z2}} = \frac{m_2}{m_1} = \frac{e_2}{e_1}\ (e_1、e_2 \text{ 为互质数})$$

$$z_1 = a_1 \frac{S_{z1}}{S_{01}} = a_1 \frac{S_0 k}{S_{01}}$$

$$z_2 = a_2 \frac{S_{z2}}{S_{02}} = a_2 e_1 \frac{S_{z1}}{S_{02} e_2} = a_2 e_1 \frac{S_0 k}{S_{02} e_2}$$

由上式可知，S_{z1} 是 S_{01}、S_{02}、e_2 的公倍数，因而，确定最后变速组齿轮齿数的步骤是：选择 m_1、m_2，计算出 e_1、e_2；由 S_{01}、S_{02}、e_2 算出其最小公倍数 S_0，则 $S_{z1} = S_0 k$；然后，确定变速组中最小齿数齿轮 z_1，使 $z_1 \geq 17$，求出 k 值；最后确定其他齿轮齿数。

【例 7-3】　某车床的最后变速组，$i_1 = \dfrac{1}{4}$，$i_2 = 2$，考虑实际受力情况相差较大，齿轮副的模数分别选择 $m_1 = 4$，$m_2 = 3$，试确定两齿轮副的齿数。

解　$S_{01} = 5$，$S_{02} = 3$；$e_1 = m_1 = 4$，$e_2 = m_2 = 3$，则 $S_0 = 15$，$S_{z1} = 15k$，$z_1 = a_1 \dfrac{S_0 k}{S_{01}} = \dfrac{15k}{5}$ ≥ 17，可得 $k \geq 6$，现取 $k = 6$，则 $z_1 = 18$，$S_{z1} = 15 \times 6 = 90$，$z_1' = 90 - 18 = 72$，$z_2 = a_2 e_1 \dfrac{S_0 k}{S_{02} e_2} = 2 \times 4 \times \dfrac{15 \times 6}{3 \times 3} = 80$，$S_{z2} = \dfrac{15 \times 6 \times 4}{3} = 120$，$z_2' = 120 - 80 = 40$。

7.2　主变速传动系统的特殊设计

前面论述了主变速传动系统的常规设计方法，在实际应用中，还常常采用多速电动机传动和交换齿轮传动等特殊设计。

7.2.1　具有多速电动机的主变速传动系统设计

采用多速异步电动机和其他方式联合使用，可以简化机床的机械结构，使用方便，并可以在运转中变速，适应于半自动、自动机床及普通机床。多速电动机一般与其他变速方式联合使用。机床上常用的双速或三速电动机，其同步转速为 750/1500r/min、1500/3000r/min、750/1500/3000r/min，电动机的变速范围为 2～4，级比为 2。也有采用同步转速为 1000/1500r/min、750/1000/1500r/min 的双速和三速电动机，此时，双速电动机的变速范围为 1.5，三速电动机的变速范围是 2，级比为 1.33～1.5。由于多速电动机参加变速，本身具有二级或三级转速，因此，在传动系统中多速电动机就相当于具有两个或三个传动副的变速组，

故又称为电变速组。

当电变速组的级比为 2 时，传动系统的公比只能是 φ=1.06、1.12、1.26、1.41、2。因为这些公比的整数次方等于 2，可以保证转速数列实现等比数列。其中，常用的公比是 φ=1.26 和 1.41。

当采用级比为 2 的双速电动机时，双速电动机是动力源，必须为第一变速组（电变速组）；但级比是 2，除可为混合公比传动系统中的变型基本组外，不可能是常规传动系统的基本组，只能作为第一扩大组。由于第一扩大组的级比指数等于基本组的传动副数，故双速电动机对基本组的传动副数有严格要求。由于 $2 \approx 1.26^3 \approx 1.41^2$，所以，传动系统的公比采用 1.26 时，基本组的传动副数为 3；传动系统的公比为 1.41 时，基本组的传动副数为 2。

多速电动机总是在变速传动系统的最前面，按传动顺序来说，这个电变速组是第一个变速组，基本组在它的后面，因此其扩大顺序不可能与传动顺序一致。

当电变速组的级比为 1.5 时，不可能得到标准公比的等比数列，可用于实现非标准公比以及混合公比的转速数列。

图 7-8 是多刀半自动车床的主变速传动系统图和转速图。采用双速电动机，电动机变速范围为 2，转速级数共 8 级。公比 φ=1.41，其结构式为 $8 = 2_2 \times 2_1 \times 2_4$，电变速组作为第一扩大组，Ⅰ—Ⅱ轴间的变速组为基本组，传动副数为 2，Ⅱ—Ⅲ轴间的变速组为第二扩大组，传动副数为 2。

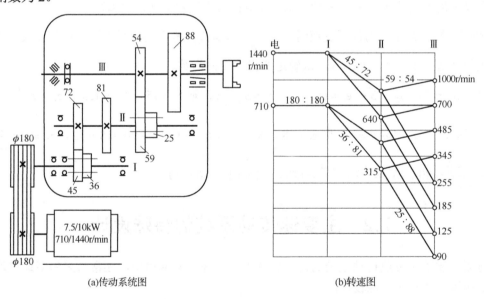

(a)传动系统图　　　　　　　　　　　　　(b)转速图

图 7-8　多刀半自动车床主变速传动系统图和转速图

多速电动机的最大输出功率与转速有关，即电动机在低速和高速时输出的功率不同。在本例中，当电动机转速为 710r/min 时，即主轴转速为 90r/min、125r/min、345r/min、485r/min 时，最大输出功率为 7.5kW；当电动机转速为 1440r/min 时，即主轴转速为 185r/min、255r/min、700r/min、1000r/min 时，最大输出功率为 10kW。为使用方便，主轴在一切转速下，电动机功率都定为 7.5kW。所以，采用多速电动机的缺点之一是，电动机在高速时没有完全发挥其能力。

7.2.2　具有交换齿轮的变速传动系统

对于成批生产用的机床，如自动或半自动车床、专业车床、齿轮加工机床等，加工中一般不需要变速或仅在较小范围内变速，但换一批工件加工，有可能需要变换成别的转速或在一定的转速范围内进行加工。为简化结构，常采用交换齿轮变速方式，或将交换齿轮与其他变速方式(如滑移齿轮、多速电动机)组合应用。交换齿轮用于每批工件加工前的变速调整，其他变速方式则用于加工中的变速。

为了减少交换齿轮的数量，相啮合的两齿轮可互换位置安装，即互为主、从动齿轮。反映在转速图上，交换齿轮的变速组应设计成对称分布的。如图 7-9 所示的液压多刀半自动车床主变速传动系统，Ⅱ—Ⅲ轴间的双联滑移齿轮变速组是基本组，用于加工过程中的变速，Ⅰ—Ⅱ轴间的一对交换齿轮变速组是第一扩大组，用于每批工件在加工前的变速调整。一对交换齿轮互换位置安装，在Ⅱ轴上可得到两级转速，在转速图上是对称分布的。

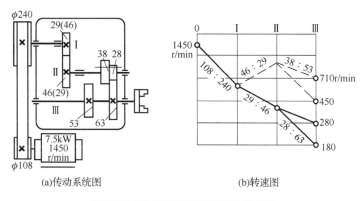

图 7-9　具有交换齿轮的主变速系统

要注意一点：在使用交换齿轮变速时，要受到升速极限值的限制，即在降速时，i_{min} 可达 1/4，但一互换后就为升速，$i_{升}=4>2$。因此，$i_{max}\leqslant 2\sim 2.5$，交换齿轮完全对换时，它的变速范围 $r\leqslant 4\sim 6.25$。如采用交换齿轮完全对换，升速时超出了极限值，可将交换齿轮部分对调，即将超出者不对换。

交换齿轮变速可以用少量齿轮得到多级转速，不需要操纵机构，变速箱结构大大简化。缺点是更换交换齿轮较费时费力，如果装在变速箱外，润滑密封较困难。如果装在变速箱内，则更换麻烦。

7.3　扩大变速范围的传动系统设计

根据传动顺序前多后少的原则，最后扩大组通常由两个传动副组成。由于极限传动比的限制，最后扩大组的极限变速范围为 $8(\approx 1.41^6\approx 1.26^9)$。所以当公比为 1.41 时，最后扩大组的级比指数为 6，传动系统的结构式为 $12=3_1\times 2_3\times 2_6$，总变速范围是 $R=\varphi^{Z-1}=\varphi^{11}\approx 45$；当公比为 1.26 时，最后扩大组的级比指数为 9，传动系统的结构式为 $18=3_1\times 3_3\times 2_9$，总变速范围是 $R=\varphi^{Z-1}=\varphi^{17}\approx 50$。一般来说，这样的变速范围不能满足通用机床的要求。一些通用性较高的车床和镗床的变速范围一般在 140～200，甚至超过 200。如车床 CA6140 的主轴最低转速 10r/min，最高转速 1400r/min，变速范围 $R=140$；数控铣床 XK5040-1 的主轴最低转速 12r/min，最高转速 1500r/min，变速范围 $R=125$；摇臂钻床 Z3040 的变速范围是 80。因此，须采取相应的措施来扩大机床传动系统的变速范围。

7.3.1　增加变速组的传动系统

由变速范围 $R = \varphi^{Z-1} = \varphi^{P_0 P_1 P_2 \cdots P_j - 1}$ 可知，增加公比、增加某一变速组中的传动副数量和增加变速组可以扩大变速范围。但增加公比，会导致相对转速损失率增大，影响机床的劳动生产率。各类机床已规定了相应的公比，机床类型一定时，公比是固定的，因此，通过增大公比来扩大变速范围是不可行的。同样，根据传动顺序前多后少的原则，为方便操作控制，变速组内传动副数一般不大于 3，因而通过增加某一变速组中传动副数的方法来扩大变速范围也是不可行的。在原有的变速传动系统中再增加一个变速组，是扩大变速范围最简便的方法。但由于受变速组极限传动比的限制，增加变速组的级比指数往往不得不小于理论值，导致部分转速重复。例如，公比为 $\varphi = 1.41$，结构式为 $12 = 3_1 \times 2_3 \times 2_6$ 的常规变速传动系统，其最后扩大组的级比指数为 6，变速范围已到极限值 8。如再增加一个变速组作为最后扩大组，理论上其结构式应为 $24 = 3_1 \times 2_3 \times 2_6 \times 2_{12}$，最后扩大组的变速范围将等于 $r_3 = \varphi^{12(2-1)} = \varphi^{12} = 64$，大大超出极限值，是不允许的。需将新增加的最后扩大组的变速范围限制在极限值内，即 $r_3 = \varphi^{x_3(2-1)} = \varphi^{x_3} \leqslant 8 = \varphi^6$，$x_3 = 6$ 比理论值小 6；增加第三扩大组后，主轴转速级数理论值为 24 级，实际只获得 24-6=18 级，主轴转速重复 6 级；总变速范围为

$$R = \left(r_0 r_1 r_2\right) r_3 = \varphi^{18-1} = \varphi^{12-1} \times \varphi^{6(2-1)} \approx 45 \times 8 = 360$$

变速范围扩大了 8 倍，主轴转速级数增加了 6 级。若再增加第四扩大组，则变速范围将再扩大 8 倍，主轴变速级数再增加 6 级。再如，公比 $\varphi = 1.26$，结构式为 $18 = 3_1 \times 3_3 \times 2_9$ 的常规变速传动系统，第二扩大组的级比指数为 9，变速范围已达到极限值 8；增加第三扩大组后，级比指数应为 18，受极限变速范围限制，$x_3 = 9$ 比理论值小 9，主轴转速级数理论值是 36 级，实际为 27 级，重复转速 9 级。增加扩大组后，结构式为 $27 = 3_1 \times 3_3 \times 2_9 \times 2_9$；总变速范围为

$$R = \left(r_0 r_1 r_2\right) r_3 = \varphi^{18-1} \times \varphi^{9(2-1)} \approx 50 \times 8 = 400$$

同样变速范围扩大了 8 倍，主轴转速级数增加了 9 级。若再增加第四扩大组，则变速范围将再扩大 8 倍，主轴变速级数再增加 9 级。

7.3.2　采用背轮机构的传动系统

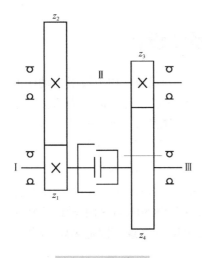

图 7-10　背轮机构

背轮机构又称单回曲机构，其传动原理如图 7-10 所示。轴Ⅰ和轴Ⅲ同轴线，运动由轴Ⅰ传入，当离合器处于脱开位置（图示位置）时，运动经齿轮 z_1、z_2、z_3、z_4 传动轴Ⅲ，此时传动比 $i_1 = \dfrac{z_1}{z_2} \times \dfrac{z_3}{z_4}$，若两传动比皆为最小极限值 1/4，则 $i_1 = \dfrac{1}{4} \times \dfrac{1}{4} = \dfrac{1}{16}$。若离合器接合，则运动经离合器直接传动轴Ⅲ（即半离合器和滑移齿轮 z_4 向左移），此时传动比 $i_2 = 1$。因此，背轮机构的极限变速范围是 $r' = \dfrac{i_2}{i_1} = 16$，达到了扩大变速范围的目的。

公比 $\varphi = 1.41$ 时，采用背轮机构的结构式为 $16 = 2_1 \times 2_2 \times 2_4 \times 2_8$，变速范围为 $R = \varphi^{16-1} \approx 180$，为常规传动的 4 倍。

公比 $\varphi = 1.26$ 时，采用背轮机构的结构式为 $24 = 3_1 \times 2_3 \times 2_6 \times 2_{12}$，变速范围为 $R = \varphi^{24-1} \approx 203$，也是常规传动的 4 倍。若增加的变速组为背轮机构，则结构式为 $30 = 3_1 \times 3_3 \times 2_9 \times 2_{12}$，变速范围可扩大 16 倍。

设计背轮时要注意"倒转"问题。在图 7-10 中，z_4 为滑移齿轮。当合上离合器时，z_3 和 z_4 脱离啮合，轴 II 虽也转动，但齿轮副 z_1/z_2 是降速，轴 II 转速将低于轴 I。如使 z_1 为滑移齿轮，则合上离合器时，经齿轮 z_4/z_3 传动轴 II，使其以更高的速度转动（4 倍于轴 I 转速），这种现象称为倒转。倒转会增加机床的空载功率损耗及齿轮噪声，磨损也加剧。因此，在设计背轮机构时必须避免该问题出现。

7.3.3　采用分支传动的传动系统

分支传动是指由若干变速组串联，再增加并联分支的传动形式，也是一种扩大变速范围的常见方法。图 7-11 是 CA6140 普通车床的主传动系统和转速图，采用了低速分支和高速分支传动，在轴 III 之前的传动是二者共用部分。由轴 III 开始，低速分支的传动路线为 III—IV—V—VI（主轴），轴 V 之前为变速传动系统，轴 V 到轴 VI 为定比传动，通过一对斜齿轮 26/58，使主轴得到 $10 \sim 500\text{r/min}$ 的 18 级低转速，$\varphi = 1.26$。低速分支变速传动系统的结构式为 $18 = 2_1 \times 3_2 \times 2_6 \times 2_6$，理论上最后扩大组的级比指数应是 12，但对应变速范围为 16，超过了变速组的极限变速范围 8；最后扩大组的级比指数如取 9，正好达到极限变速范围。为了减小齿轮尺寸，本例取 6，出现了 6 级重复转速。高速分支传动是由轴 III 通过一对定比传动齿轮 63/50，直接传动主轴 VI，使主轴得到 $450 \sim 1400\text{r/min}$ 的 6 级高转速，结构式为 $6 = 2_1 \times 3_2$。所以，CA6140 普通车床的主轴转速级数 $Z=24$，其变速范围扩大到 $R = 1400/10 = 140$。

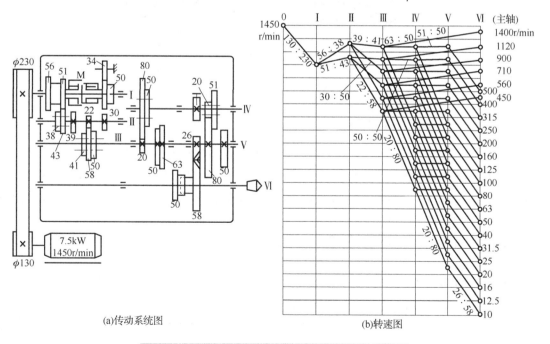

图 7-11　CA6140 普通车床的主传动系统图和转速图

采用分支传动方式除了能较大地扩大变速范围，还具有缩短高速传动路线、提高传动效率、减少噪声的优点。

7.3.4　采用对称双公比的传动系统

前面讲述的机床传动系统中，主轴转速都是具有一个公比的等比数列，但是，有些机床的主轴转速数列并不希望按着一个公比均匀分布；而是有些转速排列的密一些，公比较小，有些转速排列的疏一些，公比较大。这种整个主轴转速数列采用几个公比的传动系统，称为混合公比或多公比的传动系统。机床上使用的一般是对称双公比传动系统(也称为对称混合公比传动系统)。

在机床主轴的转速数列中，每级转速的使用概率是不相等的。使用最频繁、使用时间最长的往往是转速数列的中段，转速数列中较高或较低的几级转速是为特殊工艺设计的，使用概率较低。如果保持常用的主轴转速数列中段的公比 φ 不变，增大不常用的转速公比，就可在不增加主轴转速级数的前提下扩大变速范围。为了设计和使用方便，大公比是小公比的平方，高速端大公比转速级数与低速端相等。在转速图上上下两端为大公比，且大公比转速级数上下对称。从而形成对称双公比传动系统。对称双公比传动系统常用的公比为 1.26。图 7-12 是具有 12 级转速对称双公比传动系统的结构网和转速图。

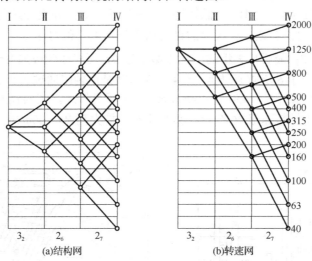

图 7-12　12 级转速对称双公比传动系统的结构网和转速图

对称双公比传动系统，可借助改变常规传动系统基本组的级比指数 x_0 来实现。一般来说，基本组传动副数为 2，首先按级比规律写出常规传动系统的结构式，再把其基本组的级比指数变成 $1+x_0'$，则可获得对称双公比传动系统，其基本组为变形基本组。

系数 x_0' 为转速图上高低速端大公比的总格数。大公比 $\varphi_2=\varphi_1^2$，φ_1 为小公比。在选择 x_0' 时应注意以下几点。

(1) x_0' 应为偶数。因为只有 x_0' 为偶数，才能使主轴高、低速端按大公比的格数各为 $x_0'/2$。

(2) x_0' 取值范围应为 $2\leqslant x_0'<Z-1$。

(3) 原常规传动系统基本组的级比指数变成 $1+x_0'$ 后，应检查该组的变速范围是否仍在允许范围内，即应满足

$$\varphi_1^{(1+x_0')(P_0-1)}\leqslant 8$$

对于 $P_0=2$，$\varphi_1^{1+x_0'}\leqslant 8$。当 $\varphi_1=1.26$ 时，由于 $1.26^9\approx 8$，所以 $x_0'\leqslant 8$。若变形基本组是单

回曲机构，由于 $1.26^{12} \approx 16$ ，则 $x_0' \leqslant 10$ 。

(4)原基本组级比指数变成 $1 + x_0'$ 后，主轴变速范围应为

$$R = \varphi_1^{(Z-1)+x_0'}$$

【例 7-4】　某摇臂钻床的主轴转速范围为 $n = 25 \sim 2000 \text{r/min}$ ，公比 $\varphi = 1.26$ ，主轴转速级数 $Z = 16$ ，试确定该传动系统的结构式。

解　该钻床的变速范围是

$$R = \frac{2000}{25} = 80$$

需要的理论转速级数为

$$Z' = \frac{\lg 80}{\lg \varphi} + 1 = 20 > 16$$

采用对称双公比传动，大公比格数为 $x_0' = 20 - 16 = 4$ ，为偶数，且小于 8。

确定基本组的传动副数，一般取 $P_0 = 2$ 。

常规传动系统的结构式应为

$$16 = 2_1 \times 2_2 \times 2_4 \times 2_8$$

变形传动系统的结构式，应在原结构式基础上，将原基本组级比指数加 x_0' 而成，即

$$16 = 2_{1+4} \times 2_2 \times 2_4 \times 2_8$$

按前密后疏的原则，该对称双公比传动系统的结构式应为

$$16 = 2_2 \times 2_4 \times 2_5 \times 2_8$$

7.4　计 算 转 速

机床上的许多零件，特别是传动件，在设计时应该核算其强度。众所周知，零件设计的主要依据是所承受的载荷大小，而载荷取决于所传递的功率和转速，外载一定时，速度越高，所传递的转矩就越小。机床变速传动链内的零件，有的转速是恒定的，如图 7-1 中的皮带传动副、轴 I 及其上的各齿轮；有的转速是变化的，如其余各轴和传动组的齿轮。对于转速恒定的零件，可计算出传递的转矩大小，从而进行强度设计。对于有几种转速的传动件，应该根据哪一个转速进行动力计算，就是本节所讨论的计算转速问题。

7.4.1　机床的功率转矩特性

由切削理论得知，在切削深度和进给量不变的情况下，切削速度对切削力的影响较小。因此，主运动是直线运动的机床，如刨床的工作台，在切削深度和进给量不变的情况下，无论切削速度多大，所承受的切削力基本是相同的。驱动直线运动工作台的传动件，在所有转速下承受的转矩也基本是相同的。这类机床的主传动属于恒转矩传动。

主运动是旋转运动的机床，如车床、铣床等的主轴，在切削深度和进给量不变的情况下，主轴在所有转速下承受的转矩与工件或铣刀的直径基本上成正比，但主轴的转速与工件或铣刀的直径基本上成反比。众所周知，转矩与角速度的乘积是功率。可见，主运动是旋转运动的机床基本上是恒功率传动。

专用机床在特定的工艺条件下工作，各传动件所传递的功率和速度是固定不变的。通用

机床的应用范围广，变速范围大，使用条件也复杂，主轴实际的转速和传递的功率，也就是承受的转矩是经常变化的。例如，通用车床主轴转速的低速段，常用来切削螺纹、铰孔或宽刀光车等，消耗的功率较小，计算时如按传递全部功率计算，将会使传动件的尺寸不必要地增大，造成浪费；在主轴转速的高速段，由于受电动机功率的限制，切削深度和进给量不能太大，传动件所受的转矩随转速的增高而减小。主轴所传递的功率或转矩与转速之间的关系，称为主轴的功率或转矩特性，如图7-13所示。运动参数是完全考虑这些典型工艺后确定的，零件设计必须找出需要传递全部功率的最低转速，以此确定传动件所能传递的最大转矩。

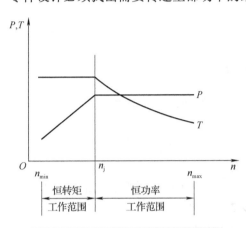

图 7-13 机床主轴的功率和转矩特性

主轴或各传动件传递全部功率的最低转速称为计算转速 n_j。主轴从计算转速到最高转速之间的每级转速都能传递全部功率，而其输出的转矩则随转速的增高而降低，称为恒功率变速范围；从计算转速到最低转速之间的每级转速，主轴不必传递全部功率，输出的转矩不再随转速的降低而增大，保持计算转速时的转矩不变，传递的功率则随转速的降低而降低，称为恒转矩变速范围。

不同类型机床主轴计算转速的选取是不同的。对于大型机床，由于应用范围很广，调速范围很宽，计算转速可取高些。对于精密机床、滚齿机，由于应用范围较窄，调速范围小，计算转速可取低一些。

各类机床主轴计算转速的统计公式见表7-2。对于数控机床，调速范围比普通机床宽，计算转速可比表中推荐的高些。

表 7-2 各类机床的主轴计算转速

机床类型		计算转速 n_j	
		等公比传动	双公比或无级传动
中型通用机床和半自动机床	车床、升降台铣床、转塔车床、液压仿形半自动车床、多刀半自动车床、单轴和多轴自动车床、立式多轴半自动车床 卧式镗铣床($\phi 63 \sim \phi 90$)	$n_j = n_{min} \varphi^{\frac{z}{3}-1}$	$n_j = n_{min} \left(\dfrac{n_{max}}{n_{min}}\right)^{0.3}$
	立式钻床、摇臂钻床、滚齿机	$n_j = n_{min} \varphi^{\frac{z}{4}-1}$	$n_j = n_{min} \left(\dfrac{n_{max}}{n_{min}}\right)^{0.25}$
大型机床	卧式车床($\phi 1250 \sim \phi 4000$) 单柱立式车床($\phi 1400 \sim \phi 3200$) 双柱立式车床($\phi 3000 \sim \phi 12000$) 卧式镗铣床($\phi 110 \sim \phi 160$) 落地式镗铣床($\phi 125 \sim \phi 160$)	$n_j = n_{min} \varphi^{\frac{z}{3}}$	$n_j = n_{min} \left(\dfrac{n_{max}}{n_{min}}\right)^{0.35}$
	落地式镗铣床($\phi 160 \sim \phi 260$)	$n_j = n_{min} \varphi^{\frac{z}{2.5}}$	$n_j = n_{min} \left(\dfrac{n_{max}}{n_{min}}\right)^{0.4}$
高精度和精密机床	坐标镗床 高精度车床	$n_j = n_{min} \varphi^{\frac{z}{4}-1}$	$n_j = n_{min} \left(\dfrac{n_{max}}{n_{min}}\right)^{0.25}$

7.4.2 机床主要传动件计算转速的确定

变速传递系统中的传动件包括轴和齿轮，它们的计算转速可根据主轴的计算转速和转速图确定。确定的顺序通常是先定出主轴的计算转速，再顺次由后往前，定出各传动轴的计算转速，然后再确定齿轮的计算转速。现以图 7-1 所示的车床为例加以说明。

(1)主轴的计算转速。经分析，可采用通用机床中车床类主轴的计算转速公式，即

$$n_j = n_{min}\varphi^{\frac{Z}{3}-1} = 31.5 \times \varphi^{\frac{12}{3}-1} = 31.5 \times 1.41^3 = 90\,(r/min)$$

(2)各传动轴的计算转速。主轴的计算转速是轴Ⅲ经 18/72 的传动副获得的，此时轴Ⅲ相应转速为 355r/min，但变速组 c 有两个传动副，轴Ⅲ转速为最低转速 125r/min 时，通过 60/30 的传动副可使主轴获得转速 250r/min，250>90，应能传递全部功率，所以轴Ⅲ的计算转速应为 125r/min；轴Ⅲ的计算转速是通过轴Ⅱ的最低转速 355r/min 获得的，所以轴Ⅱ的计算转速为 355r/min；同样，轴Ⅰ的计算转速为 710r/min。

(3)各齿轮副的计算转速。z18/z72 产生主轴的计算转速，轴Ⅲ的相应转速 355r/min 就是主动轮的计算转速；z60/z30 产生的最低主轴转速大于主轴的计算转速，所对应轴Ⅲ的最低转速 125r/min 就是 z60 的计算转速。显然，变速组 b 中的两对传动副主动齿轮 z22、z42 的计算转速都是 355r/min。变速组 a 中的主动齿轮 z24、z30、z36 的计算转速都是 710r/min。

7.5　无级变速系统的设计

7.5.1　无级变速装置的分类

无级变速是指在一定范围内，转速(或速度)能连续地变换，从而获得最有利的切削速度，无相对转速损失。机床主传动中常采用的无级变速装置有三大类：变速电动机、机械无级变速装置和液压无级变速装置。

(1)变速电动机。机床上常用的变速电动机有直流和交流调速电动机。直流并激电动机从额定转速向上至最高转速，是用调节磁场电流(简称调磁)的办法来调速的，属于恒功率；从额定转速向下至最低转速，是用调节电枢电压(简称调压)的办法来调速的，属于恒转矩。通常，额定转速为 1000～2000r/min，恒功率调速范围为 2～4，恒转矩调速范围则很大，可达几十甚至 100 以上。交流调速电动机靠调节供电频率的方法调速，因此常称为调频主轴电动机，通常，额定转速为 1500r/min 或 2000r/min。额定转速向上至最高转速为恒功率，调速范围为 3～5；额定转速至最低转速为恒转矩，调速范围为几十甚至 200。交流调速电动机由于没有电刷，能达到的最高转速比同功率的直流电动机高，磨损和故障也少。现在，在中、小功率领域，交流调速电动机已占优势。变速电动机缩短了传动链长度，简化了结构设计，系统容易实现自动化操作，因而是数控机床的主要变速形式。

(2)机械无级变速装置。机械无级变速装置有柯普(Koop)型、行星锥轮型、分离锥轮钢环型、宽带型等多种结构，它们都是利用摩擦力来传递转矩，通过连续地改变摩擦传动副工作半径来实现无级变速。由于它的变速范围小，多数是恒转矩传动，通常较少单独使用，而是与分级变速机构串联使用，以扩大变速范围。机械无级变速器应用于要求功率和变速范围较小的中小型车床、铣床等机床的主传动中，更多地用于进给变速传动中。

(3)液压无级变速装置。液压无级变速装置通过改变单位时间内输入液压缸或液动机中液体的油量来实现无级变速。它的特点是变速范围大、变速方便、传动平稳、运动换向时冲击小、易于实现直线运动和自动化。常用在主运动为直线运动的机床中，如刨床、拉床等。

7.5.2 调速电动机无级变速系统的设计

如果调速电动机驱动载荷特性是恒转矩的直线运动部件,如龙门刨的工作台、立式车床刀架等,可直接利用电动机的恒转矩转速范围,将电动机直接或通过定比传动拖动直线运动部件,也就是使电动机的恒转矩变速范围等于直线运动部件的恒转矩变速范围,电动机的额定转速产生直线运动部件的最高速度。

如果调速电动机驱动主运动为旋转运动的机床主轴,由于主轴要求的恒功率变速范围 R_{Pn} 远大于调速电动机的恒功率变速范围 R_{Pm} ,因此必须串联分级变速系统来扩大电动机的恒功率变速范围,以满足机床需求。即电动机的额定转速产生主轴的计算转速;电动机的最高转速产生主轴的最高转速。主轴的恒转矩变速范围 R_{Tn} 则决定了电动机恒转矩的变速范围 R_{Tm} , $R_{Tm} = R_{Tn}$,电动机恒转矩变速范围 R_{Tm} 经分级传动系统的最小传动比,产生主轴的恒转矩变速范围。电动机恒功率变速范围的存在,简化了分级传动系统。

由于调速电动机能在加工过程中自动调速,故一般要求串联的分级传动系统也能够自动化控制。分级传动系统可采用电磁离合器或液压缸控制的滑移齿轮自动变速机构。电磁离合器变速、结构复杂,体积大,因而应用受到一定限制。液压缸控制的滑移齿轮自动变速机构,靠电磁换向阀控制齿轮滑移方向。为使滑移齿轮定位精确,使液压缸结构及控制程序简单,常采用双作用液压缸控制双联滑移齿轮的方案,即串联的滑移齿轮变速组都是双速变速组,传动副数均为 2。

调速电动机的恒功率变速范围为 φ_m ,如图 7-14 所示,在保证无级变速连续的前提下,串联一个双速变速组,获得的最大变速范围为 φ_m^2 ,此时, $Z = P_a = 2$, $\varphi_m^2 = \varphi_F^Z$,分级传动的

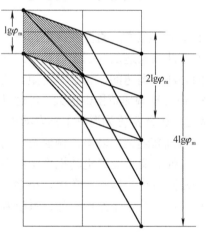

图 7-14 调速电动机串联变速组特性

公比 $\varphi_F = \varphi_m$;串联两个双速变速组后,能得到的连续无级转速的最大变速范围是 φ_m^4 ,这时, $Z = P_a P_b = 2^2 = 4$, $\varphi_m^4 = \varphi_F^Z$ 。因而,调速电动机串联 k 级双速变速组后,能获得的最大变速范围是 $R_{Pn} = \varphi_F^Z$, $Z = 2^k$,且 $\varphi_F = \varphi_m$ 。即串联的分级传动系统的公比等于电动机恒功率变速范围时,输出的无级转速的变速范围最大。换言之,变速范围一定,当分级传动系统的公比 $\varphi_F = \varphi_m$ 时,需串联的变速组数最少。设计无级变速系统时,主轴的变速范围一定,可用如下关系式得到最少需要串联的变速组数。

$$Z_{min} = \frac{\lg R_{Pn}}{\lg \varphi_m}$$

$$k_{min} = \frac{\lg Z_{min}}{\lg 2}$$

k 为自然数,且采用收尾法圆整,即 $1 < Z_{min} \leqslant 2$ 时, $Z = 2$; $2 < Z_{min} \leqslant 4$ 时, $Z = 4$;以此类推。因此,分级传动系统的公比一般比电动机的恒功率变速范围小,此时主轴要求的恒功率变速范围 R_{Pn} 的计算方法为

$$R_{Pn} = R_{Pm} \varphi_F^{Z-1}$$

则分级传动系统的实际公比为

$$\varphi_F = \sqrt[Z-1]{\frac{R_{Pn}}{R_{Pm}}} = \sqrt[Z-1]{\frac{R_{Pn}}{\varphi_m}}$$

为减少中间传动轴及齿轮副的结构尺寸，分级传动的最小传动比应采用前缓后急的原则，扩大顺序应与传动顺序一致，采用前密后疏的原则。另外，串联的分级传动系统应满足极限传动比、极限变速范围的限制。

【例 7-5】　有一数控机床，主运动由变频调速电动机驱动，电动机连续功率为 7.5kW，额定转速 $n_0 = 1500$r/min，最高转速 $n_{0max} = 4500$r/min，最低转速 $n_{0min} = 6$r/min；主轴转速 $n_{max} = 3550$r/min，$n_{min} = 37.5$r/min，计算转速 $n_j = 150$r/min。设计所串联的分级传动系统。

解　(1)主轴要求的恒功率变速范围

$$R_{Pn} = \frac{3550}{150} = 23.7 \approx 24$$

(2)电动机的恒功率变速范围

$$R_{Pm} = \varphi_m = \frac{4500}{1500} = 3$$

(3)该系统至少需要的转速级数、变速组数

$$Z_{min} = \frac{\lg R_{Pn}}{\lg \varphi_m} = \frac{\lg 24}{\lg 3} = 2.89$$

$$k_{min} = \frac{\lg 2.89}{\lg 2} = 1.53$$

取 $k = 2$，$Z = 4$。

(4)分级传动系统的实际公比为

$$\varphi_F = \sqrt[Z-1]{\frac{R_{Pn}}{R_{Pm}}} = \sqrt[4-1]{\frac{24}{3}} = 2$$

(5)结构式为

$$4 = 2_1 \times 2_2$$

(6)分级传动系统的最小传动比为

$$i_{min} = \frac{150}{1500} = \frac{1}{10} = \frac{1}{2^{3.322}}$$

根据前缓后急的原则取

$$i_0 = \frac{1}{1.77}，\quad i_{a1} = \frac{1}{2}，\quad i_{b1} = \frac{1}{2.82}$$

(7)其他传动副的传动比

$$i_{a2} = i_{a1}\varphi_F = \frac{1}{2} \times 2 = 1$$

$$i_{b2} = i_{b1}\varphi_F^2 = \frac{1}{2.82} \times 2^2 = 1.41$$

(8)调速电动机的最低工作转速为

$$n_{mmin} = 37.5 \times 10 = 375 \ (\text{r/min})$$

(9)电动机最低工作转速时所传递的功率为

$$P_{mmin} = P_m \times \frac{n_{mmin}}{n_0} = 7.5 \times \frac{375}{1500} = 1.875 \ (\text{kW})$$

该传动系统的转速图如图 7-15 所示。

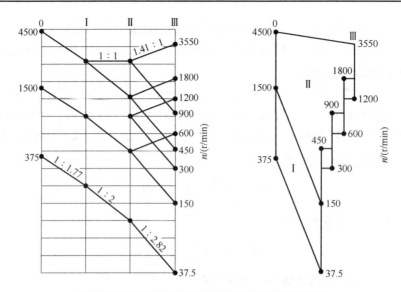

图 7-15　调速电动机串联分级传动系统的转速图

从转速图可知，电动机的额定转速产生主轴的计算转速；电动机的最高转速产生主轴的最高转速；电动机的最低工作转速产生主轴的最低转速。区域Ⅰ是恒转矩变速范围，由分级传动的最小传动比产生，电动机的恒转矩变速范围等于主轴的恒转矩变速范围。区域Ⅱ为恒功率变速范围，有四段部分重合的无级转速，分别是 150～450r/min，300～900r/min，600～1800r/min，1200～3550r/min。段与段之间是等比的，比值就是分级传动系统的公比 2；每段的无级变速范围为 φ_m。因此，无级变速系统利用调速电动机的电变速特性，能在加工中连续变速，实现恒速切削。

7.6　进给传动系统的设计

7.6.1　进给传动系统的类型与组成

机床进给传动系统用来实现机床的进给运动和有关辅助运动(如快进、快退等调节运动)。根据机床的类型、传动精度、运动平稳性和生产率等要求，可采用机械、液压和电气等不同的传动方式。

1. 机械传动

机械进给传动系统结构复杂、制造工作量大，但具有工作可靠、维修方便等特点，仍广泛应用于中、小型普通机床中。机械进给传动系统主要由动力源、变速机构、换向机构、运动分配机构、过载保险机构、运动转换机构、执行件以及快速传动机构等组成。

(1)动力源。进给传动可以采用单独电动机作为动力源，便于缩短传动链，实现几个方向的进给运动和机床自动化；也可以与主运动共用一个动力源，便于保证主传动和进给运动之间的严格传动比关系，适用于有内联系传动链的机床，如车床、齿轮加工机床等。

(2)变速机构。进给传动系统的变速机构用来改变进给量的大小。常用的有交换齿轮变速、滑移齿轮变速、齿轮离合器变速、机械无级变速和伺服电动机变速等。设计时，若几个进给运动共用一个变速机构，应将变速机构置于运动分配机构前面。由于机床进给运动的功率较小、速度较低，有时也采用棘轮机构、曲回机构等。在自动或半自动机床以及专用机床上，还比较广泛地应用凸轮机构来实现执行件的工作进给和快速运动。

(3)换向机构。用来改变进给运动的方向，一般有两种方式。一种是用进给电动机换向，换向方便，但换向次数不能太频繁；另一种是用齿轮换向(圆柱齿轮或锥齿轮)，换向可靠，广泛应用在各种机床中。

(4)运动分配机构。用来实现纵向、横向或垂直方向不同传动路线的转换，常采用各种离合器机构。

(5)过载保险机构。其作用是在过载时自动断开进给运动，过载排除后自动接通。常用的有牙嵌离合器、摩擦片式离合器、脱落蜗杆等。

(6)运动转换机构。用来变换运动的类型，一般是将回转运动转换为直线运动，常采用齿轮齿条、蜗杆齿条、丝杠螺母机构。

(7)快速传动机构。该机构是为了便于调整机床、节省辅助时间和改善工作条件。快速传动可与进给传动共用一个进给电动机，采用离合器等进给传动链转换；大多数采用单独电动机驱动，通过超越离合器、差动轮系机构或差动螺母机构等，将快速运动合成到进给传动中。

2．液压传动

液压进给传动通过动力液压缸等传递动力和运动，并通过液压控制技术实现无级调速、换向、运动分配、过载保护和快速运动。油缸本身作直线运动，一般不需要运动转换。液压传动工作平稳、动作灵敏，便于实现无级调速和自动控制，而且在同等功率情况下体积小、重量轻、机构紧凑，因此广泛应用于磨床、组合机床和自动车床的进给传动中。

3．电气传动

电气进给传动是采用无级调速电动机，直接或经过简单的齿轮变速或同步齿形带变速，驱动齿轮齿条或丝杠螺母机构等传递动力和运动；若采用直线电动机可直接实现直线运动驱动。电气传动的机械结构简单，可在工作中无级调速，便于实现自动化控制，因此，应用越来越广泛。

数控机床的进给系统称为伺服进给传动系统，由伺服驱动系统、伺服进给电动机和高性能传动元件(如滚珠丝杠、滚动导轨)组成，在计算机(即数控装置)的控制下，可实现多坐标联动下的高效、高速和高精度进给运动。

7.6.2　进给传动系统应满足的基本要求

进给传动系统应满足如下基本要求。

(1)具有足够的静刚度和动刚度。

(2)具有良好的快速响应性，有良好的防爬行性能，运动平稳，灵敏度高。

(3)抗振性好，不会因摩擦自振而引起传动件的抖动或齿轮传动的冲击噪声。

(4)进给系统具有较高的传动精度和定位精度。

(5)具有足够的变速范围，保证实现所要求的进给量，以适应不同的加工材料，使用不同的刀具，满足不同的零件加工要求，能传动较大的转矩。

(6)结构简单，加工和装配工艺性好，调整维修方便，操纵轻便灵活。

7.6.3　机械进给传动系统的设计特点

(1)进给传动是恒转矩传动。切削加工中，当进给量较大时，一般采用较小的背吃刀量；

当背吃刀量较大时，多采用较小的进给量。所以，在各种不同进给量的情况下，产生的切削力大致相同，进给力是切削力在进给方向的分力，也大致相同。所以驱动进给运动的传动件是恒转矩传动。

(2)进给传动系统中各传动件的计算转速是其最高转速。因为进给系统是恒转矩传动，在各种进给速度下，末端输出轴上受的转矩是相同的，设为 $T_{末}$。进给传动系统中各传动件(包括轴和齿轮)所受的转矩可由下式计算

$$T_k = T_{末} n_{末} / n_k = T_{末} i_k$$

式中，T_k 为第 k 个传动件承受的转矩；$n_{末}$、n_k 为末端输出轴和第 k 轴的转速；i_k 为第 k 个传动件至末端输出轴的传动比，如有多条传动路线，取其中最大的传动比。

由上式可知，i_k 越大，传动件承受的转矩越大。在进给传动系统的最大升速链中，各传动件至末端输出轴的传动比最大，承受的转矩也最大，故各传动件的计算转速是其最高转速。

(3)进给传动系统的极限传动比、极限变速范围。进给传动系统速度低，负荷小，消耗的功率小，齿轮薄、模数小，因此，进给传动系统变速组的变速范围可取比主传动变速组较大的值，即极限传动比为 $i_{min} \geqslant 1/5$，$i_{max} \leqslant 2.8$，极限变速范围为 $R = 2.8 \times 5 = 14$。为了缩短进给传动链，减小进给箱的受力，提高进给传动的稳定性，进给系统的末端常采用降速很大的传动机构，如蜗杆蜗轮、丝杠螺母、行星机构等。

(4)进给传动最小传动比的原则、扩大顺序的原则。根据误差传递规律，最小传动比应采用前缓后急的原则，以提高进给传动系统的传动精度。如前所述，传动件至末端输出轴的传动比越大，传动件承受的转矩越大。进给传动系统扩大顺序与主传动系统相反，是前疏后密，即采用扩大顺序与传动顺序不一致的结构式。这样可使进给系统内更多的传动件至末端输出轴的传动比较小，承受的转矩也较小，从而减小各中间轴和传动件的尺寸。

(5)进给传动系统采用传动间隙消除机构。对于精密机床、数控机床的进给传动系统，为保证传动精度和定位精度，尤其是换向精度，要有传动间隙消除机构，如齿轮传动间隙消除机构和丝杠螺母传动间隙消除机构等。

(6)微量进给机构的采用。有时进给运动极为微量，如每次进给量小于 $2\mu m$，需采用微量进给机构。微量进给机构有自动和手动两类。自动微量进给机构采用各种驱动元件使进给自动地进行；手动微量进给机构主要用于微量调整精密机床的一些部件，如坐标镗床的工作台和主轴箱、数控机床的刀具尺寸补偿等。

常用的微量进给机构中最小进给量大于 $1\mu m$ 的机构有蜗杆传动、丝杠螺母、齿轮齿条传动等，适用于进给行程大、进给量和进给速度变化范围宽的机床；小于 $1\mu m$ 的进给机构有弹性力传动、磁致伸缩传动、电致伸缩传动、热应力传动等。以上都是利用材料的物理性能实现微量进给，特点是结构简单、位移量小、行程短。

弹性力传动是利用弹性元件(如弹簧片、弹性膜片等)的弯曲变形或弹性杆件的拉压变形实现微量进给。适用于作补偿机构和小行程的微量进给。

磁致伸缩传动是靠改变软磁材料(如铁钴合金、铁铝合金等)的磁化状态，使其尺寸和形状产生变化，以实现步进或微量进给。适用于小行程微量进给。

电致伸缩是压电效应的逆效应。当晶体带电或处于电场中时，其尺寸发生变化，将电能转换为机械能实现微量进给。其进给量小于 $0.5\mu m$，适用于小行程微量进给。

热应力传动是利用金属杆件的热伸长驱使执行部件运动，来实现步进式微量进给，进给

量小于 0.5μm，其重复定位精度不太稳定。

对微量进给机构的基本要求是：灵敏度高，刚度好，平稳性好，低速进给时速度均匀，无爬行，精度高，重复定位精度好，结构简单，调整方便，操作方便灵活等。

7.6.4　直线伺服电动机进给传动系统

直线电动机是一种能直接将电能转化为直线运动机械能的电力驱动装置，是适应高速加工或微量进给精加工技术发展的需要而出现的一种新型电动机。直线伺服电动机驱动系统替换了传统的由回转型伺服电动机加滚珠丝杠的伺服进给系统，从电动机到工作台之间的一切中间传动都没有了，可直接驱动工作台或刀架直线运动，使工作台的加/减速提高到传统机床的 10～20 倍，速度提高 3～4 倍。直线伺服电动机用于开环控制系统时，定位精度约为 0.03mm，最高速度可达 0.4～0.5m/s；直线伺服电动机用于闭环控制系统时，定位精度可达 0.001mm，最高速度可达 1～2m/s。

直线伺服电动机的工作原理与旋转伺服电动机相似，可以看成是将旋转伺服电动机沿径向剖开，向两边拉伸展平后演变而成的，如图 7-16 所示。旋转电动机的定子演变为直线伺服电动机的初级，转子演变成次级。原来的旋转磁场变为直线运动磁场。

直线伺服电动机为获得较大的驱动力，在宽度方向上采用双初级、双次级的对称磁路结构。为使直线伺服电动机初级、次级能相对直线运动，其初级、次级有不同的长度，相对长的级一般固定不动(定子)，相对短的一级直线移动(动子)，如图 7-17 所示。

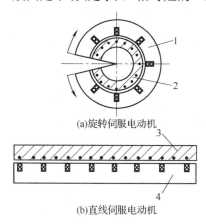

(a)旋转伺服电动机

(b)直线伺服电动机

图 7-16　直线伺服电动机的形成机理

1-定子；2-转子；3-次级；4-初级

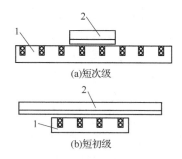

(a)短次级

(b)短初级

图 7-17　直线伺服电动机的形式

1-初级；2-次级

由于采用短的初级有利于降低成本和运行费用，因此交流直线电动机一般采用短初级与移动部件连接，长次级与固定部件连接。

图 7-18 是直线伺服电动机的传动示意图，直线伺服电动机分为同步式和感应式两类。同步式是在直线伺服电动机的定件(如床身)上，在全行程沿直线方向上一块接一块地装上永久磁铁(电动机的次级)；在直线伺服电动机的动件(如工作台)下部的全长上，对应一块接一块地安装上含铁心的通电绕组(电动机的初级)。

感应式与同步式的区别是在定件上用不通电的绕组替代同步式的永久磁铁，且每个绕组中每一匝均是短路的。直线伺服电动机通电后，在定件和动件之间的间隙中产生一个大的行

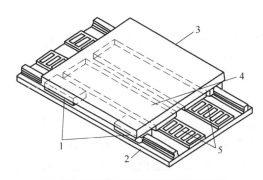

图 7-18　直线伺服电动机传动示意图

1-滚动导轨；2-床身；3-工作台；
4-直线电动机动件(绕组)；5-直线电动机定件(永久磁铁)

波磁场，依靠磁力，推动动件(工作台)作直线运动。

采用直线伺服电动机驱动，省去齿轮、齿形带和滚珠丝杠副等机械传动，简化了机床结构，且避免了由传动机构的制造精度、弹性变形、磨损、热变形等因素引起的传动误差。非接触式直接驱动，使其结构简单，维护方便，可靠性高，体积小，传动刚度高，响应快，可获得较高的瞬时加速度。据文献介绍，它的最大进给速度可达到 100m/min 甚至更高，最大加/减速度为 $(1 \sim 8)g$。

但是，直线伺服电动机的磁力线外泄，机床装配、操作、维护时，必须采取有效的隔磁措施；直线伺服电动机安装在工作台下面，散热困难，应有良好的散热措施；直线伺服电动机的成本较高。

7.6.5　机床传动链的传动精度

1．传动精度概述

机床传动链通常是由齿轮、蜗杆蜗轮、丝杠螺母等许多传动件组成的。这些传动件都不可避免地存在着制造和装配误差，在传递运动过程中，这些误差就会直接反映到传动链的末端件上，导致执行件的运动误差，从而影响机床的加工精度。

机床的传动精度就是指机床传动链始末端执行件之间运动的协调性和均匀性。例如，车削螺纹时，机床传动链应该保证主轴转一周，刀架移动一个螺纹导程，这就是主轴和刀架运动的协调性；这种定比关系应该在加工过程中始终保持，这就是运动的均匀性。如果协调性和均匀性差，则机床的传动精度低。

机床的传动精度是评价机床，尤其是具有内联系传动链的机床质量的重要指标之一。研究传动精度的目的，就是在于分析传动链中误差产生的原因及其传递规律，以便找出提高传动精度的途径，减少这些误差对加工精度的影响，确保机床的加工精度。

2．误差的来源

机床的内联系传动链中各传动件存在一定的误差，包括传动件的制造和装配误差、因受力和温度变化而产生的误差等，要完全消除这些误差是不经济的，也是不可能的。但可以根据误差的来源和传递规律，有效地、经济地控制其对加工精度的影响。在机床传动链中，传动误差主要来自齿轮、蜗杆蜗轮及丝杠螺母等传动件的制造和装配误差。在传动件的制造误差中，传动件的端面跳动和径向跳动，齿轮和蜗轮的齿形误差、周节误差和周节累积误差，丝杠、螺母和蜗杆的半角误差、导程误差和导程累积误差等，是引起传动误差的主要来源。

3．误差的传递规律

在传动链中，各传动件的误差不仅在一对传动副中互相传递，而且在整个传动链中按传动比依次传递，最后反映到末端件上，使工件或刀具产生传动误差。其传动规律可用下式表示：

$$\begin{cases} \Delta\varphi_n = \Delta\varphi_k i_k \\ \Delta l_n = r_n\Delta\varphi_n = r_n\Delta\varphi_k i_k \end{cases}$$

式中，$\Delta\varphi_k$ 为传动件 k 的角度误差；i_k 为传动件 k 到末端件 n 之间的传动比；$\Delta\varphi_n$、Δl_n 为由 $\Delta\varphi_k$ 引起的末端件 n 的角度误差和线值误差；r_n 为在末端件 n 上与加工精度有关的半径。

由于传动链是由若干传动件组成的，所以每一个传动件的误差都将传递到末端件上。转角误差都是向量，总转角误差应为各误差的向量和，在向量方向未知的情况下，可用均方根误差来表示末端件的总误差 $\Delta\varphi_\Sigma$、Δl_Σ：

$$
\begin{cases}
\Delta\varphi_\Sigma = \sqrt{\left(\Delta\varphi_1 i_1\right)^2 + \left(\Delta\varphi_2 i_2\right)^2 + \cdots + \left(\Delta\varphi_n i_n\right)^2} = \sqrt{\sum_{k=1}^{n}\left(\Delta\varphi_k i_k\right)^2} \\
\Delta l_\Sigma = r_n \Delta\varphi_\Sigma
\end{cases}
$$

由上式可见，如果传动比大于 1，转角误差将被扩大；如果传动比小于 1，转角误差将在传动中被缩小。

在传动链中，后面传动副的传动比，将对前面各传动件的误差传递起作用。把越靠近末端件的传动副的传动比安排得越小，对减小其前面各传动件误差影响的效果越显著，这样，就可以有效地减小传递到末端件的总误差。由此可见，应用传动比递降原则，甚至在结构可能的情况下，把全部降速比集中在最后一个或几个传动副，对提高传动精度是非常有效的。

4. 提高传动精度的途径

综上所述，减少传动误差、提高传动精度的途径主要有以下几个方面。

(1) 缩短传动链。设计传动链时应尽量减少串联传动件的数目，以减少误差的来源。

(2) 合理选择传动件。在内联系传动链中，不可采用传动比不准确的传动副，如摩擦传动等。另外，斜齿圆柱齿轮的轴向窜动会使从动齿轮产生附加角度误差；梯形螺纹的径向跳动会使螺母产生附加的线值误差；正变位齿轮的大压力角对齿圈径向跳动敏感；圆锥齿轮、多头蜗杆和多头丝杠的制造精度较低。因此，在传动精度要求高的传动链中，应尽量不用或少用这些传动件。

如果为了传动平稳必须采用斜齿圆柱齿轮，则应把螺旋角取得小一些；如果采用梯形螺纹的丝杠，则应把螺纹半角取得小一些；为了减少蜗轮的齿圈径向跳动引起节圆上的线值误差，在齿轮精加工机床上，常采用较小压力角的分度蜗轮副。分度蜗轮的直径应尽可能做得大一些，这样，相对于蜗轮来说工件直径就较小，所以从蜗轮反映到工件上的线值误差也就缩小了。

(3) 合理分配传动副的传动比及其精度。传动链中的传动比分配，应采用先缓后急的递降原则。因为根据误差的传递规律，如果降速比大，则传动件误差反映到末端件上的误差就小些，因此，可以有效地提高传动精度。在内联系传动链中，运动通常由某一中间传动件传入，因此，传动比应从中间传动件向两头的末端件递降。根据误差传递规律和传动比安排原则，对传动链中前面转速较高的传动件，可适当降低其精度要求；而在越靠近末端件的地方，对传动件的制造和装配精度要求越高。特别是末端传动件，如螺纹加工机床的丝杠螺母和齿轮加工机床的分度蜗轮，其误差将直接反映到工件上，因此，它们的制造和装配精度都应严格要求。必要时可以采用误差校正装置，这样可缩小前面传动件的传动误差，且末端组件不产生或少产生传动误差。校正装置中的校正元件，是根据特定机床传动误差的实际分布情况设计的，因此不能与其他机床互换使用。要掌握特定机床误差的实际分布情况，必须对该机床的传动精度进行现场测量。

(4) 提高传动件的制造和装配精度。这是减少误差来源、提高传动精度的一个重要方面，实际上就是通过减少 $\Delta\varphi_k$ 来减少 $\Delta\varphi_\Sigma$ 或 Δl_Σ。

(5) 传动链应有较高的刚度。通过提高刚度，来减少受载后的变形。主轴及较大传动件应作动平衡，或采用阻尼减振结构，提高抗振能力。

7.6.6 滚珠丝杠螺母副机构

数控机床为了提高进给系统的灵敏度、定位精度和防止爬行，必须降低摩擦并减少静、动摩擦系数之差。因此，行程不太长的直线运动机构常用滚珠丝杠螺母副。

1. 滚珠丝杠螺母副的工作原理及特点

滚珠丝杠螺母副是直线运动与回转运动能相互转换的传动装置，靠滚珠传递和转换运动，其丝杠和螺母上分别加工有半圆弧形沟槽(其半径略大于滚珠半径)，合在一起形成滚珠的圆形滚道，并在螺母上加工有使滚珠形成循环的回珠通道，当丝杠和螺母相对转动时，滚珠可在滚道内循环滚动，因而迫使丝杠和螺母产生轴向相对移动。丝杠、螺母和滚珠都由轴承钢制成，经淬硬、磨削。由于丝杠和螺母之间是滚动摩擦，因而具有以下特点。

(1)摩擦损失小，传动效率高。一般情况下，传动效率可达 90%以上，比普通滑动丝杠副的效率提高 3～4 倍。因此，在同样载荷下，驱动转矩较滑动丝杠大为减少。

(2)动作灵敏，低速时无爬行现象。由于是滚动摩擦，动、静摩擦系数相差很小，所以启动力矩小，动作灵敏，而且在速度很低的情况下，不易出现爬行现象。

(3)磨损小，精度保持性好。滚动摩擦比滑动摩擦的磨损小得多，而且滚珠丝杠和螺母的螺旋槽都是淬硬的，故使用寿命长，精度保持性好。

(4)可消除轴向间隙，轴向刚度高。滚珠丝杠通过预紧，可完全消除轴向间隙，使反向无空行程，反向定位精度高。

(5)摩擦系数小，无自锁现象。滚珠丝杠螺母副的摩擦角小于 1°，因此不能自锁。该机构不仅能把旋转运动变为直线运动，还可将直线运动变为旋转运动，即有运动的可逆性。因此，当用于垂直传动时须有制动装置或自锁机构。

(6)工艺复杂，成本高。滚珠丝杠、螺母等零件的形状复杂，加工精度和表面质量要求高。

滚珠丝杠螺母副按其用途分为定位滚珠丝杠副(P 类)和传动滚珠丝杠副(T 类)。精度有 1、2、3、4、5、7 和 10 级七个精度，1 级最高，依次降低。用于数控机床进给系统的是 P 类，精度主要为 1、2 两级，分别以 P1、P2 表示。丝杠精度可按"任意 300mm 内行程变动量 V_{300}"选择，该项误差 1 级精度为 6μm，2 级精度为 8μm，3 级精度为 12μm。

滚珠丝杠的长度是受到精度限制的。例如，有的工厂规定，直径在 30mm 及以上的 1 级丝杠，螺纹部分的长度不得超过 1m。选择丝杠时应注意。

2. 滚珠丝杠螺母副的循环方式

常用的循环方式有两种：滚珠在循环过程中有时与丝杠脱离接触的称为外循环；始终与丝杠保持接触的称为内循环。

(1)内循环。如图 7-19 所示为内循环滚珠丝杠螺母副，滚珠从 A 点走向 B 点、C 点、D 点然后经反向回珠器从螺纹的顶上回到 A 点，实现循环。螺纹每一圈形成一个滚珠的循环回路。通常，在一个螺母上装有三个反向器(即采用三列的结构)，三个反向器彼此沿螺母圆周相互错开 120°，轴向间隔为 $(4/3～7/3)P_h(P_h$ 为螺距)。这种结构由于一个循环只有一圈滚珠，因而回路短，工作滚珠数目少，流畅性好，摩擦损失小，效率高，径向尺寸紧凑，承载能力较大，刚度也高。缺点是反向器的结构复杂，制造较困难，

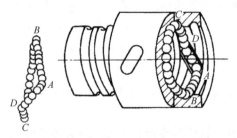

图 7-19 内循环滚珠丝杠螺母副

且不能用于多头螺纹传动。

(2)外循环。常用的外循环式滚珠丝杠螺母副可分为盖板式、螺旋槽式、插管式三种。如图 7-20 所示为插管式外循环滚珠丝杠螺母副，每一列滚珠转几圈后经插管式回珠器返回，插管式回珠器位于螺母之外。外循环结构制造工艺简单，使用较广泛。其缺点是滚道接缝处很难做得平滑，影响滚珠滚动的平稳性，甚至发生卡珠现象，噪声也较大。

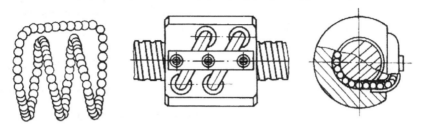

图 7-20　外循环滚珠丝杠螺母副

内、外循环的差别在于螺母，丝杠是相同的。滚珠每一个循环称为一列。每一列内每个导程称为一圈。内循环每列只有一圈；外循环则每列有 1.5 圈、2.5 圈、3.5 圈等几种，剩下的半圈用作回珠。通常，内循环每个螺母有 3 列、4 列、5 列等几种。外循环则种类较多，如有 1 列 2.5 圈、1 列 3.5 圈、2 列 1.5 圈、2 列 2.5 圈等。

3. 滚珠丝杠螺母副轴向间隙的调整和预加载荷

在一般情况下，滚珠同丝杠和螺母的滚道之间存在一定间隙。当滚珠丝杠开始运转时，总要先运转一个微小角度，以使滚珠同丝杠和螺母的圆弧形滚道的两侧发生接触，然后才真正开始推动螺母作轴向移动，进入真正的工作状态。当滚珠丝杠反向运转时，也会先空运转一个微小角度。滚珠丝杠螺母副的这种轴向间隙会引起轴向定位误差，严重时还会导致系统控制的"失步"。在载荷作用下滚珠与丝杠和螺母两滚道侧面的接触点处还会发生微小接触变形，因此，当丝杠转向发生改变时，滚珠同丝杠和螺母两滚道面一侧弹性接触变形的恢复和另一侧接触变形的形成还会进一步增加滚珠的轴向位移量，导致丝杠空运转量的进一步增加。根据接触变形理论，滚珠同滚道面的接触变形会随载荷的增加急剧下降，因此，为了提高滚珠丝杠螺母副的定位精度和刚度，应对其进行预紧，即施加一定的预加载荷，使滚珠同两滚道侧面始终保持接触(即消除间隙状态)并产生一定的接触变形(即预紧状态)。

滚珠丝杠螺母副通常采用双螺母结构，通过调整两个螺母之间的轴向位置，使两螺母的滚珠在承受工作载荷前，分别与丝杠两个不同的侧面接触，以消除间隙并产生一定的预紧力。滚珠丝杠螺母副消除轴向间隙和预紧的方法很多，采用较多的有双螺母垫片式、双螺母螺纹式和双螺母齿差式。

(1)双螺母垫片式。如图 7-21 所示，通常用螺钉连接滚珠丝杠两个螺母的凸缘，并在凸缘间加垫片。修磨垫片的厚度使螺母产生轴向位移。这种方式结构简单、刚度高、可靠性好、装卸方便，但精确调整较困难，当滚道和滚珠有磨损时不能随时调整。

(2)双螺母螺纹式。如图 7-22 所示，双螺母用平键与螺母座相连，螺母 1 的外端有凸缘，螺母 2 的外端有螺纹，它伸出套筒外，并用双圆螺母固定。旋转螺母即可产生轴向位移，调整好后再用另一个螺母把它锁紧。这种方式结构紧凑、调整方便，可随时调整，但调整间隙不很精确。

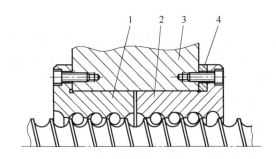

图 7-21 双螺母垫片式消除间隙结构

1、2-单螺母；3-螺母座；4-调整垫片

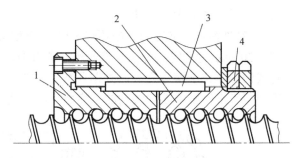

图 7-22 双螺母螺纹式消除间隙结构

1、2-单螺母；3-平键；4-调整螺母

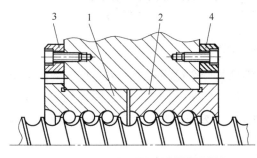

图 7-23 双螺母齿差式消除间隙结构

1、2-单螺母；3、4-内齿圈

（3）双螺母齿差式。如图 7-23 所示，左右螺母的凸缘都加工成外齿轮，齿数相差一个齿，工作中这两个外齿轮分别与固定在螺母座上的两个内齿圈相啮合。调整时，将两个内齿圈卸下，同向转动外齿轮相同齿数，则两螺母产生轴向相对位移。每转过一个齿，调整的轴向位移量为 $e = P_h/(z_1 z_2)$。齿差式调整间隙，调整精确，但结构尺寸大，调整装配比较复杂，适用于高精度的传动机构。

滚珠丝杠螺母副的预加载荷需合理确定，若预加载荷过大，会加剧磨损；若太小，在载荷作用下会使处于非工作状态的螺母仍然出现轴向间隙，影响定位精度。理论计算证明预加载荷应是工作载荷的三分之一（准确值为 2.83）。通常滚珠丝杠出厂时，已由制造厂进行了预先调整，通常取预加载荷为额定动载荷的 1/10～1/9。

4．滚珠丝杠补偿热变形的预拉伸

滚珠丝杠在工作时难免要发热，使其温度高于床身温度，此时丝杠的热膨胀会使其导程加大，影响定位精度。对于高精密丝杠，为了补偿热膨胀的影响，可将丝杠预拉伸，并使其预拉伸量略大于丝杠的热膨胀量，丝杠热膨胀的大小可由下式计算：

$$\Delta l = \alpha l \Delta t$$

式中，Δl 为丝杠热膨胀量，mm；α 为丝杠的线膨胀系数，mm/℃；l 为丝杠螺纹部分的长度，mm；Δt 为丝杠比床身高出的温度，℃。

当丝杠温度升高发生热膨胀时，由于丝杠有预拉伸，热膨胀的结构只会减少丝杠内部的拉应力，但长度不会变化。为了保证定位精度，要进行预拉伸的丝杠在常温下的导程应该是其公称导程 S 减去预拉伸引起的导程变化量 ΔS，其中

$$\Delta S = \Delta l \cdot S/l$$

5．滚珠丝杠的设计计算

1）疲劳强度计算

滚珠丝杠的工作转速一般大于 10r/min，因此，应与滚动轴承相类似，进行疲劳强度计算，计算其当量动载荷。

$$C_m = \frac{F_m \sqrt[3]{L} f_w}{f_a} \leqslant C_a$$

式中，C_m 为滚珠丝杠的计算当量动载荷，N；C_a 为滚珠丝杠的额定当量动载荷，N；F_m 为丝杠轴向当量载荷，N；f_w 为运行状态系数，无冲击取 1～1.2，一般情况取 1.2～1.5，有冲击取 1.5～2.5；f_a 为精度系数，1、2 级取 1；3、4 级取 0.9；L 为工作寿命，10^6r。

$$L = \frac{60 n_m h}{10^6}$$

式中，n_m 为当量工作转速，r/min；h 为以小时为单位的工作寿命，一般机床 h =10000h，数控机床 h =15000h。

丝杠在工作中其轴向载荷和转速是变化的，应根据载荷、转速及其时间分配求出。计算比较烦琐，一般可采用典型载荷与典型转速代替，也可用下式计算：

$$F_m = \frac{2F_{max} + F_{min}}{3}$$

$$n_m = \frac{2n_{max} + n_{min}}{3}$$

式中，F_{max}、F_{min} 分别为丝杠的最大、最小轴向载荷，N；n_{max}、n_{min} 分别为丝杠的最大、最小工作转速，r/min。

2）刚度计算

滚珠丝杠副的变形包括滚动轴承的接触变形，丝杠、螺母与滚珠之间的接触变形，丝杠的扭转变形和拉压变形等几部分，考虑到滚动轴承和丝杠螺母有预紧，丝杠的扭转变形对纵向变形影响较小，因此，一般情况仅对丝杠的轴向拉压变形进行校核计算。

丝杠的拉压刚度不是一个定值，它随螺母至轴向固定端的距离而变。一端轴向固定的丝杠，其最小拉压刚度 k_E 为

$$k_E = \frac{\pi d^2 E}{4 l_1}$$

式中，d 为丝杠螺纹的底径，mm；E 为材料弹性模量，钢取 E =2×10⁵MPa；l_1 为螺母至固定端的最大距离，mm。

两端固定的丝杠，最小拉压刚度发生在螺母处于中间位置时，其值为

$$k_E = \frac{\pi d^2 E}{l_2}$$

式中，l_2 为丝杠的支承跨距，mm。

3）压杆稳定

受压的细长丝杠，应进行压杆稳定性计算，并使临界载荷 $F_{cr}/F_m \geqslant 2.5$。

当 $4\mu l / d_1 \geqslant 85$ 时

$$F_{cr} = \frac{\pi^3 E d^2}{64 (\mu l)^2}$$

当 $4\mu l / d_1 < 85$ 时

$$F_{cr} = \frac{120 \pi d^4}{d^2 + 0.0032 \mu^2 l^2}$$

式中，μ 为丝杠长度系数。其值取决于螺杆端部的支承形式，如表 7-3 所示。

表 7-3　丝杠长度系数

螺杆端部结构	两端固定	一端固定一端铰支	两端铰支	一端固定一端自由
μ	0.5	0.7	1	2

　　由上式可知，长度系数越小，所获得的临界载荷越大，越容易满足稳定性条件。从长度系数可知：两端固定支承时，长度系数最小。因此，滚珠丝杠的支承应首先考虑两端固定的支承形式，其次是一端固定一端铰支的支承。垂直丝杠可采用一端（上端）固定一端自由的支承。但两端固定形式装配和调整较困难，故常用一端固定一端铰支的支承形式。当转速较高时，固定端可采用接触角为 60° 的双向推力角接触球轴承或采用接触角为 40° 的角接触球轴承双联组配（背对背或面对面配置）；当转速较低时，可采用两个推力球轴承与深沟球轴承组合支承，深沟球轴承居中。铰支端可采用深沟球轴承。

7.7　结　构　设　计

7.7.1　主传动的布局

　　主传动的布局主要有集中传动式和分离传动式两种。主传动的全部变速机构和主轴组件装在同一箱体内，称为集中传动式布局；如果分别装在变速箱和主轴箱两个箱体内，其间用胶带、链条等传动，则称为分离传动式布局。

　　（1）集中传动式。多数机床（如 CA6140 普通车床、Z3040 摇臂钻床、X62W 铣床等）都是采用集中传动式布局。它的优点是：结构紧凑，便于实现集中操纵，箱体数量少。缺点是：传动机构运转中的振动和发热会直接影响主轴的工作精度。一般适用于主运动为旋转运动的普通精度的中、大型机床。

　　（2）分离传动式。有些高速、精加工机床，如 C616 车床和 CM6132 精密普通车床等的主传动采用分离传动，它的优点是：变速箱所产生的振动和热量不传给或少传给主轴，从而减少了主轴的振动和热变形；高速时不用齿轮传动，而由胶带直接传动主轴，运转平稳，加工表面质量好；当采用背轮机构时，高速传动链短，传动效率高，转动惯量小，便于启动和制动；低速时经背轮机构传动，转矩大适应粗加工的要求。其缺点是：要两个箱体，低速时胶带负荷大，胶带根数多，容易打滑；当胶带安装在主轴中段时，调整、检修都不方便。有些单轴自动车床，为了便于在主轴组件上安置自动送夹料机构，其主传动也有采用分离传动式的。

7.7.2　变速箱内各传动轴的空间布置与轴向固定

1.　变速箱内各传动轴的空间布置

　　变速箱内各传动轴的空间布置，首先要满足机床总体布局对变速箱的形状和尺寸的限制，还要考虑各轴受力情况，装配调整和操纵维修的方便。其中变速箱的形状和尺寸限制是影响传动轴空间布置最重要的因素。例如，铣床的变速箱就是立式床身，高度方向和轴向尺寸较大，变速系统各传动轴可布置在立式床身的铅直对称面上；摇臂钻床的变速箱在摇臂上移动，变速箱轴向尺寸要求较短，横截面尺寸可较大，布置时往往为了缩短轴向尺寸而增加轴的数目，即增大箱体的横截面尺寸；卧式车床主轴箱安装在床身的上面，横截面呈矩形，高度尺寸只能略大于主轴中心高加主轴上大齿轮的半径，主轴箱的轴向尺寸取决于主轴长度，为提高主轴组件的刚度，主轴较长时可设置多个中间墙。

　　图 3-5 是 CA6140 型车床的主轴箱各传动轴空间相互位置示意图，为了把主轴和数量较多的传动轴布置在尺寸有限的矩形截面内，又要便于装配、调整和维修，还要照顾到变速机构、润滑装置的设计，不是件容易的事。各轴的布置顺序大致如下：首先确定主轴的位置，对于该车床来说，主轴位置主要根据车床的中心高确定；确定传动主轴的轴，以及与主轴有齿轮啮合关系的轴的位置；确定电动机轴或运动输入轴（轴Ⅰ）的位置；最后确定其他各传动轴的位置。各传动轴按三角形分布，以缩小径向尺寸，如图中的轴Ⅰ、Ⅱ、Ⅲ。为缩小径向尺寸，还可以使箱内某些传动轴的轴线重合，如图 3-4 中的Ⅲ、Ⅴ两轴。

　　图 7-24 是卧式铣床的主变速传动机构，利用立式床身作为变速箱体。床身内部空间较大，所以各传动轴可以排在一个铅直平面内，不必过多考虑空间布置的紧凑性，以方便制造、装配、调整、维修，以及便于布置变速操纵机构。床身较长，为减少传动轴轴承间的跨距，在中间加了一个支承墙。这类机床传动轴布置也是先确定出主轴在立式床身中的位置，然后就可按传动顺序由上而下地依次确定出各传动轴的位置。

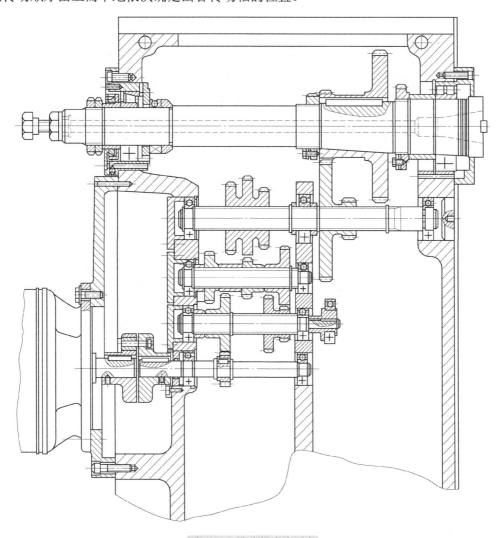

图 7-24　卧式铣床变速箱

2. 变速箱内各传动轴的轴向固定

传动轴通过轴承在箱体内轴向固定的方法有一端固定和两端固定两类。采用单列向心球轴承时，可以一端固定，也可以两端固定；采用圆锥滚子轴承时，必须两端固定。一端固定的优点是轴受热后可以向另一端自由伸长，不会产生热应力，适用于长轴。一端固定时，轴固定端的几种形式如图 7-25 所示。图 7-25(a)用衬套和端盖固定，并一起装到箱壁上，它的优点是可在箱壁上镗通孔，便于加工，但结构复杂，衬套又要加工内外凸肩。图 7-25(b)虽不用衬套，但在箱体上要加工一个有台阶的孔，因而在成批生产中应用较少。图 7-25(c)用弹性挡圈代替台阶，结构简单，工艺性好，图 7-24 中的各传动轴均采用这种形式。图 7-25(d)是两面都用弹性挡圈的结构，构造简单、安装方便，但在孔内挖槽需用专门的工艺装备，所以这种构造适用于批量较大的机床。图 7-25(e)的构造是在轴承的外圈上有沟槽，将弹性挡圈卡在箱壁与压盖之间，箱体孔内不用挖槽，构造更加简单，装配更方便，但需轴承厂专门供应这种轴承。一端固定时，另一端的构造见图 7-25(f)，轴承用弹性挡圈固定在轴端，外环在箱体孔内轴向不定位。

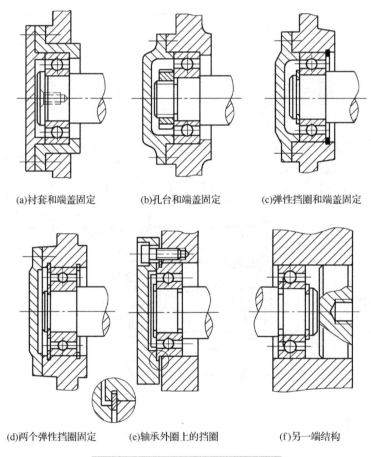

    (a)衬套和端盖固定   (b)孔台和端盖固定   (c)弹性挡圈和端盖固定

    (d)两个弹性挡圈固定   (e)轴承外圈上的挡圈   (f)另一端结构

图 7-25   传动轴一端固定的几种方式

轴两端固定的例子如图 7-26 所示。图 7-26(a)通过调整螺钉 2、压盖 1 及锁紧螺母 3 来调整圆锥滚子轴承的间隙，调整比较方便。图 7-26(b)和(c)是通过改变调整垫圈 4 的厚度来调整轴承的间隙，结构简单。

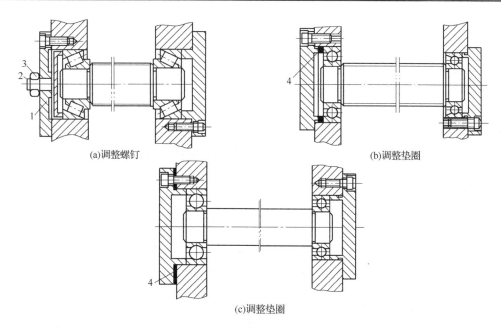

(a)调整螺钉　　　　　　　　　　　　　　　　　　　(b)调整垫圈

(c)调整垫圈

图 7-26　传动轴两端固定的几种方式

1-压盖；2-调整螺钉；3-锁紧螺母；4-调整垫圈

7.7.3　齿轮的布置

1. 三联滑移齿轮顺利啮合的条件

由图 7-27 可看出，当三联滑移齿轮右移使齿轮 z_1 与 z_4 啮合时，次大齿轮 z_2 越过了固定的小齿轮 z_6，为防止次大齿轮 z_2 与固定的小齿轮 z_6 齿顶相碰，应使次大齿轮 z_2 与齿轮 z_6 齿顶圆半径之和不大于中心距，即

$$\frac{mz_2 + mz_6}{2} + 2m \leqslant \frac{mz_3 + mz_6}{2}$$

由此可得三联滑移齿轮顺利啮合的条件为

$$z_3 - z_2 \geqslant 4$$

即滑移的最大齿轮与次大齿轮的齿数差不小于 4。

2. 滑移齿轮的轴向布置原则

（1）为了避免同一滑移齿轮变速组内的两对齿轮同时啮合，两个固定齿轮的间距应大于滑移齿轮的宽度，一般留有间隙量 Δ 为 $1\sim2$mm。

（2）为避免滑移齿轮与固定的小齿轮齿顶相碰，三联滑移齿轮的最大、次大齿轮齿数差应不小于 4。否则应采用变位齿轮，使两齿顶圆直径之差不小于四个模数；或只让滑移的小齿轮越过固定的小齿轮，改变啮合变速条件，使最大和最小齿轮齿数差不小于 4；或采用牙嵌式离合器变速，使齿轮不动。

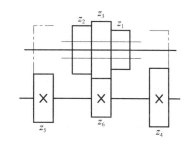

图 7-27　三联滑移齿轮滑移啮合示意图

（3）如没有特殊情况，应尽量缩短轴向长度。

（4）变速组中的滑移齿轮一般宜布置在主动轴上，因其转速一般比被动轴的转速高，则其上的滑移齿轮的尺寸小，重量轻，操纵省力。

3. 一个变速组中齿轮的轴向布置

1）窄式排列和宽式排列

窄式排列如图 7-28 所示。滑移的齿轮紧靠在一起，大齿轮居中，固定的齿轮分离安装，相隔距离为 $2b+\Delta$（b 为齿轮的齿宽），相邻变速位置的滑移行程也是 $2b+\Delta$，变速组轴向总长度等于相距最远的两固定齿轮外侧距离。双联齿轮变速组窄式排列的总长度为 $B>4b+\Delta$；三联齿轮变速组窄式排列的总长度为 $B>7b+2\Delta$。其中未计入齿轮插齿或滚齿时刀具的越程槽宽度等工艺尺寸。

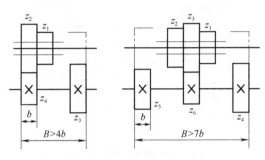

图 7-28　齿轮的窄式排列

宽式排列与窄式排列相反，是固定的齿轮紧靠在一起，大齿轮居中；滑移的齿轮分离安装，两齿轮的内侧距离为 $2b+\Delta$，相邻变速位置的滑移行程仍是 $2b+\Delta$，如图 7-29 所示。双联齿轮变速组宽式排列的总长度是 $B>6b+2\Delta$；三联齿轮变速组宽式排列的总长度为 $B>11b+4\Delta$。

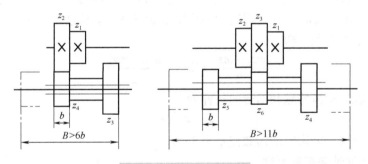

图 7-29　齿轮的宽式排列

2）亚宽式排列

三联滑移齿轮中的两齿轮紧靠在一起，另一齿轮与之分离，分隔距离为 $2b+\Delta$，这种排列的轴向总长度为 $B>9b+3\Delta$，介于宽式、窄式排列之间，故称为亚宽式排列，如图 7-30 所示。亚宽式排列能实现转速从高到低（或由低到高）的顺序变速（图 7-30(a)）；三联滑移齿轮能使滑移的小齿轮越过固定的小齿轮（图 7-30(b)），改变顺利啮合的条件，使滑移的大齿轮、小齿轮的齿数差不小于 4，因此，在大齿轮、次大齿轮齿数差小于 4 时可采用亚宽式排列。

3）滑移齿轮的分组排列

除上述滑移齿轮成一体形式的排列方式外，还可以将三联或四联滑移齿轮拆成两组进行排列，以减少其滑移距离，缩小轴向长度，而且对齿数差也没有什么要求。但是，为了防止这两组齿轮同时进入啮合，须有互锁装置，因此，分组排列操作机构较复杂。

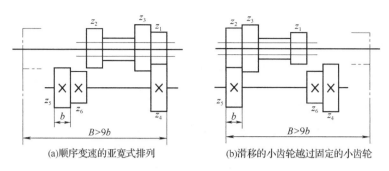

(a)顺序变速的亚宽式排列　　　　　(b)滑移的小齿轮越过固定的小齿轮

图 7-30　齿轮的亚宽式排列

4．相邻两个变速组内齿轮的轴向排列

1) 并行排列

相邻两个变速组的公共传动轴上，从动齿轮和主动齿轮分别安装，主动齿轮安装一端，从动齿轮安装另一端；三条传动轴上的齿轮排列呈阶梯形，其轴向总长度为两变速组轴向长度之和，如图 7-31 所示。这种排列结构简单，应用范围广，但轴向长度较大。

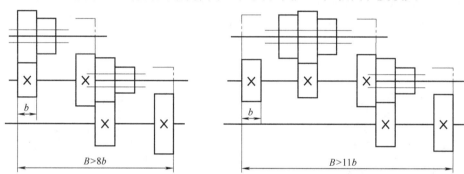

图 7-31　两变速组的并行排列

2) 交错排列

相邻两个变速组的公共传动轴上的主、从动齿轮交替安装，使两变速组的滑移行程部分重叠，从而减短了轴向长度，如图 7-32 所示。为使齿轮顺利滑移啮合，相邻齿轮模数相同时，齿数差应不小于 4，且大齿轮位于外侧。在图 7-32 中，第一变速组有三对齿轮副，窄式排列时轴向长度为 $B_a>7b+2\Delta$；第二变速组有两对齿轮副，窄式排列时轴向长度为 $B_b>4b+\Delta$，两相邻变速组如采用并行排列，则轴向总长度为 $B>11b+3\Delta$。交错排列时，轴 II 上第二变速组 z_{36} 的主动齿轮，比第一变速组 z_{41} 的从动齿轮少 5 个齿，满足齿数差要求；第一变速组中的滑移齿轮 z_{33} 能够越过齿轮 z_{36}，因而将其安装在齿轮 z_{41} 的内侧；主动齿轮 z_{52} 比从动齿轮 z_{48} 多 4 个齿，也满足齿数差要求，安装在从动齿轮 z_{48} 的外侧。第一变速组的齿轮排列中插入了主动齿轮 z_{36}，轴向长度增加一个齿宽，长度变为 $B_a>8b+2\Delta$；第二变速组的齿轮排列中插入了从动齿轮 z_{48}，轴向长度也增加一个齿宽，长度为 $B_b>5b+\Delta$；交错排列的轴向长度为轴 II 的轴向长度 $B>9b+2\Delta$，比并行排列的轴向长度短。

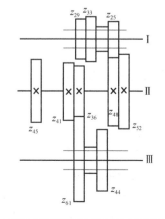

图 7-32　两个变速组的交错排列

3) 公用齿轮传动结构

相邻两个变速组的公共传动轴上，将某一从动齿轮和主动齿轮合二为一，形成既是第一变速组的从动齿轮，又是第二变速组的主动齿轮的单公用齿轮，如图 7-33 所示。两变速组可减少一个齿轮，轴向长度可减短一个齿轮宽度。公用齿轮的应力循环次数是非公用齿轮的两倍，根据等寿命理论，公用齿轮应为变速组中齿数较多的齿轮。因此，公用齿轮常出现于前一级变速组的最小传动比和后一级变速组的最大传动比中。

图 7-33 中，第一变速组的主动齿轮，不满足最大、次大齿轮齿数差的要求，采用了亚宽式排列，从动齿轮 z_{36} 和 z_{33} 之间插入了第二变速组的两主动齿轮 z_{27} 和 z_{17}，致使轴 I 上最大、次大滑移齿轮分离 $2b$；由于第二变速组采用窄式排列，故两主动齿轮 z_{27} 和 z_{17} 间隔为 $2b+\Delta$；第一变速组的从动齿轮 z_{38}（图中有剖面线的齿轮）作为公用齿轮；在第二变速组两主动齿轮 z_{17} 和 z_{38} 之间，插入了第一变速组的从动齿轮 z_{33}，由于 $17<33<38$，齿轮 z_{38} 位于最外侧，齿轮 z_{17} 位于齿轮 z_{33} 内侧，致使第二变速组的最大、最小滑移齿轮分离一个齿宽；两级三联滑移齿轮变速组总的轴向长度为 $B>11b+3\Delta$。

图 7-34 是采用双公用齿轮的传动结构。轴 II 上齿轮 z_{35} 和 z_{23} 为公用齿轮，是最大、最小齿数齿轮，最小公用齿轮为易损件。变速组总的轴向长度与第二变速组的轴向长度相等，为 $B>7b+2\Delta$。

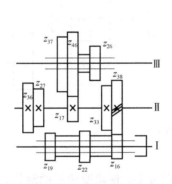

图 7-33　单公用齿轮的交错排列

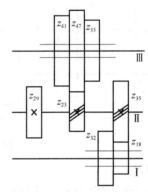

图 7-34　双公用齿轮的交错排列

图中的传动系统为基本组在后，扩大组在前。从级比上可证明这一点，第一变速组的级比为

$$\varphi^{x_a} = \frac{32}{23} \times \frac{35}{18} = 2.71$$

第二变速组的级比为

$$\varphi^{x_b} = \frac{35}{35} \times \frac{41}{29} = 1.41$$

即该传动系统的公比为 1.41，第二变速组为基本组，$P_0 = 3$，第一变速组为第一扩大组。为保证传动精度，具有双公用齿轮的变速系统一般采用变位齿轮。

5. 相啮合齿轮的宽度

在一般情况下，一对相啮合的齿轮，宽度应该是相同的。但是，考虑到操纵机构的定位不可能很精确，拨叉也存在着误差和磨损，使用时往往会发生错位，这时只有部分齿宽参与工作，会使齿轮局部磨损，降低寿命。如果轴向尺寸并不要求很紧凑，可以使小齿轮比相啮合的大齿轮宽 1～2mm。带来的缺点是轴向尺寸有所增加。

6．减小径向尺寸的措施

为了减小变速箱的尺寸，既需缩短轴向尺寸，又要缩短径向尺寸，它们之间往往是互相联系的，应该根据具体情况全局考虑，恰当地解决齿轮布置问题。

有些机床(如卧式镗床和龙门铣床)的变速箱须沿导轨移动，为了减小变速箱对于导轨的倾覆力矩、提高机床的刚度和运动平稳性，变速箱的重心和主轴应尽可能靠近导轨面，这就需力求缩小变速箱的径向尺寸。可通过以下方法缩小径向尺寸。

(1)缩小轴间距离。在强度允许的条件下，尽量选用较小的齿数和，并使齿轮的降速传动比大于最小传动比 1/4，以避免采用过大的齿轮。这样，既缩小了本变速组的轴间距离，又不致妨碍其他变速组轴间距离的缩小。

(2)采用轴线相互重合。在相邻变速组的轴间距离相等的情况下，可将其中两根轴布置在同一轴线上，则径向尺寸可大为缩小，而且减少了箱体上孔的排数，箱体孔的加工工艺性也得到改善。

(3)合理安排变速箱内各轴的位置。在不发生干涉的条件下，尽可能安排得紧凑一些。

习题与思考题

7-1　设计机床主传动系统应满足的基本要求有哪些？

7-2　分级变速主传动系统设计的主要任务是什么？

7-3　简述转速图的概念及包含的内容。

7-4　简述主传动链转速图的拟定原则。

7-5　图 7-35 为某机床传动系统的转速图。①请给出该传动系统结构式。②设轴Ⅰ-Ⅱ之间为第一变速组，轴Ⅱ-Ⅲ之间为第二变速组，轴Ⅲ-Ⅳ之间为第三变速组，请判断谁为基本组，谁为第一扩大组，谁为第二扩大组。并说明原因。③已知公比 $\varphi=1.41$，计算每个变速组的变速范围和主轴的总变速范围。④如果主轴的计算转速为 125r/min，则轴Ⅲ的计算转速为多少？如果主轴的计算转速为 250r/min，则轴Ⅲ的计算转速应为多少？

7-6　某机床主轴转速 n 要求为 100、140、200、280、400、560、800、1120，电动机转速为 1440r/min，试设计该机床传动系统的结构式、转速图，并设计给出各传动比中具体的齿轮齿数或带轮直径。

7-7　简述进给传动系统应满足的基本要求。

7-8　简述直线伺服电动机的工作原理。

7-9　提高传动精度的途径有哪些？

7-10　滚珠丝杠螺母副的特点有哪些？

7-11　变速组内齿轮齿数的确定原则是什么？

7-12　机床主传动的布局有几种，各有什么优缺点？

7-13　机床滑移齿轮的轴向布置原则是什么？

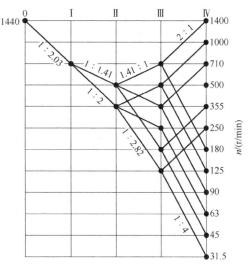

图 7-35　题 7-5 图

第8章 机床主要部件设计

本章知识要点

(1)掌握主轴组件应满足的基本要求及主轴轴承的选择。

(2)掌握主轴组件的传动方式、传动件的布置和主轴主要尺寸参数的确定方法。

(3)掌握支承件的设计要求与方法。

(4)掌握导轨的设计要求与方法。

8.1 主轴组件设计

主轴组件由主轴、主轴轴承、传动件、密封件等组成。主轴组件是机床的执行件,它的功用是支承并带动工件或刀具,完成表面成型运动,同时还起传递运动和转矩、承受切削力和驱动力等载荷的作用。由于主轴组件的工作性能直接影响机床的加工质量和生产率,因此它是机床中的一个关键组件。

主轴和一般传动轴的相同点是,两者都传递运动、转矩并承受传动力,都要保证传动件和支承的正常工作条件。但主轴直接承受切削力,还要带动工件或刀具实现表面成型运动,因此对主轴组件有较高的要求。

8.1.1 主轴组件的基本要求

对主轴组件总的要求是,保证在一定的载荷与转速下,带动工件或刀具精确而稳定地绕其轴心旋转,并长期保持这种性能。为此,主轴组件应满足相应的基本要求。

1. 旋转精度

主轴组件的旋转精度是指机床处于空载、低速旋转情况下,在主轴前端安装工件或刀具的基准面上所测得的径向跳动、端面跳动和轴向窜动的大小。主轴旋转精度是主轴组件工作质量最基本的指标,也是机床的一项主要精度指标,它直接影响被加工零件的几何精度和表面粗糙度。如车床卡盘的定心轴颈与锥孔中心线的径向跳动会影响加工的圆度,而轴向窜动则在加工螺纹时会影响螺距的精度。

主轴的旋转精度取决于主轴、轴承、箱体孔等的制造、装配和调整精度。影响主轴旋转精度的主要因素有:滑动轴承或滚动轴承滚道的圆度误差、滚动轴承内外环与滚道的同轴度误差、滚子的形状和尺寸误差、滑动轴承的间隙、滚动轴承的游隙、轴承定位端面与轴心线垂直度误差、轴承端面之间的平行度误差及锁紧螺母端面的跳动等,都会降低主轴的旋转精度。

通用机床主轴组件的旋转精度已有统一的精度检验标准,专用机床主轴组件的旋转精度则应根据工件精度要求确定。

必须指出，提高轴承精度是提高主轴组件旋转精度的前提条件，但只有同时提高主轴、支承座孔以及有关零件精度时，才可能获得较高的旋转精度。

2．静刚度

静刚度，简称刚度，反映了机床或部、组、零件在静载荷作用下抵抗变形的能力。

主轴组件的刚度通常以主轴端部产生单位位移弹性变形时，位移方向上所施加的力来表示。如图 8-1 所示，当外伸端受径向力 F，受力方向上的弹性位移为 δ 时，主轴的刚度 K 为

$$K = \frac{F}{\delta}$$

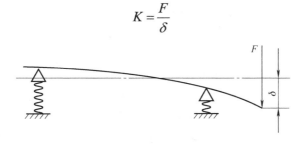

图 8-1　主轴组件的刚度

主轴组件的刚度是主轴、轴承和支承座刚度的综合反映，它直接影响主轴组件的工作质量。如主轴前端弹性变形直接影响工件的加工精度；主轴的弯曲变形将恶化传动齿轮的啮合状况，并使轴承产生侧边压力，使这些零件的磨损加剧、寿命缩短；主轴组件的刚度不足，将使主轴在变化的切削力和传动力等作用下产生过大的受迫振动，并容易引起切削自激振动，降低工作的平稳性。

影响主轴刚度的因素很多，如主轴的尺寸和形状，滚动轴承的型号、数量、预紧和配置形式，前后支承的距离和主轴前端的悬伸量，传动件的布置方式，主轴组件的制造和装配质量等。目前，对主轴组件尚无统一的刚度标准。

3．抗振性

主轴组件的抗振性是指抵抗受迫振动和自激振动的能力。在切削过程中，主轴组件不仅受静态力的作用，同时也受冲击力和交变力的干扰而产生振动。冲击力和交变力是由材料硬度不均匀、加工余量的变化、主轴组件不平衡、轴承或齿轮存在缺陷以及切削过程中的颤振等引起的。主轴组件的振动会直接影响工件的表面加工质量和刀具的使用寿命，产生噪声。机床向高速、高精度方向发展，对抗振性要求越来越高。抗振性是机床的重要性能指标，但目前抗振性的指标尚无统一标准，设计时可在统计分析的基础上结合实验进行确定。

影响抗振性的因素主要有主轴组件的静刚度、质量分布和阻尼(特别是主轴前轴承的阻尼)。主轴的固有频率应远大于激振力的频率，以使它不易发生共振。

4．温升与热变形

主轴组件工作时，因各相对运动处的摩擦生热，切削区的切削热等使主轴组件的温度升高，形状和位置发生变化，造成主轴组件的热变形。主轴组件受热伸长，使轴承间隙发生变化；温升使润滑油黏度下降，降低了滑动轴承的承载能力；主轴箱因温升而变形，使主轴偏离正确位置；前后轴承温度不同，还会导致主轴轴线倾斜。这些变化都会影响主轴组件的工作性能，降低加工精度。因此，各种类型的机床对温升都有一定的限制。如高精度机床，连续运转下的允许温升为 8～10℃，精密机床的为 15～20℃，普通机床的为 30～40℃。

由于受热膨胀是材料固有的性质，因此，高精密机床(如坐标镗床、高精度镗铣加工中心

等)要进一步提高加工精度，往往受热变形的限制。如何减少主轴组件的发热，如何控温，是高精度机床主轴组件研究的重要课题之一。

5. 精度保持性

主轴组件的精度保持性是指长期保持其原始制造精度的能力。主轴组件丧失其原始精度的主要原因是磨损，如主轴轴承、主轴轴颈表面、装夹工件或刀具的定位表面的磨损。磨损的速度与磨损的种类有关，与结构特点、表面粗糙度、材料的热处理方式、润滑、防护及使用条件等许多因素有关。所以要长期保持主轴组件的精度，必须提高其耐磨性。对耐磨性影响较大的因素有主轴的材料、轴承的材料、热处理方式、轴承类型及润滑防护方式等。

6. 其他要求

主轴组件除应保证上述基本要求外，还应满足下列要求。

(1)主轴的定位可靠。主轴在切削力和传动力的作用下，应有可靠的径向和轴向定位，使主轴在工作时所受到的切削力和传动力通过轴承可靠地传至箱体等基础零件上。

(2)主轴前端结构应保证工件或刀具装夹可靠，并有足够的定位精度。

(3)结构工艺性好。在保证好用的基础上，尽可能地做到好造、好装、好拆及好修，并尽可能降低主轴组件的成本。

8.1.2　主轴组件的传动方式

主轴组件的传动方式主要有齿轮传动、带传动、电动机直接驱动等。主轴传动方式的选择主要取决于主轴的转速、所传递的转矩、对运动平稳性的要求以及结构紧凑、装卸维修方便等要求。

1) 齿轮传动

齿轮传动的特点是结构简单、紧凑，能传递较大的转矩，能适应变转速、变载荷工作，应用最广。其缺点是线速度不能过高，通常小于 $12\sim15m/s$，不如带传动平稳。

2) 带传动

由于各种新材料及新型传动带的出现，带传动的应用日益广泛。常用的有平带、V 带、多楔带和同步齿形带等。带传动的特点是靠摩擦力传动(除同步齿形带外)、结构简单、制造容易、成本低，特别适用于中心距较大的两轴间传动。带有弹性，可吸振，传动平稳，噪声小，适宜高速传动。带传动在过载中会打滑，能起到过载保护作用。缺点是有滑动，不能用在速比要求准确的场合。

同步齿形带无相对滑动，传动比准确，传动精度高；采用伸缩率小、抗拉抗弯曲疲劳强度高的承载绳，如钢丝、聚酰纤维等，因此强度高，可传递超过 100kW 以上的动力；厚度小、质量小、传动平稳、噪声小，适用于高速传动，可达 $50m/s$；无须特别张紧，对轴和轴承压力小，传动效率高；不需要润滑，耐水耐腐蚀，能在高温下工作，维护保养方便；传动比大，可达 1∶10 以上。缺点是制造工艺复杂，安装条件要求高。

3) 电动机直接驱动

如果主轴转速不算太高，则可采用普通异步电动机直接带动主轴，如平面磨床的砂轮主轴。如果转速很高，可将主轴与电动机制成一体，成为主轴单元，电动机转子轴就是主轴，电动机座就是机床主轴单元的壳体。主轴单元大大简化了结构，有效地提高了主轴组件的刚度，降低了噪声和振动；有较宽的调速范围；有较大的驱动功率和转矩；便于组织专业化生产。因此,广泛地用于精密机床、高速加工中心和数控车床中。

8.1.3 主轴滚动轴承

轴承是主轴组件的重要组成部分,其类型、配置形式、精度、安装调整、润滑和冷却等状况,都直接影响主轴组件的工作性能。机床上常用的主轴轴承有滚动轴承和滑动轴承两大类。

1. 主轴轴承的选择

从旋转精度来看,两大类轴承都能满足要求。与滑动轴承相比,滚动轴承的优点如下。

(1)滚动轴承能在转速和载荷变化幅度很大的条件下稳定地工作。

(2)滚动轴承能在无间隙,甚至在预紧(有一定过盈量)的条件下工作。

(3)滚动轴承润滑容易,可以用脂,一次装填一直用到修理时才换脂;如果用油润滑,单位时间所需的油量也远比滑动轴承少。

(4)滚动轴承是由专门生产厂大批量生产,可以外购,质量稳定,成本低,经济性好。

滚动轴承的缺点如下。

(1)滚动体数量有限,所以滚动轴承在旋转中的径向刚度是变化的,这是引起振动的原因之一。

(2)滚动轴承的摩擦力大,阻尼较低。

(3)滚动轴承的径向尺寸比滑动轴承大。

根据上述分析,在一般情况下应尽量采用滚动轴承。特别是大多数立式主轴,用滚动轴承可以采用脂润滑以避免漏油。只有要求加工表面粗糙度数值较小,主轴又是水平的机床,如外圆和平面磨床、高精度车床等才用滑动轴承。主轴组件的抗振性主要取决于前轴承,因此,也有的主轴前支承采用滑动轴承,后支承和推力轴承采用滚动轴承。表 8-1 列出了滚动轴承与滑动轴承的比较,供选用时参考。

表 8-1 滚动轴承与滑动轴承的比较

基本要求	滚动轴承	滑动轴承	
		动压轴承	静压轴承
旋转精度	精度一般或较差,可在无间隙或预加载荷下工作。精度也可以很高,但制造很困难	单油楔轴承一般,多油楔轴承较高	可以很高
刚度	仅与轴承型号有关,与转速、载荷无关。预紧后可提高一些	随转速和载荷升高而增大	与节流形式有关,与载荷、转速无关
承载能力	一般为恒定值,高速时受材料疲劳强度限制	随转速增加而增加,高速时受温升限制	与油腔相对压差有关,不计动压效应时与速度无关
抗振性能	不好。阻尼系数约为 0.029	较好。阻尼系数约为 0.055	很好。阻尼系数约为 0.4
速度性能	高速时受疲劳强度和离心力限制,低中速性能较好	中高速性能较好。低速时形不成油膜,无承载能力	适用于各种转速
摩擦功耗	一般较小,润滑调整不当时则较大,摩擦因数 $f=0.002\sim0.008$	较小,摩擦因数 $f=0.001\sim0.008$	本身功耗小,但有相当大的泵功耗,摩擦因数 $f=0.0005\sim0.001$
噪声	较大	无噪声	本身无噪声,泵有噪声
寿命	受疲劳强度限制	在不频繁起动时,寿命较长	本身寿命无限,但供油系统的寿命有限

2. 主轴滚动轴承的类型选择

机床主轴较粗,主轴轴承的直径较大,轴承所承受的载荷远小于其额定动载荷,约为1/10。因此,一般情况下,承载能力和疲劳寿命不是选择主轴轴承的主要依据。

主轴轴承应根据刚度、旋转精度和极限转速来选择。为了提高精度和刚度,主轴轴承的间隙应该是可调的,这是主轴轴承主要的特点。线接触的滚子轴承比点接触的球轴承刚度高,但一定温升下允许的转速较低。

机床上常用的滚动轴承有下列几种。

1) 角接触球轴承

接触角 α 是球轴承的一个主要设计参数。接触角是滚动体与滚道接触点处的公法线与主轴轴线垂直平面间的夹角,如图 8-2 所示。

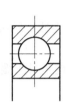 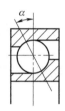 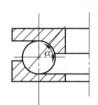 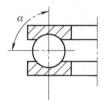

(a)$\alpha=0°$ 深沟球轴承 (b)$0°<\alpha\leqslant45°$ 角接触球轴承 (c)$45°<\alpha\leqslant90°$ 推力角接触球轴承   (d)$\alpha=90°$ 推力球轴承

图 8-2 各类球轴承的接触角

当 $\alpha=0°$ 时,称为深沟球轴承(6000 型),主要用来承受径向力。也能承受一些轴向力,轴向位移限制在轴向游隙范围内,不能调整间隙,承载能力较差,允许极限转速高。常用于精度和刚度要求不高的场合,如钻床主轴。

当 $0°<\alpha\leqslant45°$ 时,称为角接触球轴承(7000 型),这种轴承既可承受径向载荷,又可承受一定的单向轴向载荷,轴向负荷能力随接触角的增大而增大,常用的接触角为 15°(7000C 系列)和 25°(7000AC 系列)。7000C 系列允许转速高,但轴向刚度较低,常用于高速、轻载的机床主轴,如磨床主轴或不承受轴向载荷的车、镗、铣床主轴后轴承;7000AC 系列轴向刚度高,但径向刚度和允许转速略低,多用于车、镗、铣、加工中心等机床的主轴。

当 $45°<\alpha\leqslant90°$ 时,称为推力角接触球轴承。

当 $\alpha=90°$ 时,称为推力球轴承。

为了提高刚度和承载能力,角接触球轴承可以多个组合使用。图 8-3(a)、(b)、(c)为三种基本组合方式,图 8-3(a)为背靠背组合,图 8-3(b)为面对面组合,图 8-3(c)为同向组合。这三种方式,两个轴承都共同承担径向载荷,图 8-3(a)和图 8-3(b)可承受双向轴向载荷,图 8-3(c)只能承受一个方向的轴向载荷,但承载能力较大,轴向刚度较高。从图中可知,背靠背组合的支点(接触线与轴线的交点)间距大,所以支承刚度比面对面组合的高。轴承工作时,滚动体与内外圈摩擦产生热量,使轴承温度升高。由于轴承的外圈装在箱体上,散热条件比内圈好,所以,内圈的温度将高于外圈。径向膨胀的结果将使过盈量增加。但是,背靠背组合时轴向膨胀将使过盈量减少,可部分补偿径向变形导致的过盈增加。面对面组合则因轴向伸长而使轴承过盈量进一步增加。基于上述两个理由,在主轴上,角接触球轴承应为背靠背组合。另外,这种轴承还可以三联组合,如图 8-3(d)所示,前两个轴承同向组合,接触线朝前,后轴承与之背靠背。数控机床主轴的角接触球轴承采用三联组合安装。

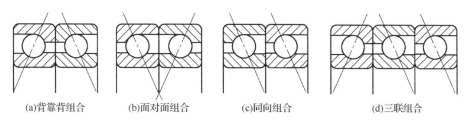

(a)背靠背组合　　　(b)面对面组合　　　(c)同向组合　　　　(d)三联组合

图 8-3　角接触球轴承的组合

2)双列圆柱滚子轴承

双列圆柱滚子轴承的特点是：内圈有 1：12 的锥孔，与主轴的锥形轴颈相配合，轴向移动内圈，可以把内圈胀大，用来调整轴承的径向间隙和预紧；轴承的滚动体为滚子，能承受较大的径向载荷和较高的转速；轴承有两列滚子，滚子直径小，数量多，具有较高的刚度，且两列滚子交错布置，减小了刚度的变化量；只能承受径向载荷。

双列圆柱滚子轴承有两种类型，如图 8-4(a)和(b)所示。图 8-4(a)的滚道挡边开在内圈上，滚动体、保持架和内圈成为一体，外圈可分离；图 8-4(b)则相反，滚道挡边开在外圈上，滚动体、保持架和外圈成为一体，内圈可分离，可以将内圈装上主轴后再精磨滚道，进一步减小内圈滚道与主轴旋转轴心的同轴度误差，提高旋转精度。图 8-4(a)为特轻型，编号为 NN3000K 系列。图 8-4(b)为超轻型，编号为 NNU4900K 系列，其外径比图 8-4(a)小些，且只有大型，最小内径 100mm。

这种轴承多用于载荷较大、刚度要求较高、中等转速的场合。

3)双向推力角接触球轴承

这种轴承与双列圆柱滚子轴承配套使用，用于承受轴向载荷，如图 8-5 所示。修磨隔套 3 的厚度就能消除间隙和预紧。它的公称外径与同孔径的双列圆柱滚子轴承相同，但外径公差带在零线的下方，与箱体孔之间有间隙，所以不承受径向载荷，专作推力轴承使用。轴承型号为 234400，接触角为 60°，轴承外圈开有油槽和油孔，以利于润滑油进入轴承，极限转速高。

这种轴承的主要优点是承载能力大，刚度高；允许转速高，温升较低；抗振性较好。适用于轴向载荷较大的高速、精密机床主轴组件。

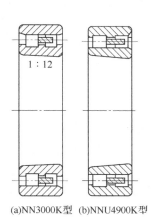

(a)NN3000K型　　(b)NNU4900K型

图 8-4　双列圆柱滚子轴承

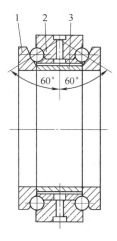

图 8-5　双向推力角接触球轴承

1-内圈；2-外圈；3-隔套

4) 圆锥滚子轴承

圆锥滚子轴承有单列（图 8-6（a））和双列（图 8-6（b））两类。

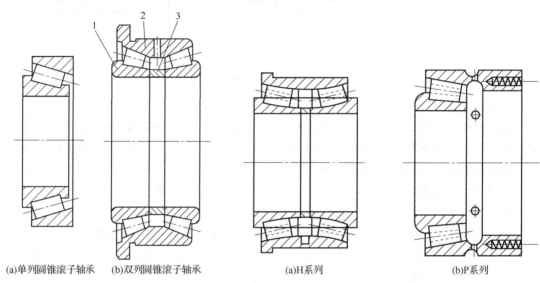

(a)单列圆锥滚子轴承　　(b)双列圆锥滚子轴承　　　　　(a)H系列　　　　　　　　(b)P系列

图 8-6　圆锥滚子轴承　　　　　　　　　　图 8-7　加梅轴承

1-内圈；2-外圈；3-隔套

单列圆锥滚子轴承可以承受径向载荷和一个方向的轴向载荷。双列圆锥滚子轴承能承受径向载荷和两个方向的轴向载荷。双列圆锥滚子轴承由外圈 2、两个内圈 1 和隔套 3 组成，修磨隔套 3 就可以调整间隙或进行预紧。双列圆锥滚子轴承是背靠背的角接触轴承，支点距离大，线接触，滚子数量多，刚度和承载能力大，适用于中低速、中等以上载荷的机床主轴前支承。

但是，圆锥滚子轴承的滚子大端与内圈挡边为滑动摩擦，发热较多，故允许的转速较低。为了解决这个问题，法国 Gamet 公司开发了空心滚子的圆锥滚子轴承，如图 8-7 所示。图 8-7（a）所示为 H 系列，用于前支承；图 8-7（b）所示为 P 系列，与 H 系列配套使用，用于后支承。这类轴承的滚子是中空的，润滑油可以从中流过，冷却滚子，降低温升，并有一定的减振效果。H 系列的两列滚子数目相差一个，使两列刚度变化频率不同，改善了动态特性，抑制了振动；P 系列的外圈上有弹簧（16～20 根），用作自动调整间隙和预紧。但是，这种轴承必须用油润滑，这就限制了它的使用，如难以用于立式主轴。

5) 推力轴承

推力轴承只能承受轴向载荷，它的轴向承载能力和刚度较大。推力轴承在转动时滚动体产生较大的离心力，挤压在滚道的外侧。由于滚道深度较小，为防止滚道的激烈磨损，推力轴承允许的极限转速较低。

此外，为适应新型数控机床对高转速的要求，在某些数控机床上采用了陶瓷滚动轴承和磁悬浮轴承等新型轴承。

陶瓷材料密度小、线膨胀系数小、弹性模量大。在高转速下，陶瓷滚动轴承与钢制滚动轴承相比，其重量轻，作用在滚动体上的离心力较小，从而使其压力和滑动摩擦也较小，且温升较低，刚度大。常用的陶瓷滚动轴承有仅滚动体用陶瓷材料制成、滚动体和内圈用陶瓷材料制成、滚动体和内外圈均用陶瓷材料制成三种。前两种类型适用于高速、超高速、精密机床的主轴组件，后一种类型适用于要求耐高温、耐腐蚀、非磁性、绝缘或要求减轻重量和超高速机床的主轴组件。

磁悬浮轴承是利用磁力来支承运动部件实现轴承功能的，其工作原理如图 8-8 所示，它由转子、定子等组成。转子和定子均为铁磁材料，转子压入回转轴承回转筒中，工作时定子线圈产生磁场，将转子悬浮起来，四个位置传感器连续检测转子的位置，如果转子中心发生偏离，则位置传感器将测得的偏差信号输送给控制装置，通过控制装置调整定子线圈的励磁功率，以保证转子中心回到要求的中心位置。

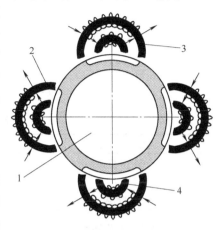

图 8-8　磁悬浮轴承的工作原理

1-转子；2-定子；3-电磁铁；4-位置传感器

3．轴承的精度选择

机床主轴轴承的精度有 P2、P4、P5、P6 级和 SP、UP 级。SP 和 UP 级轴承的旋转精度，分别相当于 P4 和 P2 级，而内、外圈的尺寸精度比旋转精度低一级，分别相当于 P5 和 P4 级。这是因为轴承的工作精度主要取决于旋转精度，箱体孔和主轴支承轴颈是根据一定的间隙及过盈要求配作的，因此，轴承内、外径的公差即使略宽也并不影响工作精度，但是却可以降低成本。

切削力方向固定不变的主轴，如车床、铣床、磨床等，通过滚动体，始终间接地与切削力方向上的外圈滚道表面的一条线（线接触轴承）或一点（球轴承）接触，由于滚动体是大批量生产的，且直径小，圆柱度误差小，其圆度误差可忽略，因此，决定主轴旋转精度的是轴承内圈径向跳动，即内圈滚道表面相对于轴承内径轴线的同轴度。切削力方向随主轴旋转同步变化的主轴，如镗床和镗铣加工中心主轴，主轴支承轴颈的某一条线或点间接地与半径方向上的外圈滚道表面对应的线或点接触，影响主轴旋转精度的因素为轴承内圈的径向跳动，滚动体的圆度误差、外圈的径向跳动。由于轴承内圈滚道直径小，且滚道外表面磨削精度高，因而误差较小，主轴旋转精度主要取决于外圈的径向跳动，即外圈滚道表面相对于轴承外径轴线的同轴度。推力轴承影响主轴旋转精度（轴向跳动）的最大因素是动圈支承面的轴向跳动。

前、后轴承的精度对主轴旋转精度的影响是不同的。图 8-9（a）表示前轴承轴心有偏移 δ_A（径向跳动的一半），后轴承偏移为零的情况。这时反映到主轴端部轴心的偏移量 δ_1 为

$$\delta_1 = \left(1 + \frac{a}{L}\right)\delta_A$$

式中，a 为主轴悬伸量，mm；L 为主轴两支承支点之间的距离，mm。

图 8-9（b）表示后轴承的轴心偏移为 δ_B，前轴承偏移为零的情况。这时主轴端部产生的轴心偏移量 δ_2 为

$$\delta_2 = \frac{a}{L}\delta_B$$

这说明前轴承的精度对主轴的影响较大，因此，前轴承的精度应比后轴承高一些。

切削力方向固定不变的机床，根据不同精度等级，主轴轴承精度选择可参考表 8-2。数控机床可按精密或高精密级选择。切削力方向随主轴旋转而同步变化的主轴，轴承按外圈径向

跳动选择。由于外径尺寸较大，相同精度时误差大，若保持径向跳动值不变，可按内圈高一级的轴承精度选择。

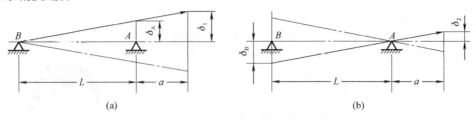

图 8-9　前、后轴承轴心偏移对主轴端部的影响

表 8-2　主轴滚动轴承的精度

机床精度等级	前轴承	后轴承
普通精度级	P5 或 P4(SP)	P5 或 P4(SP)
精密级	P4(SP) 或 P2(UP)	P4(SP)
高精密级	P2(UP)	P2(UP)

轴承的精度不但影响主轴组件的旋转精度，而且也影响刚度和抗振性。随着机床向高速、高精度发展，目前普通机床主轴轴承都趋向于取 P4(SP) 级，P6 级轴承在新设计的机床主轴组件中已很少采用。

4．轴承刚度

轴承存在间隙时，只有切削力方向上的少数几个滚动体承载，径向承载能力和刚度极低。轴承零间隙时，在外载作用下，轴线沿 F_r 方向的变形为 δ_r，F_r 对应的半圈滚动体承载，处于外载作用线上的滚动体受力最大，其载荷 Q_r 是滚动体平均载荷的 5 倍，滚动体的载荷随着与外载作用线距离的增大而减小。轴承受轴向载荷时，各滚动体承受的轴向力 Q_a 相等。滚动体受力方向在接触线上。当接触角为 α，滚动体列数为 i，单列滚动体个数为 z 时，轴承所承受的径向力、轴向力分别为 F_r、F_a，零间隙时单个滚动体所承受的最大径向载荷 Q_r、轴向载荷 Q_a 分别为

$$Q_r = \frac{5F_r}{iz\cos\alpha}$$

$$Q_a = \frac{F_a}{z\sin\alpha}$$

对于点接触的球轴承，钢球直径为 d_b，在外载荷作用下轴承的变形为

$$\delta_r = \frac{0.436}{\cos\alpha}\sqrt[3]{\frac{Q_r^2}{d_b}}$$

$$\delta_a = \frac{0.436}{\sin\alpha}\sqrt[3]{\frac{Q_a^2}{d_b}}$$

式中，δ_r、δ_a 分别为径向和轴向变形，μm。

对于线接触的滚子轴承，滚子的有效长度(等于滚子长度扣除两端的倒角)为 l_a，在外载荷作用下的变形为

$$\delta_r = \frac{0.077Q_r^{0.9}}{\cos\alpha\, l_a^{0.8}}$$

$$\delta_{\mathrm{a}} = \frac{0.077 Q_{\mathrm{a}}^{0.9}}{\sin \alpha \, l_{\mathrm{a}}^{0.8}}$$

零间隙时球轴承的刚度为

$$K_{\mathrm{r}} = \frac{\mathrm{d}F_{\mathrm{r}}}{\mathrm{d}\delta_{\mathrm{r}}} = 1.18 \sqrt[3]{F_{\mathrm{r}} d_{\mathrm{b}} (iz)^2 (\cos \alpha)^5}$$

$$K_{\mathrm{a}} = \frac{\mathrm{d}F_{\mathrm{a}}}{\mathrm{d}\delta_{\mathrm{a}}} = 3.44 \sqrt[3]{F_{\mathrm{a}} d_{\mathrm{b}} z^2 (\sin \alpha)^5}$$

滚子轴承的刚度为

$$K_{\mathrm{r}} = \frac{\mathrm{d}F_{\mathrm{r}}}{\mathrm{d}\delta_{\mathrm{r}}} = 3.39 F_{\mathrm{r}}^{0.1} l_{\mathrm{a}}^{0.8} (iz)^{0.9} (\cos \alpha)^{1.9}$$

$$K_{\mathrm{a}} = \frac{\mathrm{d}F_{\mathrm{a}}}{\mathrm{d}\delta_{\mathrm{a}}} = 14.43 F_{\mathrm{a}}^{0.1} l_{\mathrm{a}}^{0.8} z^{0.9} (\sin \alpha)^{1.9}$$

式中，K_{r}、K_{a} 分别为径向和轴向刚度，N/μm。

几种常用轴承的 d_{b}、z、l_{a} 见表 8-3。

表 8-3　常用轴承的滚动体数据

轴承内径/mm		50	60	70	80	90	100	110	120	140	160
角接触球轴承	z	18	18	19	20	20	20	20	20		
7000C 和 7000AC 系列	d_{b}	8.731	10.716	12.303	12.7	14.233	15.875	17.463	19.05		
双向推力角接触球轴承	z				26	28	28	28	30	30	30
234400 系列	d_{b}				10	11	11.113	13.494	13	15.875	18
双列圆柱滚子轴承	iz				52	54	60	52	50	56	52
NN3000K 系列	l_{a}				9	10	10	12.8	13.8	14.8	16.6

从上述公式可以看出，滚动轴承的刚度不是一个定值，而是载荷的函数，它随载荷的增加而增大。计算轴承刚度时，如外载荷无法确定，可取该轴承额定动载荷的 1/10 作为轴承的载荷。

对于滚子轴承，刚度与载荷的 0.1 次幂成正比，载荷对刚度的影响较小。因此，计算刚度时可不考虑预紧载荷。对于球轴承，刚度与载荷的 1/3 次幂成正比，预紧力对刚度的影响较大，计算刚度时应考虑预紧力。存在轴向预紧力 F_{a0} 时的径向和轴向载荷分别为

$$F_{\mathrm{r}} = F_{\mathrm{re}} + F_{a0} \cot \alpha$$

$$F_{\mathrm{a}} = F_{\mathrm{ae}} + F_{a0}$$

式中，F_{re}、F_{ae} 分别为径向和轴向外载荷，N。

因此，主轴轴承通常采用预加载荷的办法消除间隙，并产生一定的过盈量，使滚动体与滚道之间产生一定的预压力和弹性变形，增大接触面，使承载区扩大到整圈，各滚动体受力均匀。显然，轴承合理预紧可提高其刚度和寿命，提高主轴的旋转精度和抗振性，降低噪声。预紧有径向和轴向两种。预紧量要根据载荷和转速来确定，不能过大，否则预紧后发热增大，磨损加快，其寿命、承载能力和极限转速均下降。预紧力或预紧量用专门仪器进行测量。

预紧力通常分为三级：轻预紧、中预紧和重预紧，代号为 A、B、C。轻预紧适用于高速主轴；中预紧适用于中、低速主轴；重预紧适用于分度主轴。角接触球轴承是通过内外圈轴向错位实现预紧的；双联或三联组配轴承是通过改变轴承间的隔套宽度或修磨内外圈宽度实

现预紧的。带锥孔的双列圆柱滚子轴承是通过移动轴承内圈，使其锥孔与轴颈外锥面作相对移动，从而使内圈产生径向弹性变形来调整轴承的间隙或过盈量。

5. 轴承转速

轴承是以 $d_m n$ 值(单位为 mm·r/min)作为衡量转速性能指标的。d_m 是轴承的中径，是内径与外径的平均值，n 为转速。$d_m n$ 值与滚动体的公转线速度成正比。同样的内径，不同的直径系列(轻、特轻、超轻等系列)，外径是不同的。因此，$d_m n$ 值同时反映了转速、内径和直径系列。

轴承都规定了极限转速，这是指普通精度级轴承，在轻负荷下运转，达到规定稳定温度时的转速。这些条件各厂都有自己的规定，且一般不公开。主轴轴承的使用条件与轴承厂的测试条件不一定一致，故规定的极限转速只能供参考。

轴承的最高转速取决于轴承的类型、负荷、间隙的调整、允许的温升、选用的润滑剂和润滑方式，可通过实验决定。

6. 轴承的寿命

决定轴承寿命的是疲劳点蚀和磨损降低精度。对于重载或高速主轴，轴承失效可能是由于表层疲劳。对于一般机床，由于主轴较粗，载荷相对来说不大，往往以磨损后精度下降作为失效的依据。如果某一主轴轴承规定精度为 P4 级，经使用后因磨损，其跳动值已经降为 P5 级，这时轴承就认为应该更换了，虽然尚未产生疲劳点蚀现象。这时决定主轴滚动轴承寿命的是精度，失效的原因是磨损。

7. 滚动轴承的润滑和密封

润滑的目的是减少摩擦与磨损、延长寿命，也起到冷却、吸振、防锈和降低噪声的作用。常用的润滑剂有润滑油、润滑脂和固体润滑剂。通常，速度较低、工作负荷较大时用脂润滑，速度较高、负荷较小时用油润滑。对于角接触滚动轴承，由于转动离心力的甩油作用，润滑油必须从小端进油，否则润滑油很难进入轴承中的工作表面。

轴承密封的作用是防止润滑油外流，以免增加耗油量，影响外观和污染工作环境；防止外界灰尘、金属屑末、冷却液等杂质浸入而损坏轴承及恶化工作条件。脂润滑轴承的密封作用主要是防止外界杂质浸入而引起磨损破坏作用，同时也要防止润滑油混入润滑脂，使之稀释后甩离轴承，失去润滑效果。

主轴滚动轴承密封主要分为接触式和非接触式两类。接触式可分为径向密封圈和毛毡密封圈；非接触式又分为间隙式、曲路式和垫圈式密封。选择密封形式应根据轴的转速、轴承润滑方式、轴承的工作温度、外界环境及轴端结构特点等因素综合考虑。接触式密封在旋转件与密封件间有摩擦，发热严重，适用于低速主轴。非接触式密封的发热小，密封件寿命长，能适应各种转速，应用广泛。为了提高密封效果，减小主轴箱内、外压力差，可在箱体高处设置通气孔。

8.1.4　主轴组件结构设计

1. 主轴组件的支承数目

多数机床的主轴采用前、后两个支承。卧式铣床的主轴即典型的两支承方式，如图 7-24 所示，这种方式结构简单，制造装配方便，容易保证精度。为提高主轴组件的刚度，前后支承应消除间隙或预紧。

为提高刚度和抗振性，有的机床主轴采用三个支承。三个支承中可以前、后支承为主要支承，中间支承为辅助支承，CA6140 型车床的主轴采用该方式；也可以前、中支承为主要支承，后支承为辅助支承。三支承方式对三个支承孔的同轴度要求较高，制造装配较复杂。主要支承也应消除间隙或预紧，辅助支承则应保留一定的径向游隙或选用较大游隙的轴承。由于三个轴颈和三个箱体孔不可能绝对同轴，所以三个轴承不能都预紧，以免发生干涉，恶化主轴的工作性能，使空载功率大幅度上升和轴承温升过高。

2. 主轴传动件位置的布置

1) 传动件在主轴上轴向位置的合理布置

合理布置传动件在主轴上的轴向位置，可以改善主轴的受力情况，减小主轴变形，提高主轴的抗振性。合理布置的原则是传动力引起的主轴弯曲变形要小，引起主轴前端在影响加工精度敏感方向上的位移要小。

多数主轴采用齿轮传动。齿轮可以位于两个支承之间，也可以位于前、后支承外侧。齿轮在两支承之间时，应尽量靠近前支承，若主轴上有多个齿轮，则大齿轮靠近前支承。由于前支承直径大、刚度高，大齿轮靠近前支承可减少主轴的弯曲变形，且转矩传递长度短，扭转变形小。大多数机床都采用这种布局。齿轮位于前支承外侧时，转矩传递长度更短，但增加了主轴的悬伸长度，结构较复杂。这种布局一般只适用于大型机床，如大型普通车床、立式车床等的主轴组件。齿轮位于后支承外侧时，前后支承能获得理想的支承跨距，支承刚度高，前后支承距离较小，加工方便，容易保证其同轴度，为了提高动刚度，限制最大变形量，可在齿轮外侧增加辅助支承。

带传动装置通常安装在后支承的外侧，以防止油类的侵蚀和便于胶带更换。为了改善主轴的受力变形情况，有时采用卸荷式结构。

2) 驱动主轴的传动轴位置的合理布置

主轴受到的驱动力相对于切削力的方向，取决于驱动主轴的传动轴位置。应尽可能将该驱动轴布置在合适的位置，使驱动力引起的主轴变形可抵消一部分因切削力引起的主轴前端精度敏感方向上的位移。

3. 推力轴承位置配置形式

主轴一般受两个方向的轴向载荷，需至少配置两个相应的推力轴承，要特别注意轴向力的传递。主轴组件必须在两个方向上都要轴向定位，否则在轴向力作用下就会窜动，破坏精度和正常工作性能。主轴的轴向定位精度主要取决于承受轴向载荷的轴承，如推力球轴承、角接触球轴承和圆锥滚子轴承等。推力轴承在主轴前后支承的配置形式，影响主轴的轴向刚度及主轴热变形的方向和大小。为使主轴具有足够的轴向刚度和轴向定位精度，应恰当地配置推力轴承的位置。图 8-10 是常见的几种配置形式。

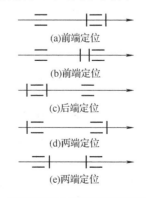

(a) 前端定位

(b) 前端定位

(c) 后端定位

(d) 两端定位

(e) 两端定位

图 8-10　推力轴承配置形式

（1）前端定位。两个方向的推力轴承都布置在前支承处，如图 8-10（a）和（b）所示。该配置方案在前支承处轴承较多，发热大，温升高；但主轴受热膨胀向后伸长，对主轴前端位置影响较小；主轴在轴向切削力作用时受压段短，纵向稳定性好，故适用于轴向精度和刚度要求较高的高精度机床与数控机床。图 8-10（a）的推力轴承装在前支承的两侧，会使主轴的悬伸长度增加，影响主轴的刚度；

图 8-10(b) 为两个推力轴承都装在前支承的内侧，这种配置可减少主轴的悬伸量。

(2) 后端定位。两个方向的推力轴承都布置在后支承处，如图 8-10(c) 所示。该配置方案前支承结构简单，无轴向力影响，温升低；但主轴受热膨胀向前伸长，主轴前端轴向误差大。这种配置适用于轴向精度要求不高的普通机床，如卧式车床、立铣等。

(3) 两端定位。两个方向的推力轴承分别布置在前、后两个支承处，如图 8-10(d) 和 (e) 所示。该配置方案结构简单；间隙调整方便，只需在一端调整两个轴承间隙；当主轴受热膨胀时会产生弯曲，改变轴承的轴向或径向间隙，又使轴承处产生角位移，影响机床精度。这种配置适用于较短的主轴或轴向间隙变化不影响正常工作的机床，如组合机床、钻床。

8.1.5 主轴

1. 主轴的结构形式

主轴的结构形式比较复杂，应满足使用要求、结构要求及加工、装配工艺性要求等。

主轴端部的结构应保证夹具或刀具安装可靠、定位准确、连接刚度高、装卸方便，并能传递足够的转矩。由于夹具和刀具已标准化，因此，通用机床主轴端部的形状和尺寸均已标准化，设计时应遵循相关标准。有些机床如卧式车床、转塔车床、自动车床、铣床等主轴必须是空心的，用来通过棒料、拉杆以及取出顶尖等。对于主轴上需要安装气动、电动或液压式工件自动夹紧装置的机床，如卧式车床，主轴尾部应有安装基面及相应连接部位。

主轴上要安装各种传动件、轴承、紧固件及密封件等，其结构形式应考虑这些零件的类型、数量、安装定位及紧固方式的要求。

主轴承受的载荷从前往后依次降低，同时也为了便于装配，主轴一般为头大尾小、逐级递减的阶梯形。但某些机床主轴则呈两头小、中间为等直径的形状，如内圆磨床砂轮主轴。

2. 主轴的材料和热处理

主轴的载荷相对来说不大，引起的应力通常远小于钢的强度极限。因此，强度一般不是选择主轴材料的依据。

当几何形状和尺寸已定时，主轴的刚度主要取决于材料的弹性模量。但各种钢材的弹性模量值 E 相差无几($E \approx 2.06 \times 10^5 \text{MPa}$)。因此，刚度也不是主轴选材的依据。

主轴的材料，主要应根据耐磨性、热处理方法和热处理后的变形大小来选择。耐磨性取决于硬度，故机床主轴材料为淬火钢或渗碳淬火钢，高频淬硬。普通机床主轴，可用 45 或 60 优质中碳钢，调质到 220~250HBS，主轴支承轴颈及装卡刀具的定位基面等部位，高频淬硬至 50~55HRC。精密机床的主轴，希望淬火变形和淬火应力要小，可用 40Cr 或低碳合金钢 20Cr、16MnCr5、12CrNi2A 等渗碳淬硬至硬度不低于 60HRC。支承为滑动轴承的高精度磨床砂轮主轴，镗床、坐标镗床、加工中心的主轴，要求有很高的耐磨性。这时可用渗氮钢，如 38CrMoAlA，进行渗氮处理，表面硬度可达 1100~1200HV(相当于 69~72HRC)。必要时，进行冷处理。

3. 主轴的技术要求

主轴的技术要求应根据机床精度标准有关项目制定。首先制定出满足主轴旋转精度所必需的技术要求，如主轴前后轴承轴颈的同轴度，锥孔相对于前后轴颈中心连线的径向圆跳动，定心轴颈及其定位轴肩相对于前后轴颈中心连线的径向圆跳动和端面圆跳动等。再考虑其他性能所需的要求，如表面粗糙度、表面硬度等。主轴的技术要求要满足设计要求、工艺要求、检测方法的要求，应尽量做到设计、工艺、检测的基准相统一。

　　图 8-11 为简化后的车床主轴简图，A 和 B 是主支承轴颈，主轴轴线是 A 和 B 的圆心连线，就是设计基准。检测时以主轴轴线为基准来检验主轴上各内、外圆表面和端面的径向圆跳动与端面圆跳动，所以也是检测基准。主轴轴线既是主轴前、后锥孔的工艺基准，又是锥孔检测时的测量基准。

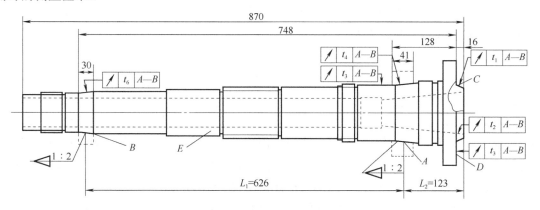

图 8-11　车床主轴简图

　　主轴各部位的尺寸公差、几何公差、表面粗糙度和表面硬度等具体数值应根据机床的类型、规格、精度等级及主轴的类型来确定。

8.1.6　主轴主要结构参数的确定

　　主轴的主要结构参数有主轴前、后支承轴颈 D_1、D_2，主轴内孔直径 d，主轴前端悬伸量 a 和主轴的支承跨距 L。这些参数直接影响主轴的旋转精度和刚度。

1．主轴前支承轴颈的确定

　　主轴是外伸梁，由材料力学可知，外伸梁的刚度为

$$K = \frac{F}{\delta} = \frac{3EI}{a^2(L+a)}$$

　　主轴的刚度与其惯性矩成正比，而惯性矩与轴的直径的 4 次方成正比。主轴直径越大，刚度值越大，但直径增大后，使主轴上的传动件和轴承尺寸增大，在精度不变的前提下，尺寸误差、几何误差会增大；主轴组件质量增加，会导致主传动的空载功率增加；轴承直径的增大，使其极限转速降低，在转速不变时，轴承线速度提高，增加了轴承的发热量。因此应综合考虑，合理地确定机床主轴前支承轴颈。在保证刚度的同时，尽量减小结构尺寸。

　　主轴前支承轴颈一般可根据机床类型、主传动功率或最大加工直径来选取，如表 8-4 所示。

表 8-4　主轴前支承轴颈　　　　　　　　　　　　　　（单位：mm）

机床 ＼ 功率/kW	2.6～3.6	3.7～5.5	5.6～7.2	7.4～11	11～14.7	14.8～18.4
车床	70～90	70～105	95～130	110～145	140～165	150～190
升降台铣床	60～90	60～95	75～100	90～105	100～115	—
外圆磨床	50～60	55～70	70～80	75～90	75～100	90～100

　　注：车床和铣床后轴颈的直径 $D_2 \approx (0.7 \sim 0.85)D_1$。磨床主轴，$D_2 = D_1$。

2. 主轴内孔直径的确定

主轴孔径过小，通过的棒料或自动夹具拉杆直径受到限制，而且深孔加工也较困难。为了扩大机床的使用范围，主轴孔径应适当增大。但主轴外径一定时，孔径加大受到限制。

(1) 轴壁过薄会影响主轴正常工作。

(2) 主轴刚度不能削弱过大。

轴的刚度 K 正比于截面惯性矩 I。对于外径为 D、孔径为 d 的空心轴惯性矩 I_k，与外径为 D 的实心轴惯性矩 I_s 的比值为

$$\frac{I_k}{I_s} = \frac{D^4 - d^4}{D^4} = 1 - \left(\frac{d}{D}\right)^4 = 1 - \omega^4$$

式中，ω 为刚度衰减系数。

由上式可知，当 ω =0.5 时，I_k/I_s =0.94。当 ω =0.6 时，I_k/I_s =0.87，内孔对主轴的刚度影响不大。当 ω =0.7 时，I_k/I_s =0.76，主轴刚度降低了 24%，下降明显，故一般取 ω <0.7。不同的机床对主轴中心孔都有具体的要求，卧式车床的主轴孔径 d 通常不大于主轴平均直径的 55%～60%；铣床的主轴孔径 d 比刀具拉杆直径大 5～10mm。

主轴孔径 d 确定后，可根据主轴的使用及加工要求选择锥孔的锥度。锥度仅用于定心时，锥度应大些；锥孔除用于定心，还要求自锁，借以传递转矩时，锥度应小些。各类机床主轴锥孔的锥度都已标准化。

3. 主轴前端悬伸量 a 的确定

主轴前端悬伸量 a 是指主轴前支承径向支反力作用点到前端受力作用点之间的距离。悬伸量 a 一般取决于主轴端部的结构形式和尺寸、主轴轴承的布置形式及密封形式。由于悬伸量对主轴组件的刚度、抗振性影响很大，因此，在满足结构要求的前提下，设计时应尽量减小悬伸量 a，以提高主轴的刚度。初步设计时可取 $a=D_1$。为缩短悬伸量 a，主轴前端部可采用短锥结构；推力轴承放在前支承内侧，采用角接触轴承取代径向轴承，接触线与主轴轴线的交点在前支承前面；尽量利用主轴端部结构构成密封装置；成对安装的圆锥滚子轴承或角接触球轴承采用背靠背的配置形式。当推力轴承和主轴传动件产生位置矛盾时，由于悬伸量对主轴刚度的影响大，应首先考虑悬伸量，使传动件距前支承略远一些。

4. 主轴支承跨距 L 的确定

合理确定主轴两主要支承间的跨距，可提高主轴组件的静刚度。可以证明，支承跨距小，主轴自身的刚度较大，弯曲变形较小，但支承变形引起主轴前端的位移量将增大；支承跨距大，支承变形引起的主轴前端的位移量较小，但主轴的弯曲变形将增大。可见，支承跨距过大或过小都会降低主轴组件的刚度。

主轴端位移 y 值的大小，与主轴本体变形、轴承变形、支承座变形，以及它们之间的接触变形等有关，但主要取决于主轴和轴承的变形，如图 8-12 所示。根据位移叠加原理，可得轴端总位移 y 为

$$y = y_1 + y_2$$

式中，y_1 为刚性轴承上弹性主轴的端部位移；y_2 为弹性轴承上刚性主轴的端部位移。

1) 位移 y_1

根据材料力学知识可知：

$$y_1 = \frac{Fa^3}{3EI_a} + \frac{Fa^2L}{3EI}$$

式中，I_a、I 分别为悬伸段和两支承间的主轴截面惯性矩。

y_1 与支承跨距 L 的关系见图 8-13 中的直线 1。表明作用力 F 和主轴悬伸量 a 一定时，弹性主轴本身的变形所引起的轴端位移 y_1，随支承跨距 L 的加长而增加，且呈线性关系，即支承跨距 L 越大，主轴的刚度越低。

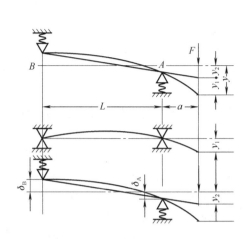

图 8-12　主轴端部位移

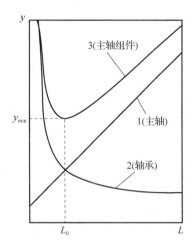

图 8-13　主轴支承跨距 L 与轴端位移 y 的关系

2) 位移 y_2

在力 F 作用下，主轴前、后支承的支反力分别为 $R_A = F(1 + a/L)$ 和 $R_B = Fa/L$。支反力会引起支承处轴承的变形，可近似认为线性变形。设前、后轴承的刚度为 K_A 和 K_B，则前、后轴承的变形分别为 δ_A 和 δ_B，即

$$\delta_A = \frac{R_A}{K_A} = \frac{F}{K_A}\left(1 + \frac{a}{L}\right), \quad \delta_B = \frac{R_B}{K_B} = \frac{F}{K_B}\frac{a}{L}$$

可由几何关系得出主轴端部位移 y_2 为

$$y_2 = \delta_A\left(1 + \frac{a}{L}\right) + \delta_B\frac{a}{L} = \frac{F}{K_A}\left(1 + \frac{a}{L}\right)^2 + \frac{F}{K_B}\left(\frac{a}{L}\right)^2$$

y_2 与支承跨距 L 的关系见图 8-13 中的曲线 2，是一条双曲线。当 F、a 一定时，轴承变形所引起的刚性主轴的端部位移 y_2，随支承跨距 L 的增大而减小。

3) 主轴端总位移 y

根据叠加原理可得

$$y = y_1 + y_2 = F\left[\frac{a^3}{3EI_a} + \frac{a^2L}{3EI} + \frac{1}{K_A}\left(1 + \frac{a}{L}\right)^2 + \frac{1}{K_B}\left(\frac{a}{L}\right)^2\right]$$

y 和支承跨距 L 的关系见图 8-13 中曲线 3。可见存在一个最佳支承跨距 L_0，可根据上式求出。当支承跨距为 L_0 时，轴端位移 y 最小，主轴组件的刚度最大。当主轴支承跨距 $L < L_0$ 时，应设法提高轴承刚度；当 $L > L_0$ 时，应设法提高主轴刚度。

8.2　支承件设计

8.2.1　支承件的功能及应满足的基本要求

1. 支承件的功能

机床的支承件是指用于支承和连接若干部件的基础件，主要是床身、底座、立柱、横梁、工作台、箱体等大件。支承件的功能是支承和连接其他部件，承受各种载荷(包括部件及工件重力、切削力、摩擦力、夹紧力等静、动载荷)以及热变形，并保持各部件之间具有正确的相互位置和相对运动关系，从而保证机床的加工精度和表面质量。所以，支承件的合理设计是机床设计的重要环节之一。

2. 支承件应满足的基本要求

(1)足够的静刚度。在机床额定载荷作用下，变形量不得超出规定值，以保证刀具和工件在加工过程中相对位移不超过加工允许误差。支承件的静刚度包括以下三个方面。

① 自身刚度。支承件抵抗自身变形的能力，称为自身刚度。支承件的自身刚度主要是弯曲刚度和扭转刚度。例如，摇臂钻床的摇臂主要是垂直平面内朝立柱方向的弯曲刚度和绕中心轴的扭转刚度。自身刚度主要取决于支承件材料、截面形状、尺寸及隔板的布置等。

② 局部刚度。支承件抵抗局部变形的能力，称为局部刚度。局部变形主要发生在支承件上载荷较集中的局部结构处。例如，床身的导轨，主轴箱的主轴轴承孔处，摇臂钻床底座安装立柱的部位。局部刚度主要取决于受载部位的构造、尺寸以及肋条的设置。

③ 接触刚度。支承件的结合面在外载荷作用下抵抗接触变形的能力，称为接触刚度。接触刚度 K_j (单位为 MPa/μm)是平均压强与变形之比，即 $K_j = p/\delta$。接触刚度不是一个固定值。K_j 与接触面之间的压强有关，当压强很小时，两个面之间只有少数高点接触，实际接触面积很小，接触变形很大，接触刚度较低；压强较大时，这些高点产生了变形，实际接触面积扩大，接触变形减小，接触刚度提高。接触刚度与结合面结合方式有关，同样的接触面，接触面间有相对运动的活动接触的接触刚度，比接触面间无相对运动的固定接触要低。接触刚度取决于结合面的表面粗糙度和平面度、结合面的大小、材料硬度、预压压强等因素。

(2)良好的动态特性。在规定的切削条件下工作时，使受迫振动的振幅不超过允许值，不产生自激振动等，保证切削的稳定性。要求有较大的刚度和阻尼。

(3)较小的热变形和内应力。在机床工作过程中的摩擦热、切削热等热量会引起支承件的热变形和热应力；支承件在铸造、焊接、粗加工过程中会形成内应力，在使用中内应力重新分布逐渐消失，导致支承件变形。

(4)较高的刚度/质量比。在满足刚度的前提下，应尽量减小支承件的质量。支承件的质量往往占机床总质量的 80%以上，所以它在很大程度上反映了支承件设计的合理性。

(5)支承件的设计应便于制造、装配、维修、排屑及吊运等。

8.2.2　支承件的结构设计

支承件是机床的一部分，因此设计支承件时，应首先考虑所属机床的类型及常用支承件的形状。

1．机床的类型

支承件的功能是支承和承载。因而支承件承受多个载荷，如切削力、所支承零部件的重力、传动力等。按照各载荷对机床支承件的不同影响，将机床分为中小型机床、精密和高精密机床、大型和重型机床。

(1)中小型机床。该类机床的载荷以切削力为主，工件的重力、移动部件的重力等相对较小，在进行受力分析时可忽略不计。例如，车床等的刀架，从床身的一端移至床身的中部时引起的床身弯曲变形可忽略不计。

(2)精密和高精密机床。该类机床以精加工为主，切削力很小，支承件在受力分析时可忽略。载荷以移动部件的重力以及切削产生的热应力为主。如双柱立式坐标镗床，在分析横梁受力和变形时，主要考虑主轴箱从横梁一端移至中部时，引起的横梁弯曲和扭转变形。

(3)大型和重型机床。该类机床加工的工件较重，移动部件的重力较大，切削力也很大，因此支承件受力分析时，必须同时考虑工件重力、移动部件重力和切削力等载荷。如重型车床、落地式镗铣床及龙门式机床等。

2．支承件的形状

支承件的形状基本上可以分为三类。

(1)梁类：一个方向的尺寸比另外两个方向的尺寸大得多的支承件，如立柱、横梁、摇臂、滑枕、床身等。

(2)板类：两个方向的尺寸比第三个方向的尺寸大得多的支承件，如底座、工作台、刀架等。

(3)箱形类：三个方向的尺寸都差不多的支承件，如箱体、升降台等。

3．支承件的截面形状和选择

支承件结构的合理设计是应在最小质量条件下，具有最大静刚度。静刚度主要包括弯曲刚度和扭转刚度，均与截面惯性矩成正比。支承件截面形状不同，即使同一材料、相等的截面积，其抗弯和抗扭惯性矩也不同。表 8-5 为截面积皆近似为 $10000mm^2$ 的八种不同形状截面的抗弯和抗扭惯性矩的比较。从表中可以看出：

(1)空心截面的惯性矩比实心的大。加大轮廓尺寸，减小壁厚，可大大提高支承件的刚度。因此，设计支承件时总是使壁厚在工艺性好的前提下尽量薄一些。一般不用增加壁厚的办法来提高刚度。

(2)方形截面的抗弯刚度比圆形的大，而抗扭刚度较低。因此，如果支承件所受的主要是弯矩，则截面形状为方形和矩形为佳。矩形截面在高度方向上的抗弯刚度比方形截面的抗弯刚度大，但抗扭刚度较低。因此，承受一个方向弯矩为主的支承件，其截面形状应为矩形，高度方向应为受弯方向。承受纯扭矩的支承件，其截面形状应为圆形。

(3)不封闭的截面比封闭的截面刚度小得多，抗扭刚度更小。因此，在可能的情况下，应尽量把支承件的截面做成封闭的形式。但实际上，由于排屑，清砂，安装电器件、液压件和传动件等的需要，往往很难做到四面封闭，有时甚至连三面封闭都难以做到。截面不能封闭的支承件应采取补偿刚度的措施。

4．隔板和加强筋

在两壁起连接作用的内壁称为隔板。隔板的作用在于把作用于支承件局部区域的载荷传递给其他壁板，从而使整个支承件能比较均匀地承受载荷。因此，隔板主要用来提高支承件的自身刚度。因此，支承件不能采用全封闭截面时，应采用隔板等措施加强支承件的刚度。

隔板的布置形式一般有纵向隔板、横向隔板和斜向隔板，如图 8-14 所示。

表 8-5　截面形状与惯性矩的关系

序号	截面形状	抗弯惯性矩		抗扭惯性矩		序号	截面形状	抗弯惯性矩		抗扭惯性矩	
		cm⁴	%	cm⁴	%			cm⁴	%	cm⁴	%
1	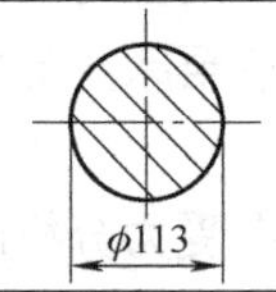 ϕ113	800	100	1600	100	5	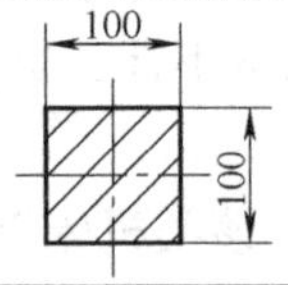 100×100	833	104	1406	88
2	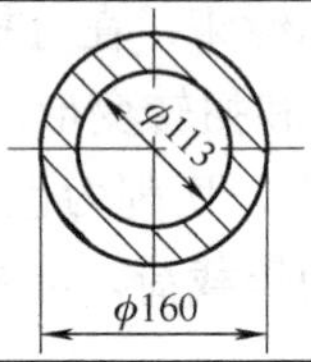 ϕ113 / ϕ160	2416	302	4832	302	6	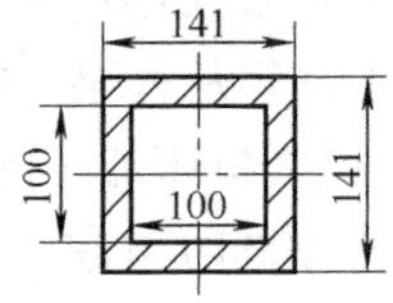 141/100/100/141	2460	308	4151	259
3	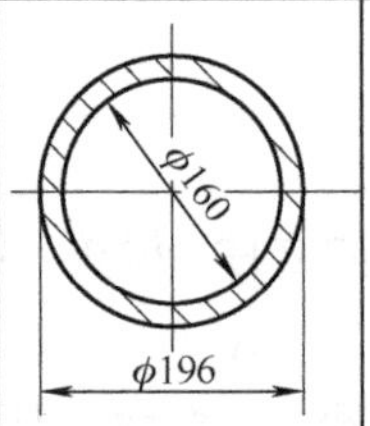 ϕ160 / ϕ196	4027	503	8054	503	7	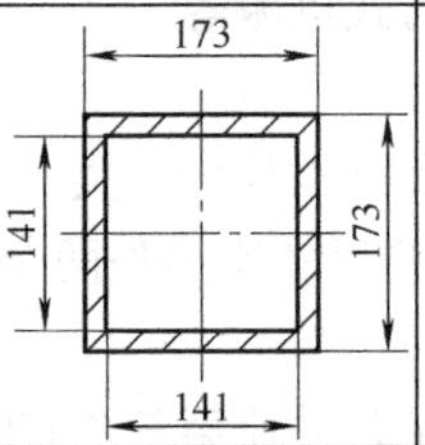 173/141/173/141	4170	521	7037	440
4	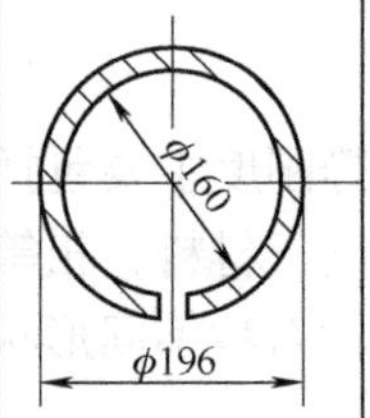 ϕ160 / ϕ196	—	—	108	7	8	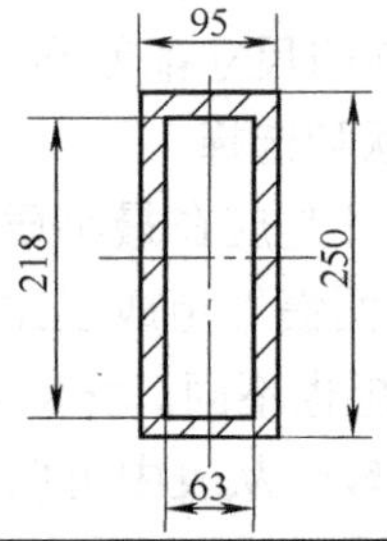 95/218/250/63	6930	866	5590	350

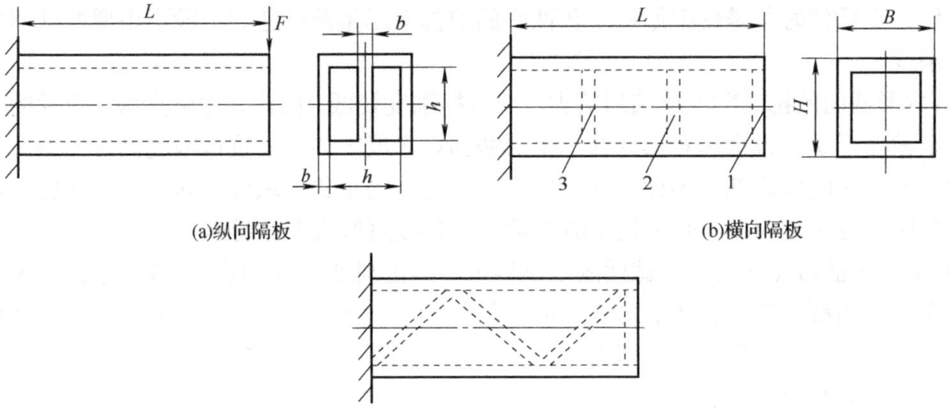

(a)纵向隔板　　　(b)横向隔板

(c)斜向隔板

图 8-14　隔板的布置形式

纵向隔板布置在弯曲平面内，其作用是提高抗弯刚度，如图 8-14(a)所示。当纵向隔板的高度方向与载荷 F 的方向相同时，增加的惯性矩为 $bh^3/12$；当纵向隔板的高度方向与载荷 F

的方向垂直时，增加的惯性矩为 $b^3h/12$，由于 $h \gg b$，所以纵向隔板应按高度方向与载荷 F 的方向相同布置。

横向隔板将支承件的外壁横向连接起来，其作用是提高抗扭刚度，如图 8-14(b) 所示。当方形截面 $(H=B)$ 悬臂梁的长度 $L=2.62H$ 时，无横向隔板时的相对抗扭刚度为 1；当增加端面横向隔板 1 时，抗扭刚度为 4，即抗扭刚度提高 3 倍；均匀布置三个横向隔板后，抗扭刚度为 8，即抗扭刚度提高 7 倍。一般情况下，横向隔板的间距为 $(0.865 \sim 1.31)H$。

斜向隔板可同时提高抗弯刚度和抗扭刚度。可将斜向隔板视为折线式或波浪形的纵向隔板，隔板和前后壁每连接一次，形成一个横隔板，即斜向隔板是由多个纵隔板和横隔板的连续组合而形成的，如图 8-14(c) 所示。因此，可提高抗弯和抗扭刚度。较长的支承件常采用该类隔板。

加强筋一般布置在支承件的外壁内侧或内壁上，主要作用是提高局部刚度和减小薄壁振动。与隔板不同，它只是壁板上局部凸起的窄条，不在壁板之间起连接作用，其厚度一般取壁厚的 0.8，高度为壁厚的 4～5 倍。图 8-15 所示的加强筋分别用来提高导轨和轴承座处的局部刚度。图 8-16(a) 为直线形加强筋，结构简单，容易制造，但刚性差，用于载荷较小的窄壁上。图 8-16(b) 和图 8-16(c) 为三角形及斜向交叉形加强筋，能保证足够的刚度，常用

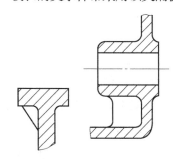

图 8-15　提高导轨和轴承座局部刚度的加强筋

于支承件的宽壁与平板上。图 8-16(d) 为蜂窝形加强筋，在各个方向都能均匀收缩，内应力小，但制造成本高，常用于平板上。图 8-16(e) 为米字形加强筋，抗弯刚度和抗扭刚度都较高，但形状复杂，制造工艺性差，一般用于焊接床身。图 8-16(f) 为井字形(即直角相交)加强筋，制造简单，但容易产生内应力，广泛应用于箱形截面的床身与平板上。

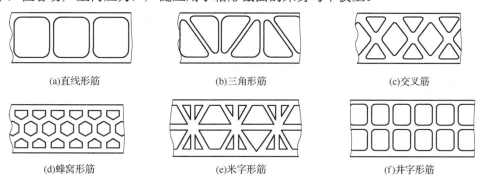

(a)直线形筋　　　　　　　(b)三角形筋　　　　　　　(c)交叉筋

(d)蜂窝形筋　　　　　　　(e)米字形筋　　　　　　　(f)井字形筋

图 8-16　加强筋的布置形式

5. 支承件壁厚的选择

为了减小机床的质量，支承件的壁厚应根据工艺上的可能选择得薄些。

铸铁支承件的外壁厚可根据当量尺寸 C 来选择。当量尺寸 C 可由下式确定：

$$C = (2L + B + H)/3$$

式中，L、B、H 分别为支承件的长、宽、高，m。

根据计算出的 C 值按表 8-6 选择最小壁厚 t，再综合考虑工艺条件、受力情况，可适当加厚。壁厚应尽量均匀。

表 8-6　根据当量尺寸选择壁厚

C/m	0.75	1.0	1.5	1.8	2.0	2.5	3.0	3.5	4.0
t/mm	8	10	12	14	16	18	20	22	25

支承件的壁厚、隔板厚度和加强筋的厚度也可按支承件的质量或最大外形尺寸确定,隔板的厚度可取$(0.8\sim1)t$,加强筋的厚度可取$(0.7\sim0.8)t$,如表 8-7 所示。

表 8-7　支承件壁厚、隔板和加强筋的厚度

质量/kg	≤5	6～10	11～60	61～100	101～500	501～800	801～1200	>1200
外形尺寸/mm	≤300	500	750	1250	1700	2500	3000	>3000
壁厚/mm	7	8	10	12	14	16	18	20～30
隔板厚/mm	6	7	8	10	12	14	16	
加强筋厚/mm	5	5	6	8	8	10	12	—

6. 支承件开孔后的刚度补偿

立柱或梁中为安装机件或工艺的需要,往往需要开孔。立柱或梁上开孔后会造成刚度损失,刚度的降低与孔的位置和大小有关,表 8-8 所示为立柱或梁上孔的尺寸对刚度的影响。

表 8-8　立柱或梁上孔的尺寸对刚度的影响

序号	结构件图	相对抗扭刚度	相对抗弯刚度 x-x	相对抗弯刚度 y-y	序号	结构件图	相对抗扭刚度	相对抗弯刚度 x-x	相对抗弯刚度 y-y
1		1	1	1	4		0.62	—	—
2		0.73	0.88	0.94	5		0.20	0.80	0.85
3		0.65	0.82	0.88	6		0.33	0.89	0.89

注:立柱或梁的横截面为方框形,边长为 B。

从表中可知，在弯曲平面垂直的壁上开孔，抗弯刚度的损失大于在弯曲平面平行的壁上开孔的抗弯刚度损失；在立柱或梁上开孔，抗扭刚度的损失比抗弯刚度的损失大。当开孔面积小于所在壁面积的 0.2 时，对刚度的影响较小。当开孔面积超过所在壁面积的 0.2 时，抗扭刚度会降低许多。所以，孔宽或孔径以不大于壁宽的 1/4 为宜，且应开在支承件壁的几何中心附近。为弥补开孔后的刚度损失，可在孔上加盖板，用螺栓将盖板固定在壁上，也可将孔的周边加厚(翻边)，如表 8-8 中的序号 6。在翻边的基础上加嵌入式盖板，补偿效果更好，表8-8 中的序号 6 加嵌入式盖板后，相对抗弯刚度为 0.91，相对抗扭刚度为 0.41。如果开孔尺寸不大于该方向尺寸的 10%，则孔的存在对刚度的影响较小，故不需进行刚度补偿。

7. 提高支承件的接触刚度

导轨面和重要的固定面必须配刮或配磨，以增加真实接触面积，提高接触刚度。固定结合面配磨时，表面粗糙度值 $Ra \leqslant 1.6 \mu m$。刮研时，每 25mm×25mm 平面内，高精度机床为 12点，精密机床为 8 点，普通机床为 6 点，并应使接触点均匀分布。

紧固螺栓应使结合面有不小于 2MPa 的接触压强，以消除结合面的平面度误差，增大真实结合面积，提高接触刚度。

8. 支承件结构工艺性

为便于铸造和加工，应在满足使用要求和性能要求的前提下，使支承件具有良好的结构工艺性。设计铸件时，应力求结构形状简单，造型和拔模容易，减少型芯数量，安装简单可靠，清砂方便。铸件的壁厚要尽量均匀，避免产生缩孔或气孔，减少铸造应力。对于支承件内部及不易加工的部位，应避免设置加工面。同一方向上的加工面应尽可能安排在同一平面内，以便于一次安装加工。所有加工面都应有可靠的基准面，以便于加工时定位、夹紧和测量。大型铸件应设置起吊孔或加工出吊环螺钉孔，以便吊运安装。

焊接结构件要符合焊接工艺性特点和要求，如合理选择壁板厚度，尽量减少焊缝的数量和长度，尽量避免焊缝密集，减轻焊缝的载荷，避免在加工面上、配合面上、危险断面上布置焊缝，轮廓形状应规整化，对大型结构分段焊接组装等。

8.2.3　支承件的材料和时效处理

支承件常用的材料有铸铁、钢材、预应力钢筋混凝土、天然花岗岩、树脂混凝土等。

1. 铸铁

一般支承件用灰铸铁制成，在铸铁中加入少量合金元素可提高耐磨性。铸铁铸造性能好，容易获得复杂结构的支承件，且阻尼大，有良好的抗振性能，成本低。但铸件需要木模芯盒，制造周期长，有时会产生缩孔等缺陷，适于成批生产。

镶装导轨的支承件，如床身、立柱、横梁、底座、工作台等，常用的灰铸铁牌号为 HT150；与导轨制作在一起的支承件，常采用 HT200；齿轮箱体常采用 HT250；主轴箱箱体常采用HT300、HT350。

2. 钢材

用钢板和型钢焊接支承件，其特点是制造周期短，省去制造木模和铸造工艺，特别适合于生产数量少、品种多的大中型机床床身；支承件可制成封闭结构，刚性好；便于产品更新和结构改进；钢板焊接支承件固有频率比铸铁高，在刚度要求相同的情况下，采用钢板焊接支承件可比铸铁支承件壁厚减少一半，质量减少 20%～30%。随着计算技术的应用，焊接件结构负载和刚度可以进行优化处理，即通过有限元法进行分析，根据受力情况合理布置隔板和加强筋，选择合适厚度，以提高支承件的动、静刚度。因此，近 20 年来在国外支承件用钢板焊接结构件代替铸铁件的趋势不断扩大，开始在单件和小批生产的重型机床及超重型机床上应用，逐步发展到一定批量的中型机床中。

钢板焊接结构的缺点是阻尼约为铸铁的 1/3，抗振性能差，为提高其抗振性能，可采用提高阻尼的方法来改善动态性能，如采用阻尼焊结构或在空腔内冲入混凝土等措施。

焊接支承件常用钢材型号为 Q235-A、Q275。

3. 预应力钢筋混凝土

预应力钢筋混凝土主要制作不常移动的大型机床的床身、底座、立柱等支承件。钢筋的配置和预应力的大小对钢筋混凝土的影响较大。当三个方向都配置钢筋，总预拉力为 120～150kN 时，预应力钢筋混凝土支承件的刚度和阻尼比铸铁大几倍，抗振性好，制造工艺简单，成本低。缺点是：脆性大、耐腐蚀性差，油渗入后会导致材质疏松，所以表面应进行喷漆或喷涂塑料，或将钢筋混凝土周边用金属板覆盖，金属板间焊接封闭结构。支承件的连接，可采用预埋加工后的金属件，或二次浇注。

4. 天然花岗岩

天然花岗岩性能稳定，精度保持性好，阻尼系数比钢大 15 倍，抗振性好，耐磨性比铸铁高 5～6 倍，导热系数和线膨胀系数小，热稳定性好，抗氧化性强，不导电，抗磁，与金属不黏合，加工方便，通过研磨和抛光容易得到很高的精度和很低的表面粗糙度值。目前用于三坐标测量机、印制电路板数控钻床、气浮导轨基座等。缺点是：结晶颗粒粗于钢铁的晶粒，抗冲击性能差，脆性大，油和水等液体易渗入晶界中，使表面局部变形胀大，难以制作复杂的零件。

5. 树脂混凝土

树脂混凝土是制造机床床身的一种新型材料，又称为人造花岗岩。树脂混凝土与普通混凝土不同，它是以树脂和稀释剂代替混凝土中的水泥与水，与各种尺寸规格的花岗岩块或大理石块等骨料均匀混合、捣实固化而形成的。树脂为黏结剂，相当于水泥，常用不饱和聚酯树脂、环氧树脂、丙烯酸树脂等合成树脂。稀释剂的作用是降低树脂黏度，浇注时有较好的渗透力，防止固化时产生气泡。有时还要加入固化剂和增韧剂，固化剂的作用是与树脂发生反应，使原有线形结构的热塑性材料转化成体形结构的热固性材料；增韧剂用来提高韧性，提高抗冲击强度和抗弯强度。

树脂混凝土的特点是：刚度高；具有良好的阻尼性能，阻尼比为灰铸铁的 8～10 倍，抗振性好；热容量大，热传导率低，导热系数只为铸铁的 1/40～1/25，热稳定性高，其构件热变形小；密度为铸铁的 1/3，质量小；可获得良好的几何形状精度，表面粗糙度值也较低；对润滑剂、切削液有极好的耐腐蚀性；与金属黏接力强，可根据不同的结构要求，预埋金属件，使机械加工量减少，降低成本；浇注时无大气污染；生产周期短，工艺流程短；浇注出的床身静刚度比铸铁床身提高 16%～40%。缺点是：某些力学性能差，如抗拉强度低，但可以预埋金属或添加加强纤维。对于高速、高效、高精度加工机床具有广泛的应用前景。

树脂混凝土床身有整体结构形式、分块结构形式和框架结构形式。整体结构适用于形状不复杂的中小型机床床身。对于结构复杂的大型床身构件，为简化浇注模具的结构和实现模块化，采用分块式，把床身构件分成几个形状简单、便于浇注的部件，各部分分别浇注后，再用黏结剂或其他形式连接起来。框架结构采用金属型材焊接出床身的周边框架，在框架内浇注树脂混凝土，该结构刚性好，适用于结构较简单的大中型机床床身。

在铸造或焊接中产生的残余应力，将使支承件产生变形。因此，必须进行时效处理以消除残余应力。普通精度机床的支承件在粗加工后安排一次时效处理即可，精密级机床最好进行两次时效处理，即粗加工前、后各一次。有些高精度机床的支承件在进行热时效处理后，还应进行自然时效处理，即把铸、焊件露天堆放，任其日晒雨淋，少则 1 年多则 3～5 年，让它们充分变形。

8.2.4　提高支承件动刚度的措施

为便于对机床支承件动刚度进行分析比较，一般以共振时的动刚度作为支承件的动刚度，其值可按下式进行计算：

$$K_{\omega\min} \approx 2K\xi$$

式中，$K_{\omega\min}$ 为共振时的动刚度；ξ 为阻尼比。

从上式可知，要提高支承件的动刚度，应提高支承件的静刚度和阻尼比；或通过提高静刚度来提高支承件的固有频率，使激振频率远小于支承件自身的固有频率，避免共振，从而提高动刚度。

1. 提高静刚度和固有频率

提高支承件的静刚度和固有频率的主要方法是，根据支承件受力情况合理选择支承件的材料、截面形状和尺寸、壁厚，合理地布置隔板和加强筋，以提高结构整体和局部的弯曲刚度与扭转刚度。可以用有限元方法进行定量分析，以便在较小质量下得到较高的静刚度和固有频率；在刚度不变的前提下，减小质量可以提高支承件的固有频率；改善支承件间的接触刚度以及支承件与地基连接处的刚度。

2. 增加阻尼

对于铸铁支承件，铸件内砂芯不清除，或在支承件中充填型砂或混凝土等阻尼材料，可以起到减振作用。

对于焊接支承件，除了可以在内腔中填充混凝土减振，还可以利用结合面间的摩擦阻尼来减小振动。即两焊接件之间留有贴合而未焊死的表面，在振动过程中，两贴合面之间产生的相对摩擦起阻尼作用，使振动减小。焊接支承件的阻尼与焊接方式、焊接长度、焊缝间距有关，如表 8-9 所示。焊缝长度为结构件长度的 58.7%时，静刚度虽略有降低，但动刚度显著提高，这种断续焊接的结构称为阻尼焊接结构。

表 8-9　不同焊缝尺寸对构件刚度的影响

续表

焊接方式	单面焊						双面焊
焊角高 h/mm	4.0	4.0	4.0	4.0	4.5	5.5	5.5
焊缝长 a/mm	220	270	320	1500	1500	1500	1500
焊缝间距 b/mm	203	140	73	0	0	0	0
焊接率/%	58.7	72	85.3	100	100	100	100
固有频率 ω_0/Hz	175	183	190	196	196	201	210
静刚度 K/(N·μm^{-1})	28.4	30.8	32.6	33.0	33.5	35.0	35.8
阻尼比 ξ	2.3×10^{-3}	0.34×10^{-3}	0.33×10^{-3}	0.32×10^{-3}	0.30×10^{-3}	0.29×10^{-3}	0.25×10^{-3}
动刚度 K_ω/(N·μm^{-1})	13×10^{-2}	2.1×10^{-2}	2.15×10^{-2}	2.1×10^{-2}	2.0×10^{-2}	2.0×10^{-2}	1.8×10^{-2}

图 8-17 所示为升降台铣床悬梁悬伸部分的断面图，在箱形铸件中装入四个铁块，并填满直径为 6～8mm 的钢球，再注满高黏度的油。在振动时，油在钢球间运动产生的黏性摩擦及钢球、铁块间的碰撞，可消耗振动能量，增大阻尼。日常生活中使用的日光灯，整流器线圈周围充满沥青，也是为了消除电磁振动。

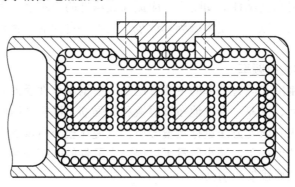

图 8-17　铣床悬梁的阻尼结构

支承件外表面可刷涂高阻尼材料，如沥青基胶泥减振剂、高分子聚合物、机床腻子等，涂层越厚阻尼越大，常用于钢板焊接的支承件上。采用阻尼涂层不改变原设计的结构和刚度，就能获得较高的阻尼比，既提高了抗振性，又提高了对噪声辐射的吸收能力。另外，可采用预应力钢筋混凝土、树脂混凝土等高阻尼材料作支承件。

8.3　导　轨　设　计

8.3.1　导轨的功用、分类及应满足的要求

1. 导轨的功用和分类

导轨的功用是承载和导向。它承受安装在导轨上的运动部件及工件的重力和切削力，运动部件可以沿导轨运动。在导轨副中，运动的导轨称为动导轨，固定不动的导轨称为支承导轨或静导轨。动导轨相当于支承导轨可以作直线运动或者回转运动。

导轨按运动性质可分为主运动导轨、进给运动导轨和移置导轨。主运动导轨副中，动导轨作主运动，与支承导轨间相对运动速度较高，主要用于立车花盘、龙门铣刨床、普通刨插床以及拉床、插齿机等的主运动导轨。进给运动导轨副中，动导轨作进给运动，与支承导轨间的相对运动速度较低，机床中大多数导轨属于进给运动导轨。移置导轨的功能是调整部件

之间的相对位置，在机床工作中没有相对运动，如卧式车床的尾座导轨等。

导轨按摩擦性质可分为滑动导轨和滚动导轨。滑动导轨又可分为静压滑动导轨、动压滑动导轨和普通滑动导轨。静压导轨的两导轨面间有一层静压油膜，该压力油膜靠液压系统提供，属于液体摩擦，多用于高精度机床的进给运动导轨。动压导轨中，当导轨面间的相对滑动速度达到一定值后，液体的动压效应使导轨油腔处出现压力油膜，把两导轨面分开，形成液体摩擦，这种导轨只能用于高速的场合，故仅用作主运动导轨，如立式车床导轨。普通滑动导轨的摩擦状态有的为混合摩擦，这时，在导轨面间虽有一定的动压效应，但由于速度不够高，油楔还不足以隔开导轨面，导轨面仍处于直接接触状态，大多数普通滑动导轨属于这一类。有的普通滑动导轨速度很低，导轨间不足以产生动压效应，处于边界摩擦状态，精密进给运动的导轨有可能属于这一类。滚动导轨在两导轨面间装有球、滚子或滚针等滚动元件，具有滚动摩擦的性质，广泛地应用于进给运动导轨和旋转主运动导轨。

导轨按受力状况可分为开式导轨和闭式导轨。开式导轨是指在部件自重和外载作用下，导轨副的工作面始终保持接触、贴合，如图 8-18(a)中的 c、d 面。其特点是结构简单，但不能承受较大的倾覆力矩，适用于大型机床的水平导轨，如龙门铣床和龙门刨床的工作台与床身导轨。在受较大倾覆力矩时，如图 8-18(b)，部件的自重不能使主导轨面 e、f 始终贴合，需用压板 1 和 2 形成辅助导轨面 g 和 h，保证支承导轨与动导轨的工作面始终保持可靠接触，从而形成闭式导轨，如卧式车床的床鞍和床身导轨。

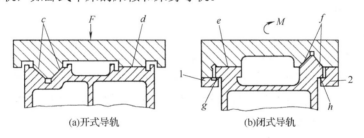

(a)开式导轨　　　　　　　　(b)闭式导轨

图 8-18　开式导轨和闭式导轨

1、2-压板

2. 导轨应满足的要求

(1)较高的导向精度。导向精度是导轨副在空载或切削条件下运动时，实际运动轨迹与给定运动轨迹之间的偏差。影响导向精度的因素很多，如导轨的几何精度和接触精度、导轨的结构形式、导轨和支承件的刚度与热变形等。对于动压导轨和静压导轨，还与油膜刚度有关。直线运动导轨的几何精度一般包括：导轨在竖直平面内的直线度；导轨在水平面内的直线度；导轨面之间的平行度等，具体要求可参考国家有关机床精度检验标准。接触精度是指导轨副间摩擦面实际接触面积占理论接触面积的百分比，或用着色法检查 25mm×25mm 面积内的接触点数。不同加工方法所生成导轨的表面，检查标准是不相同的。磨削和刮削的导轨面，接触精度按《金属切削机床 装配通用技术条件》(JB 9874—1999)的规定，采用着色法进行检查。

(2)良好的精度保持性。影响精度保持性的主要因素是磨损。提高耐磨性以保持精度，是提高机床质量的主要内容之一。常见的磨损形式有磨料(或磨粒)磨损、黏着磨损(或咬焊)和疲劳磨损。磨料磨损常发生在边界摩擦和混合摩擦状态，磨粒夹在导轨面间随之相对运动，形成对导轨表面的"切削"，使导轨面划伤。磨料的来源是润滑油中的杂质和切屑微粒。磨料的硬度越高，相对滑动速度越高，压强越大，对导轨副的危害就越大。磨料磨损很难避免，是导轨防护的重点。黏着磨损又称为分子机械磨损。当两个摩擦表面相互接触时，在高压强下材料产生塑性变形，在没有油膜的情况下，裸露的金属材料分子之间的相互吸引和渗透，将使接触面黏结而发生咬焊。当存在薄而不均匀的油膜时，导轨副相对运动，油膜就会被压碎破裂，造成新生表面直接接触，产生咬焊。导轨副的相对运动使摩擦面形成黏结咬焊、撕脱、再黏着的循环过程。由此可见，黏着磨损与润滑状态有关，干摩擦和半干摩擦状态时，极易产生黏着磨损。机床导轨应避免黏着磨损。接触疲劳磨损发生在滚动摩擦副中。滚动导轨在反复接触应力的作用下，材料表面疲劳，产生点蚀。接触疲劳磨损在滚动摩擦副中也是不可避免的，它是滚动导轨、滚珠丝杠的主要失效形式。

(3)足够的刚度。导轨承载后的变形，影响部件之间的相对位置和导向精度。足够的刚度可以保证在额定载荷作用下，导轨的变形在允许范围内。因此，要求导轨应有足够的刚度。导轨的变形主要取决于导轨的形状、尺寸及支承件的连接方式、受载情况等。

(4)良好的低速运动平稳性。当动导轨作低速运动或微量进给时，应保证运动始终平稳，不出现爬行现象。影响低速运动平稳性的因素有导轨的结构形式、润滑情况、导轨摩擦面的静动摩擦系数的差值、传动导轨运动的传动系统刚度。低速运动平稳性对高精度机床尤为重要。

(5)结构简单、工艺性好。设计时要使导轨的制造和维护方便，刮研量少。如果是镶装导轨，则应尽量做到更换容易。

8.3.2　滑动导轨

1. 导轨的材料

导轨的材料有铸铁、钢、有色金属、塑料等。对导轨材料的主要要求是耐磨性好、工艺性好和成本低。对于塑性镶装导轨的材料，还应保证：在温度升高(主动导轨 120～150℃，进给导轨 60℃)和空气湿度增大时的尺寸稳定性；在静载压力达到 5MPa 时，不发生蠕变；塑料的线膨胀系数应与铸铁接近。

1)铸铁

铸铁是一种成本低，有良好减振性和耐磨性，易于铸造和切削加工的金属材料。在动导轨和支承导轨中都有应用。常用的铸铁有灰铸铁、孕育铸铁、耐磨铸铁等。

灰铸铁中应用最多的是 HT200，在润滑与防护较好的条件下有一定的耐磨性。铸铁—铸铁的导轨摩擦副适用于：需要手工刮研的导轨；对加工精度保持性要求不高的次要导轨；不经常工作的导轨，其中包括移置导轨等。

在铁水中加入少量孕育剂硅和铝而构成的孕育铸铁，可使铸件获得均匀的珠光体和细片状石墨的金相组织，从而得到均匀的强度和硬度。由于石墨微粒能够产生润滑作用，又可吸引和保持油膜，因此孕育铸铁的耐磨性比灰铸铁高。在机床导轨中应用的孕育铸铁牌号为 HT300，该铸铁在车床、铣床、磨床上都有应用。

耐磨铸铁中的合金元素有细化石墨和促进基体珠光体化的作用，它们的碳化物分散在铸铁的基体中，形成硬的网状结构，这些都能提高耐磨性。应用较多的耐磨铸铁有高磷铸铁、磷铜钛铸铁和钒钛铸铁。高磷铸铁是指含磷量高于 0.3% 的铸铁，它的耐磨性比孕育铸铁提高 1 倍多，在许多机床上采用，如车床、磨床等。铜钛和钒钛耐磨铸铁是提高机床导轨耐磨性的好材料，它们具有力学性能好、耐磨性比孕育铸铁高 1.5～2 倍、铸铁质量容易控制等优点，但成本较高，多用于精密机床，如坐标镗床和螺纹磨床等。

采用淬火的办法提高铸铁导轨表面的硬度，可以增强抗磨料磨损、黏着磨损的能力，防止划伤与撕伤，提高导轨的耐磨性。导轨表面的淬火方法有感应淬火和火焰淬火等。感应淬火有高频和中频感应加热淬火两种，硬度可达 45～55HRC，耐磨性可提高近两倍。其中，中频加热淬硬层较深，可达 2～3mm。高频或中频淬火后的导轨面还要进行磨削加工。火焰表面淬火的导轨因淬硬层深而使导轨耐磨性有较大的提高，但淬火后的变形较大，增加了磨削加工量。目前，采用铸铁作支承导轨的多数都要淬硬，只有必须采用刮研进行精加工的精密支承导轨，以及某些移置导轨才不淬硬。

2）钢

采用淬火钢或氮化钢的镶钢支承导轨，可大幅度地提高导轨的耐磨性。铸铁、淬火钢组成的导轨副能够防止黏着磨损，抗磨粒磨损的性能比不淬硬的铸铁导轨副高 5～10 倍，并随合金成分和硬度的增加而提高。镶钢导轨材料有合金工具钢或轴承钢（如 9Mn2V、CrWMn、GCr15 等）、淬火钢（如 45、T8A、T10A 等）、渗碳钢或氮化钢（如 20CrMnTi、38CrMoAlA 等）。镶钢导轨工艺复杂、加工较困难、成本也较高，为了便于热处理和减少变形，可把钢导轨分段制作，再拼装、树脂粘接，并用螺栓固定在支承件上。目前，国内多用于数控机床和加工中心上。

3）有色金属

有色金属镶装导轨耐磨性高，可以防止黏着磨损，保证运动平稳性，提高运动精度。常用于重型机床运动部件的动导轨上，与铸铁的支承导轨搭配，材料主要有锡青铜、铝青铜等。

4）塑料

在动导轨上镶装塑料具有摩擦系数低、耐磨性高、抗撕伤能力强、低速不易爬行、加工性和化学稳定性好、工艺简单、成本低等优点，在各类机床上都有应用，特别是用在精密、数控和重型机床的动导轨上。塑料导轨可与淬硬的铸铁支承导轨和镶钢支承导轨组成对偶摩擦副。常用的塑料导轨有聚四氟乙烯导轨软带、环氧型耐磨导轨涂层、复合材料导轨板等。

聚四氟乙烯导轨软带是在聚四氟乙烯基体中添加锡青铜粉、MoS_2 和石墨等填充剂（以增加耐磨性）混合烧结，并做成软带状。软带用相应的胶黏剂粘贴到动导轨上，因此，这类导轨习惯上称为贴塑导轨。聚四氟乙烯导轨软带的特点是：摩擦系数低，与铸铁导轨组成对偶摩擦副时，摩擦系数在 0.03～0.05，仅为铸铁—铸铁副的 1/3 左右；动、静摩擦系数相近，具有良好的防止爬行的性能；耐磨性高，与铸铁—铸铁摩擦副相比，耐磨性可提高 1～2 倍；能够自润滑，可在干摩擦条件下工作；有良好的化学稳定性，耐酸、耐碱、耐高温；质地较软，磨损主要发生在软带上，维修时可更换软带，金属碎屑一旦进入导轨面之间，可嵌入塑料，不会刮伤相配合的金属导轨面。该材料在国内外已较为普遍地采用。但是，局部压强很大的导轨，不宜采用塑料镶装导轨，因为塑料刚度低，会产生较大的弹性变形和接触变形。

环氧型耐磨导轨涂层是以环氧树脂和 MoS_2 为基体，加入增塑剂，混合成液状或膏状为一组分和固化剂为另一组分的双组分塑料涂层。例如，国产的 HNT 导轨涂层，外国产的 SKC3 导轨涂层等。按厂家指定的表面处理工艺和涂层工艺，将涂层涂刮或注塑（注入膏状塑料）在金属导轨面上，因此，这类导轨习惯上称为注塑导轨或涂塑导轨。耐磨涂层具有良好的摩擦特性和耐磨性，适用于重型机床和不能用导轨软带的复杂配合型面。这种涂层方法对修复导轨磨损非常方便。

用复合材料制作成导轨板。例如，FQ-1 导轨板是用金属和塑料制成的三层复合材料，它是在内层钢板上镀铜并烧结一层多孔青铜，在青铜间隙中压入聚四氟乙烯及其他填料制成。导轨板是用厂家配套的胶黏剂粘贴在导轨面上。三层复合材料的导轨板还有 SF-1、SF-2、JS、GS 等材料，及国外的 DU 导轨板。导轨板使用、维修方便，应用较广。

5) 导轨副材料的选用

导轨副材料的选用原则：为提高导轨副的耐磨性，防止黏着磨损，导轨副应采用不同的材料制造；如果采用相同的材料，也应采用不同的热处理方式使双方具有不同的硬度（一般来说动导轨的硬度比支承导轨的硬度低 15～45HBS）；在直线运动导轨中，长导轨应采用较耐磨和硬度较高的材料制造。长导轨各处使用机会难以均等，磨损不均匀，对加工的精度影响较大，因此，长导轨的耐磨性应高一些。长导轨面不容易刮研，选用耐磨材料制造可减少维修的劳动量。不能完全防护的导轨都是长导轨，它露在外面，容易被刮伤。

在回转运动导轨副中，应将较软的材料用于动导轨。这是因为花盘或圆工作台导轨比底座加工方便些，磨损后修理也比较方便。

滑动导轨中，一般动导轨采用聚四氟乙烯导轨软带，支承导轨用淬火钢或淬火铸铁；或者动导轨采用铸铁，不淬火，支承导轨采用淬火钢或淬火铸铁。

2．导轨的结构

1) 直线运动导轨的截面形状

直线运动导轨的截面形状主要有四种：矩形、三角形、燕尾形和圆柱形，并可互相组合，每种导轨副之中还有凸凹之分。如图 8-19 所示，上图是凸形，下图是凹形。对于水平布置的机床，凸形导轨不易存积切屑，但难以保存润滑油，因此，适用于不易防护、速度较低的运动。凹形导轨润滑性能良好，适合于高速运动，但为防止落入切屑、灰尘等，必须配备良好的防护装置。

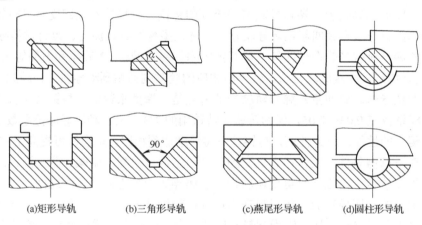

(a)矩形导轨   (b)三角形导轨   (c)燕尾形导轨   (d)圆柱形导轨

图 8-19　直线运动导轨的截面形状

图 8-19(a) 所示为矩形导轨。矩形导轨具有承载能力大、刚度高、制造简便、检验和维修方便等优点；但存在侧向间隙，需用镶条调整，导向性差。适用于载荷较大而导向性要求略低的机床。

图 8-19(b) 所示为三角形导轨。三角形导轨面磨损时，动导轨会自动下沉，自动补偿磨损量，不会产生间隙。三角形导轨的顶角 α 一般在 90°～120°，α 越小，导向性越好，但摩擦力也越大。所以，小顶角用于轻载精密机床，大顶角用于大型或重型机床。三角形导轨结

构有对称式和不对称式两种。当水平力大于垂直力，两侧压力分布不均时，采用不对称导轨。

图 8-19(c)所示为燕尾形导轨。燕尾形导轨可以承受较大的倾覆力矩，导轨的高度较小，结构紧凑，用一根镶条就可调整各接触面的间隙，间隙调整方便。但是，刚度较差，摩擦损失较大，加工、检验、维修都不太方便。适用于受力小、层次多、高度尺寸小、要求调整间隙方便和移动速度不大的场合，如卧式车床刀架、升降台铣床的床身导轨等。

图 8-19(d)所示为圆柱形导轨。圆柱形导轨制造方便，工艺性好，不易积存较大的切屑，但磨损后很难调整和补偿间隙。主要用于受轴向负载的导轨，如攻丝机和机械手等，应用较少。

导轨的尺寸已标准化，可参阅有关机床标准。

2)回转运动导轨的截面形状

回转运动导轨的截面形状有平面、锥面和双锥面三种，如图 8-20 所示。

图 8-20(a)所示为平面环形导轨。它具有承载能力大、结构简单、制造方便的优点。但不能承受背向力，因而必须与主轴联合使用，由主轴来承受径向载荷。摩擦小，精度高，适用于由主轴定心的各种回转运动导轨的机床，如高速大载荷立式车床、齿轮加工机床等。

图 8-20(b)所示为锥面环形导轨。母线倾角常取 30°，除能承受轴向载荷外，还能承受一定的径向载荷，但不能承受较大的倾覆力矩。导向性比平面环形导轨好，但制造较难。

图 8-20(c)所示为双锥面环形导轨。该类导轨可以承受较大的径向载荷和一定的倾覆力矩，但其工艺性差，在与主轴联合使用时既要保证导轨面的接触，又要保证导轨面与主轴的同心是相当困难的，因此有被平面环形导轨取代的趋势。

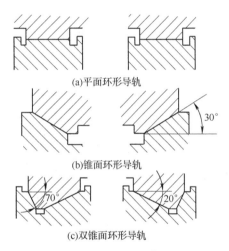

(a)平面环形导轨

(b)锥面环形导轨

(c)双锥面环形导轨

图 8-20 回转运动导轨的截面形状

回转运动导轨的直径，根据下述原则选取：低速运动的圆工作台，为使其运动平稳，取环形导轨的直径接近于工作台的直径；高速转动的圆工作台，取导轨的平均直径 D' 与工作台外径之比为 0.6～0.7。

环形导轨面的宽度 B 应根据许用压力来选择，通常取 B/D' =0.11～0.17，最常用的取 B/D' =0.13～0.14。

3)导轨的组合形式

机床直线运动导轨通常由两条导轨组合而成。根据导向精度、载荷情况、工艺性、润滑及防护等方面的要求，可采用不同的组合形式。常见的组合有以下几种。

图 8-21(a)、(b)所示为双三角形导轨。该类导轨导向精度高，磨损后能自动补偿间隙，精度保持性好，但由于过定位，加工、检验和维修都比较困难。多用于精度要求较高的机床，如坐标镗床、丝杠车床等。

图 8-21(c)、(d)所示为双矩形导轨。该类导轨刚性好，承载能力大，易于加工和维修。但导向性差，磨损后不能自动补偿间隙。适用于普通精度机床和重型机床，如重型车床、升降台铣床、龙门铣床等。双矩形导轨的导向方式有两种，由两条导轨的外侧导向时，称为宽

式组合,如图 8-22(a)所示;分别由一条导轨的两侧导向时,称为窄式组合,如图 8-22(b)所示。机床热变形后,宽式组合导轨的侧向间隙变化比窄式组合导轨大,导向性稍差,因此,双矩形导轨窄式组合比宽式组合用得更多一些。无论是宽式还是窄式组合,侧导向面都需用镶条调整间隙。

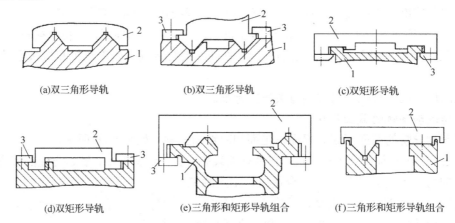

(a)双三角形导轨　　　　(b)双三角形导轨　　　　(c)双矩形导轨

(d)双矩形导轨　　　(e)三角形和矩形导轨组合　　　(f)三角形和矩形导轨组合

图 8-21　直线滑动导轨常见组合形式

1-支承导轨;2-动导轨;3-压板

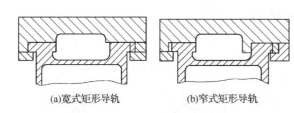

(a)宽式矩形导轨　　　(b)窄式矩形导轨

图 8-22　宽式和窄式双矩形导轨

图 8-21(e)、(f)所示为三角形和矩形导轨组合。它兼有导向性好、制造方便和刚度高的优点,在实际中得到广泛应用,适用于车床、磨床、龙门刨床等。

矩形和燕尾形导轨的组合,能承受较大的力矩,调整方便,多用在横梁、立柱、摇臂导轨中。

4)导轨间隙的调整

导轨面间的间隙对机床工作性能有直接影响。间隙过大,将影响运动精度和平稳性;间隙过小,运动阻力大,导轨的磨损加快。因此,必须保证导轨具有合理的间隙,磨损后又能方便地调整。常用调整导轨间隙的装置有压板和镶条两种。

压板用来调整辅助导轨面的间隙和承受倾覆力矩。压板用螺钉固定在运动部件上,用配刮、垫片来调整间隙。图 8-23(a)所示为用磨或刮压板的 d 和 e 面来调整间隙。间隙太大,则磨刮压板与床鞍的结合面为 d;间隙太小,则磨刮压板与床身的下导轨结合面为 e。由于 d 面和 e 面不在同一水平面,因此用空刀槽隔开。这种方式制造简单,调整复杂。图 8-23(b)所示为用改变压板与床鞍结合面间垫片 1 的厚度来调整间隙,垫片 1 是由许多薄铜片叠在一起的,调整比较方便,但调整量受垫片厚度的限制,而且降低了结合面的接触刚度。图 8-23(c)所示为压板与导轨之间用平镶条 2 调整间隙,这种方法调整方便,但刚性比前两种差,因此,多用于经常调节间隙和受力不大的场合。

镶条用来调整矩形导轨和燕尾形导轨的侧向间隙,以保证导轨面的正常接触。从提高刚度考虑,镶条应放在导轨不受力或受力较小的一侧。常用的镶条有平镶条和斜镶条两种。

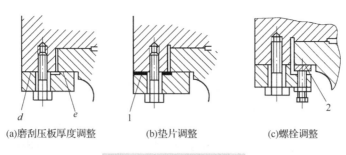

(a)磨刮压板厚度调整　　　　(b)垫片调整　　　　(c)螺栓调整

图 8-23　压板调整间隙装置

1-垫片；2-平镶条

平镶条在其长度方向是等厚度的，截面形状为矩形、平行四边形或梯形，通过横向位移调整间隙，如图 8-24 所示，具有调整方便、制造容易等特点。图 8-24(a)用于矩形导轨；图 8-24(b)、(c)用于燕尾形导轨。图 8-24(a)、(b)所示的平镶条较薄，是靠沿长度方向均布的几个螺钉调整间隙，各处间隙不易调整均匀，在调整螺钉与平镶条接触处存在变形，刚度较差。图 8-24(c)中，左侧螺钉用来调整间隙，下方螺栓用来将镶条固定在动导轨上，这种镶条刚性好，但调整麻烦，必须在间隙调整完毕后，才能拧紧紧固螺栓。

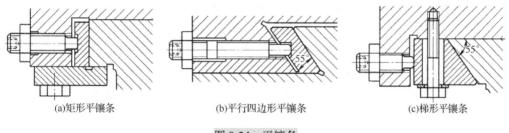

(a)矩形平镶条　　　　(b)平行四边形平镶条　　　　(c)梯形平镶条

图 8-24　平镶条

斜镶条沿其长度方向有一定斜度，靠纵向位移使其两个侧面分别与动导轨和支承导轨接触，调整导轨间隙，如图 8-25 所示。其刚度比平镶条的刚度高，但加工稍困难。常用的斜度为 1:100～1:40，镶条越长斜度应越小，以免两端厚度相差太大。动导轨的一个导轨面在长度方向上(移动方向)做成斜面，斜度与镶条的斜度相等，倾斜方向和镶条相反，两斜面配合，可纵向移动镶条调整导轨横向间隙。镶条配刮前应有一定的长度余量，以减少刮削量或避免因刮削量不足而造成废品。镶条平面与支承导轨面、镶条斜面与动导轨斜面配刮后，截去长度余量，固定在动导轨上。图 8-25(a)是用螺钉推动镶条纵向移动，这种方式结构简单、调整方便，但螺钉凸肩和镶条凹槽之间的间隙会引起镶条在往复运动中的窜动，影响导向精度和刚度。图 8-25(b)是通过分别位于镶条两端的螺钉来调整间隙，避免了镶条的窜动，性能较好，适于镶条较短的场合。图 8-25(c)是将镶条凹槽变为圆孔，将

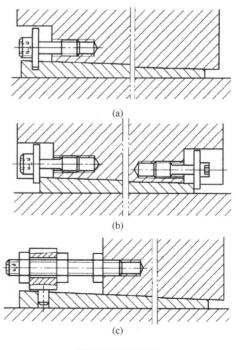

(a)

(b)

(c)

图 8-25　斜镶条

螺钉凸肩变为带圆柱销的调整套，圆柱销与圆孔配作，通过配合精度控制镶条的窜动，这种方法调整方便，但纵向尺寸稍长。

3．导轨的润滑对耐磨性的影响

从摩擦性质来看，普通滑动导轨处于具有一定动压效应的混合摩擦状态，但它的动压效应还不足以把导轨摩擦面隔开。提高动压效应，改善摩擦状态，可提高导轨的耐磨性。导轨的动压效应主要与导轨的滑动速度、润滑油黏度、导轨面上的油槽形式和尺寸有关。动导轨移动速度越高，润滑油的黏度越大，动压效应越显著。导轨面上的油槽尺寸、油槽形式对动压效应的影响，在于储存润滑油的量，储存润滑油越多，动压效应越大。导轨面的长度 L 与宽度 B 之比 L/B 值越大，越容易产生润滑油的侧流，越不容易储存润滑油；相反，L/B 值越小，则越容易储存润滑油。因此，在动导轨面上开横向油槽，相当于减小了 L/B 值，提高了储存润滑油的能力，从而提高了动压效应。若在导轨面上开纵向油槽，则相当于提高了 L/B 值，从而降低了动压效应。普通导轨的横向油槽数 K，可按 L/B 值进行选择：$L/B=10$ 时，取 $K=1\sim4$；$L/B=20$，$K=2\sim6$；$L/B=30$，$K=4\sim10$；$L/B=40$，$K=8\sim13$。

油槽的形式如图 8-26 所示。卧式导轨最好采用图 8-26(a) 的形式，即只有横向油槽，整个导轨宽度都可以形成动压效应，但需向每个横向油槽注油。当不可能向每个横向油槽分别注油时，可采用图 8-26(b) 的形式，有纵向油槽，可集中注油，方便润滑，但由于纵向油槽不产生动压效应，因而减少了形成动压效应的导轨宽度。垂直导轨可采用图 8-26(c) 的形式，从油槽的上部注油。在卧式三角形导轨面和矩形导轨的侧面上开油槽时，应将纵向油槽开在上方，如图 8-26(d)、(e) 所示，注油孔应对准纵向油槽，使润滑油能顺利地流入各横向油槽。油槽的尺寸可依据导轨的宽度 B 选取，$a\leqslant0.1B$，$a_{min}=3mm$，$a_{max}\leqslant14mm$，$b\approx0.5a$，$c\approx2a$，$R=0.5\sim2mm$。

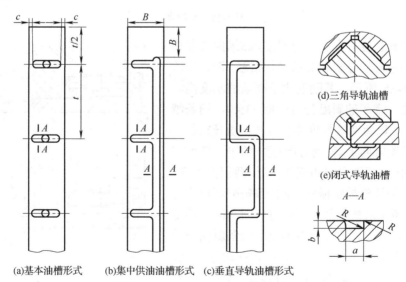

(a)基本油槽形式　(b)集中供油油槽形式　(c)垂直导轨油槽形式

(d)三角导轨油槽

(e)闭式导轨油槽

图 8-26　普通滑动导轨的油槽形式

8.3.3　其他滑动导轨简介

1．液体动压导轨

液体动压导轨的工作原理与动压轴承相同，即利用导轨副的相对运动，使两导轨面间的润滑油形成能够承载的压力油膜(也称油楔)。相对运动速度越高,油膜承载能力越大,而油膜厚度也会随着速度的不同而改变,影响加工精度。因此,动压导轨适用于速度高、精度一般的机床。

在一个导轨面上需要加工出楔形油腔,直线运动导轨的油腔必须设置在动导轨上,以保证工作时油楔始终不外漏。圆周运动导轨上的油腔一般设在支承导轨上,因上下两导轨面工作时始终接触,所以不会发生油楔外漏。

2. 液体静压导轨

在导轨的油腔中通入具有一定压强的润滑油,就能使动导轨微微抬起,在导轨面间充满润滑油所形成的承载油膜,使导轨处于液体摩擦状态,这种靠液压系统产生的压力油形成承载油膜的导轨称为静压导轨。工作过程中,导轨面上油腔的油压随外加载荷的变化自动调节,保证导轨面间在液体摩擦状态下工作。静压导轨的间隙相当于润滑油膜的厚度,间隙越大,流量越大,则刚度减小,且导轨容易出现漂移;导轨的间隙小,流量也小,刚度增大。

静压导轨的优点是:静压油膜使导轨面分开,导轨即使在启动和停止阶段也没有磨损,精度保持性好;静压导轨的油膜较厚,有均化表面误差的作用,相当于提高了制造精度;摩擦系数很小,为 0.001~0.005,机械效率高,大大降低了功率损耗,减少了摩擦发热;低速运动平稳性好,防爬行性能良好;与滚动导轨相比,静压导轨的油膜具有吸振的能力,抗振性能好。静压导轨的缺点是:结构比较复杂;需有一套完整的液压系统;调整比较麻烦;对导轨的平面度要求很高。因此,静压导轨适用于具有液压系统的精密机床和高精密机床的水平进给运动与低速运动导轨。

静压导轨按结构形式分为开式和闭式两大类。

图 8-27 所示为一个定压式开式静压导轨。液压泵 1 输出的压力油 p_s 经节流器 4 节流后,压力降为 p_b 进入导轨油腔,然后从油腔四周的油封间隙处流出,压力降为零。油腔内的压力油产生上浮力,与工作台 5 和工件的自重 W 及切削力 F 平衡,将动导轨浮起,上下导轨面间成为纯液体摩擦。当作用在动导轨上的载荷 $F+W$ 增大时,工作台失去平衡而下降,导轨油封间隙减小,液阻增大,油液外泄的流量减小,由于节流器的调压作用,使油腔压力 p_b 随之增大,上浮力提高,平衡了外载。由于上浮力的调整是因油封间隙变化而引起的,因此,随载荷的变化工作台位置略有变动。开式静压导轨适用于三角形矩形组合导轨副,且动导轨为凸三角形,以便油腔的加工。

图 8-28 所示为闭式静压导轨。压力油经可变节流器节流后,通入导轨面油腔和辅助导轨面油腔。假定在初始状态,节流器的膜片在平直状态,导轨面油腔节流口节流缝隙宽度为 a_1,辅助导轨面节流口节流缝隙宽度为 a_2,导轨面的油膜厚度为 h_1,辅助导轨面的油膜厚度为 h_2。每个油腔形成一个独立的液压支承点,在液压力的作用下动导轨及其运动部件便浮起来,形成液体摩擦。

当动导轨上受载荷 $F+W$ 作用时,平衡被破坏,动导轨下降,此时导轨副摩擦面间隙 h_1 减小,油液经导轨摩擦面的缝隙流回油箱的阻力增大,导致导轨面油腔的压强 p_{b1} 增高;辅助导轨摩擦面之间的间隙 h_2 增大,辅助导轨摩擦面的回油阻力减小,导致辅助导轨面油腔的压强 p_{b2} 减小。p_{b1}、p_{b2} 反馈给可变节流器,节流器的膜片向下弯曲,使节流器上腔节流缝隙变宽,节流阻力减小,下腔节流缝隙变窄,节流阻力增大,连通导轨副油腔的油液压强进一步增大，而辅助导轨副油腔的油液压强进一步减小，在油腔油液压力差的作用下，平衡外载。由上述分析可知，可变节流器上下油腔的节流液阻与导轨上下油腔液阻的阻值作相反的变化，增强了油腔压力随外载荷变化的反馈能力，减少了外载荷变化引起工作台位置的变化，即提高了导轨的刚度。因此，采用闭式导轨，油膜刚度较高，能承受较大载荷，并能承受偏载和倾覆力矩作用。闭式静压导轨适用于双矩形导轨。

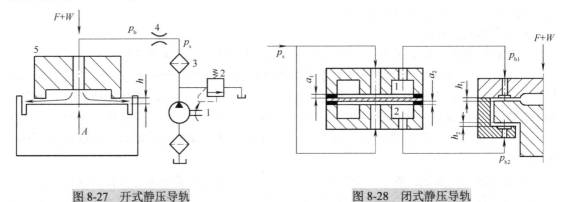

图 8-27　开式静压导轨　　　　　　　　图 8-28　闭式静压导轨

1-液压泵；2-溢流阀；3-滤油器；4-节流器；5-工作台

　　静压导轨按供油情况可分为定压式静压导轨（图 8-27、图 8-28）和定量式静压导轨（图 8-29）。在图 8-27 和图 8-28 中，节流器进口处的压强 p_s 是一定的，故称为定压式，目前应用较多。

　　定量式静压导轨保证流经油腔的润滑油流量为一定值。因此，每一油腔都需有一个定量泵供油，为了简化机构，常采用多联齿轮泵。由于流量不变，当导轨间隙随外载荷的增大而变小时，油压上升，载荷得到平衡。载荷的变化只会引起很小的导轨间隙变化，因而能得到较高的油膜刚度。定量式静压导轨无节流器，既可减少油的发热又可避免堵塞。但是需要多联液压泵。虽然每个液压泵的流量很小，但构造仍较复杂。

3. 卸荷导轨

　　采用卸荷导轨可以减轻支承导轨的负荷，或相当于降低导轨的静摩擦系数，从而减少摩擦力，提高导轨的耐磨性和低速运动的平稳性。尤其是对大型、重型机床来说，工作台和工件的重力很大，导轨面上的摩擦阻力很大，常采用卸荷导轨。由于卸荷导轨的导轨面仍然是直接接触的，因而不仅刚度较高，而且有较大的摩擦阻尼，还可以减振。

　　导轨的卸荷方式有机械卸荷、液压卸荷和气压卸荷。

　　(1)机械卸荷导轨。图 8-30 所示是常用的机械卸荷装置，导轨上的一部分载荷由支承在辅助导轨面 a 上的滚动轴承 3 承受，摩擦性质为滚动摩擦。一个卸荷点的卸荷力大小可通过调整螺钉 1 调节蝶形弹簧 2 来实现。卸荷点的数目取决于动导轨的载荷和卸荷系数(支座的卸荷力与承受的载荷之比)的大小。机械卸荷方式的卸荷力不能随外载荷的变化而调节。

　　(2)液压卸荷导轨。液压卸荷导轨是在导轨上加工出纵向油槽，油槽结构与静压导轨相同，只是油槽的面积较小，压力油进入油槽后，油槽压力不足以将动导轨及运动部件浮起，但油压力作用于导轨副的摩擦面之间，减少了接触面的压强，改善了摩擦性质。采用液压卸荷导轨的机床，有立式车床、龙门铣床、外圆磨床和平面磨床等。如果是液压传动的机床，采用液压卸荷导轨，还可共用一部分液压元件。导轨的液压卸荷系统是根据受载是否均匀进行选择的。当导轨受载不均匀时，即当移动部件和工件的重量在导轨上分布不均，切削力较大又产生倾覆力矩，导轨所在支承件的刚度又较低时，就会使导轨各支座的负荷相当不均匀。为了使每个支座具有与支座负荷相适应的卸荷力，可采用与支座数相同的节流阀，分别调节每个支座的油压。

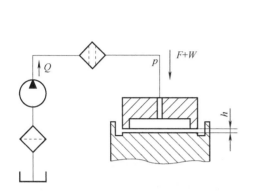

图 8-29　定量式静压导轨

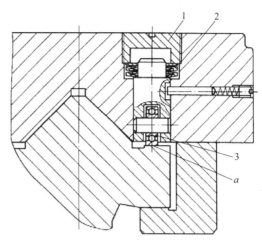

图 8-30　机械卸荷导轨

1-螺钉；2-蝶形弹簧；3-滚动轴承

（3）自动调节气压卸荷导轨。压缩空气进入工作台的气槽，经导轨面间由于表面粗糙度而形成的微小间隙流入大气，导轨间的气压呈梯形分布，形成一个气垫，产生的上浮力对导轨进行卸荷。气压卸荷导轨以压缩空气作为介质，无污染，无回收问题，且黏度低，动压效应影响小。但由于气体的可压缩性，气体静压导轨的刚度不如液体静压导轨。为了兼顾精度和阻尼的要求，应使摩擦力基本保持恒定。导轨所受的载荷是随所承受的重量和切削力变化的，如果能使卸荷力随载荷而变，就可使导轨在不同载荷下的摩擦力比较接近，有利于提高定位精度。下面介绍卸荷力能根据载荷自动调节的气压卸荷导轨。

图 8-31 是气压卸荷导轨原理图。供气气压为 p_s 的压缩空气，经增压阀 7 的阀口缝隙 6 进入动导轨的气槽，再经由导轨副的表面粗糙度形成的间隙 h 进入大气。气压 p_s 经阀口缝隙降至 p，再经间隙 h 降至 0。p 乘以气槽的有效面积就是该气槽的卸荷力，每条导轨至少要有两个气槽。p_s 的另一路经节流阀 4 把气压降至 p_d，再经位移传感器 1 的喷嘴和支承导轨间形成的间隙 H 降至 0。这个 p_d 被引至增压阀 7 的中部。第三条路是 p_s 经减压阀 3 减至恒定的气压 p_c，并引至增压阀 7 的左部，p_cA（A 为阀中的膜片面积）加弹簧力与 p_dA 平衡，以保持一定的开口缝隙 6，从而保持一定的气槽气压 p。当载荷增加（重量 W 或切削力 F 增加）时，导轨面间因接触变形加大而使 H 减小，阻力增加，使 p_d 增加。膜片右侧的作用力加大，阀芯 5 左移，开口缝隙 6 变大。同时 h 也减小，则 p 升高，卸荷力增加。反之，则 p 降低，卸荷力减小。p_d 的变化是很小的，经增压阀 7 使 p 得到较大的变化，因此，增压阀 7 是一个压力放大器。

这种导轨能使卸荷力随外载荷的变化而自动地变化，部分地补偿其增量。作用在支承导轨上的正压力可调节到在一个不大的范围内变化，因此，摩擦力也可保持很小的变化幅度。

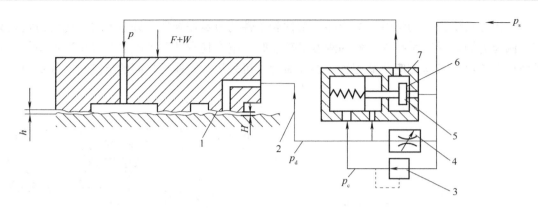

图 8-31　自动调节气压卸荷导轨

1-位移传感器；2-管路；3-减压阀；4-节流阀；5-阀芯；6-缝隙；7-增压阀

8.3.4　直线滚动导轨

滚动导轨是指在动导轨面和支承导轨面之间放置多个滚动体(如滚珠、滚柱或滚针)，使两导轨面之间的摩擦成为滚动摩擦的导轨。滚动导轨与滑动导轨相比，其优点是：摩擦系数小(f=0.002～0.005)，且动、静摩擦系数很接近。因此，滚动导轨摩擦力小，起动轻便，不易出现爬行；可得到较高的重复定位精度(可达 0.1～0.2μm)；磨损小，精度保持性好，寿命长；可采用油脂润滑，润滑系统简单。常用于对运动灵敏度要求高的机床，如精密机床和各种数控机床。滚动导轨的缺点是：导轨的刚度和抗振性能较差，但可以通过预紧方式提高；结构复杂，成本较高；对脏物比较敏感，必须有良好的防护装置。

1.　滚动导轨的材料及技术要求

滚动体材料一般用滚动轴承钢，淬火后硬度达 60HRC 以上。滚动导轨中的支承导轨可用淬硬钢或铸铁制造。钢导轨具有承载能力大和耐磨性较高的特点，但工艺性差，成本高。常用材料为低碳合金钢、合金结构钢、合金工具钢等。淬硬钢导轨适用于静载荷高、动载荷和冲击载荷大、需要预紧和防护比较困难的场合。铸铁导轨常用材料 HT200，硬度为 200～220HBS，适用于中、小载荷，不需要预紧且不承受动载荷的导轨上。

导轨和滚动体的制造误差，直接影响设备的加工精度和各滚动体上载荷的分布。有预紧的滚动导轨，制造误差会在导轨移动时使预紧力发生变化，影响导轨移动的均匀性。因此，滚动导轨的制造精度要求是很高的，除导轨的直线度和平行度要求外，对滚动体的精度要求也与滑动导轨相同。

2.　滚动导轨的类型

(1)按滚动体类型分类。按滚动体类型，可分为滚珠、滚柱和滚针三种结构形式。滚珠导轨结构紧凑，容易制造，但因为是点接触，承载能力低，刚度差，适用于载荷较小的场合。滚柱导轨结构简单，制造精度高，承载能力和刚度都比滚珠导轨高，适用于载荷较大的机床。滚针比滚柱的长径比大，因此，滚针导轨的径向尺寸小，结构紧凑，承载能力大，但摩擦系数也大，可用在结构尺寸受到限制的场合。

(2)按循环方式分类。按滚动体循环与否，可分为循环式和非循环式。循环式滚动导轨的滚动体在运动过程中沿自己的工作轨道和返回轨道作连续循环运动，如图 8-32 所示。因此，运动部件的行程不受限制。这种结构装配和使用都很方便，防护可靠，应用广泛。滚动体不循环的滚动导轨，其滚动体由保持架相对固定，并始终与支承导轨接触。保持架的长度与支承导轨长度相等，保持架的长度限制了滚动导轨的工作行程，因此，非循环式滚动导轨多用于短行程导轨。

3. 直线滚动导轨副的工作原理

如图 8-32 所示，滚动导轨副由导轨条 1 和滑块 5 组成。导轨条是支承导轨，一般有两根，安装在支承件(如床身)上，滑块安装在运动部件上，它可以沿导轨条作直线运动。每根导轨条上至少有两个滑块。若运动件较长，可在一根导轨条上装三个或更多的滑块。如果运动件较宽，也可用三根导轨条。滑块 5 中装有两组滚珠 4，两组滚珠各有自己的工作轨道和返回轨道，当滚珠从工作轨道滚到滑块的端面时，经端面挡板 2 和滑块中的返回轨道孔返回，在导轨条和滑块的滚道内连续地循环滚动。为防止灰尘进入，采用了密封垫 3 密封。

滚动导轨块用滚子作滚动体，与支承导轨的接触是线接触，承载能力和刚度都比滚珠导轨高，但摩擦系数略大。如图 8-33 所示，导轨块 3 用固定螺钉 1 固定在动导轨 2 上，滚动体 4 在导轨块 3 与支承导轨(一般用镶钢导轨)6 之间滚动，并经两端的端面挡板 5 及返回轨道返回，作循环运动。滚动导轨块与动导轨之间是面接触，其接触面相对于支承导轨面很小，可视为点，因而导轨块是一个定位点，每条导轨上安装两个滚动导轨块时，

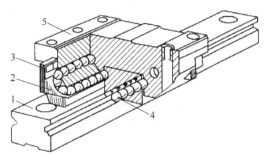

图 8-32　直线循环式滚动导轨副

1-导轨条；2-端面挡板；3-密封垫；4-滚珠；5-滑块

两条导轨形成一个定位平面，只限制三个自由度，需增加侧面导向的导轨，限制沿 x 方面移动和绕 y 轴转动的自由度，以保证导向精度。

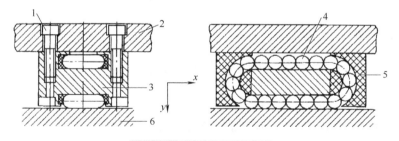

图 8-33　滚动导轨块原理图

1-固定螺钉；2-动导轨；3-导轨块；4-滚动体；5-端面挡板；6-支承导轨

4. 滚动导轨的精度和预紧

滚珠导轨副的精度分为 1～6 级，1 级最高，6 级最低。数控机床应采用 1 级或 2 级精度。滚柱导轨块的精度为 1～4 级。

在滚动体与导轨面之间预加一定载荷，可增加滚动体与导轨的接触面积，以减小导轨面平面度、滚子直线度以及滚动体直径不一致性等误差的影响，使大多数滚动体都能参与工作。由于有预加接触变形，接触刚度有所增加，从而提高了导轨的精度、刚度和抗振性。因此，滚动导轨副的刚度与滚动轴承一样是载荷的函数，随载荷的增加而增加。因此，滚动导轨副应考虑预紧。不过预加载荷应适当，太小不起作用，太大不仅对刚度的增加起不到明显作用，

而且会增加牵引力，降低导轨寿命。

整体型直线滚动导轨副由制作厂家用选配不同直径钢球的办法来决定间隙或预紧，用户可根据对预紧的要求订货，不需要自己调整。对于分离式直线滚动导轨副和各种滚动导轨块，一般采用各种调整元件进行调隙或预紧。如图8-34中，通过调整楔铁1的纵向位置进行预紧。

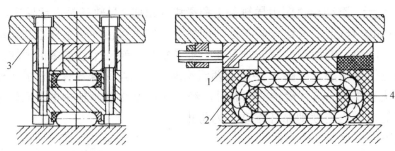

图 8-34　滚柱导轨块的预紧

1-楔铁；2-端面挡板；3-动导轨；4-导轨块

5. 直线滚动导轨的计算

滚动导轨的设计计算与滚动轴承相仿，以在一定的载荷下移动一定的距离，90%的支承不发生点蚀为依据。这个载荷称为额定动载荷，移动的距离称为滚动导轨的额定寿命。滚珠导轨副的额定寿命为50km，滚子导轨块的额定寿命为100km。滚动导轨副的预期寿命，除与额定动载荷和导轨的实际外(工作)载荷有关，还与导轨的硬度、滑块部分的工作温度和每根导轨上的滑块数有关。计算公式如下。

滚动体为球时

$$L = 50\left(\frac{C}{F}\frac{f_{\mathrm{H}}f_{\mathrm{T}}f_{\mathrm{C}}}{f_{\mathrm{W}}}\right)^{3}$$

滚动体为滚子时

$$L = 100\left(\frac{C}{F}\frac{f_{\mathrm{H}}f_{\mathrm{T}}f_{\mathrm{C}}}{f_{\mathrm{W}}}\right)^{\frac{10}{3}}$$

式中，L 为滚动导轨的预期寿命，km；C 为额定动载荷，N，可从样本手册中查出；F 为每个滑块或滚子导轨块的工作载荷，N；f_{H} 为硬度系数，当球导轨的导轨条或与滚子导轨块接触的定导轨面的硬度为 58～64HRC 时，$f_{\mathrm{H}}=1.0$；硬度≥55HRC 时，$f_{\mathrm{H}}=0.8$；硬度≥50HRC 时，$f_{\mathrm{H}}=0.53$；f_{T} 为温度系数，当工作温度不超过 100℃时，$f_{\mathrm{T}}=1$；f_{C} 为接触系数，每根导轨上安装两个滑块时，$f_{\mathrm{C}}=0.81$；安装三个滑块时，$f_{\mathrm{C}}=0.72$；安装四个滑块时，$f_{\mathrm{C}}=0.66$；f_{W} 为载荷/速度系数，无冲击振动、滚动导轨的移动速度 $v≤15$m/min 时，$f_{\mathrm{W}}=1～1.5$；轻冲击振动、15m/min$<v≤60$m/min 时，$f_{\mathrm{W}}=1.5～2$；有冲击振动、$v>60$m/min 时，$f_{\mathrm{W}}=2～3.5$。

导轨设计时，也可根据额定寿命和工作载荷，计算出导轨副的额定动载荷，按额定动载荷选择滚动导轨型号。额定动载荷按下式计算：

$$C = \frac{f_{\mathrm{W}}}{f_{\mathrm{H}}f_{\mathrm{T}}f_{\mathrm{C}}}F$$

如果工作静载荷 F_0 较大，则选择的滚动导轨的额定静载荷 $C_0≥2F_0$。

8.3.5　低速运动平稳性

1．爬行现象和机理

机床上有些运动部件需要作低速运动或微小位移，例如，外圆磨床砂轮架的横向切入运动、坐标镗床工作台的定位运动等。图 8-35(a)所示为一工作台及其驱动机构。运动由主动件 1 传入，经传动机构 2，驱动工作台(被动件)3 沿支承导轨 4 运动。如果运动速度很低，则当主动件 1 作匀速运动时，工作台 3 往往会出现明显的速度不均匀。有时是时停时走，如图 8-35(b)，图中 v_{13} 是工作台 3 作匀速运动时的速度；有时是时快时慢，如图 8-35(c)。这种在低速时运动不平稳的现象称为爬行。在间歇微量位移机构中，也会出现这种爬行现象。

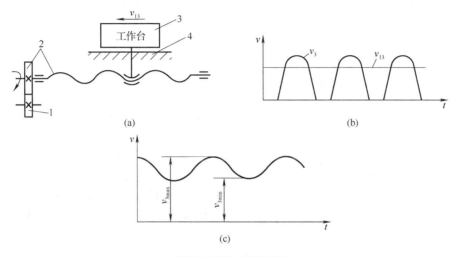

图 8-35　工作台的移动

1-主动件；2-传动机构；3-工作台；4-支承导轨

运动速度不均匀的低速爬行，影响机床的加工精度、定位精度，使工件表面精度降低；爬行严重时会导致机床不能正常工作。因此，设计机床(尤其是精密机床和数控机床等)时必须重视和加以解决。

爬行是一种摩擦自激振动。其主要原因是摩擦面上的动摩擦系数小于静摩擦系数，且在低速范围内，动摩擦系数随滑移速度的增加而减小，以及传动系统的弹性变形。图 8-35(a)所示进给传动机构的力学模型见图 8-36。主动件 1 以极低的速度匀速移动，速度为 v；传动机构 2 简化为一个等效弹簧(其刚度为 K)和一个等效阻尼(阻尼系数为 c_1)。动导轨及工作台 3 的质量为 m，沿支承导轨 4 的 x 方向移动，摩擦力为 F，F 是变化的。当主动件以极低的速度匀速向右移动时，驱动力小于工作台的静摩擦力 F_0 时，工作台不运动，因而传动机构产生弹性变形，相当于压缩等效弹簧。主动件继续运动，等效弹簧的压缩量加大，工作台所受的驱动力也越来越大。当驱动力超过静摩擦力时，工作台开始移动，静摩擦变为动摩擦，摩擦系数迅速下降，使移动的速度增大。由于动摩擦力随速度的增加而减小，又使工作台的

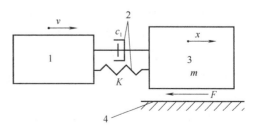

图 8-36　进给传动机构的力学模型

1-主动件；2-传动机构；3-动导轨及工作台；4-支承导轨

移动速度进一步加大。随着弹簧的伸长，压缩量逐渐恢复，驱动力在减小，当等于动摩擦力时，系统处于平衡状态。但是由于惯性，工作台仍以较大的速度移动，弹簧力进一步减小，当减小到小于动摩擦力时，加速度变为负值，工作台的移动速度开始降低，动摩擦力随之增大，并使速度进一步下降。当弹簧力和工作台的惯性不能克服摩擦力时，工作台便停止运动。主动件再重新开始压缩弹簧，上述现象再次重复，就产生了爬行。在边界摩擦和混合摩擦状态下，动摩擦系数的变化是非线性的，在等效弹簧的压缩过程中，工作台的速度小于主动件的速度，工作台的速度尚未减到零时，等效弹簧的弹性恢复力有可能又大于动摩擦力，使工作台再次加速，出现时快时慢的爬行现象。

根据有关理论可知，传动机构的等效黏性阻尼系数 c_1 恒为正。c_2 是摩擦阻尼系数，如果摩擦力随滑动速度的升高而下降，则 c_2 是负值，此时有可能出现爬行。因此，爬行只会出现在金属—金属摩擦副的边界摩擦和混合摩擦区，即只可能出现在低速时。如果由于高速的动压效应，或者速度虽低但采用静压支承，使摩擦副处于液体摩擦状态，则 $c_2>0$，就不会出现任何形式的爬行。如果改变摩擦的性质、改变摩擦副的材料，或者改变润滑油的性能，使得在低速时摩擦系数不随速度的增加而下降，或虽下降但能保持 $|c_2|_{max}<c_1$，则也不会发生爬行。这就是消除爬行的理论依据。

当低速运动进给机构设计完成后，即移动部件的质量 m、传动机构的刚度 K 已经确定下来；导轨摩擦副材料选定以后，静、动摩擦系数之差也就确定下来；根据导轨的受力分析，可以求出导轨的受力。这时，可用临界速度判断是否产生爬行。当导轨的最低速度大于临界速度时，不产生爬行；如果小于临界速度则将产生爬行。爬行的临界速度是评价机床性能的一个重要指标。临界速度按下式计算：

$$v_c = \frac{F\Delta f}{A_c\sqrt{Km}} \approx \frac{F\Delta f}{\sqrt{4\pi\xi Km}}$$

式中，v_c 为动导轨的临界速度，m/s；F 为导轨面法向作用力，N；Δf 为静、动摩擦系数之差；A_c 为运动均匀性系数，是阻尼比 ζ 的函数；ξ 为阻尼比。

2. 消除爬行的措施

在设计低速运动机构时，首先应估算其临界速度。如果所设计机构的最低速度低于临界速度，就应采取措施降低其临界速度。降低爬行临界速度的措施有：减少静、动摩擦系数之差；改变动摩擦系数随速度变化的特性；提高传动系统的刚性和阻尼比；尽量减少动导轨及工作台的质量。

1)减少静动摩擦系数之差，改变动摩擦系数随速度增加而减小的特性

(1)用滚动摩擦代替滑动摩擦。采用滚动导轨和滚珠丝杠螺母副，滚动摩擦系数很小，只有约 0.005，而且静、动摩擦系数实际上没有什么差别，动摩擦系数又不随速度而变化。

(2)采用卸荷导轨和静压导轨。采用卸荷导轨后，移动件的一部分重量由卸荷装置承担。如果采用静压导轨，则导轨面被油层完全隔开，摩擦力就是油层间的剪切力，摩擦系数很小，并且没有静、动摩擦系数之差，摩擦性质为液体摩擦，c_2 为正值，故不会发生爬行。

(3)采用减摩材料。摩擦副为钢或铁对聚四氟乙烯塑料时，Δf 较小，动摩擦系数基本不变。为了防止爬行，可在导轨表面镶装塑料板或其他减摩材料制成的导轨板。

(4)采用导轨油。采用导轨油有可能在完全不改动原有滑动导轨构造的条件下消除爬行现象。静摩擦系数大于动摩擦系数以及低速时摩擦系数随速度的增加而降低的原因之一，是在边界摩擦状态下，运动件停止或低速运动时，油膜被挤破，发生金属的直接接触。导轨油内加入极性添加剂，增加了油性，使油分子紧紧地吸附在导轨上。运动件停止后油膜也不会被挤破。采用较高标号的导轨油还由于油的黏度较大，黏性阻尼也较大，因而有利于缩短过渡过程。

2) 提高传动系统的刚度

(1) 机械传动的微量进给机构如采用丝杠螺母机构，丝杠的拉压变形占整个传动系统总变形的 30%~50%，故应适当加大丝杠直径以提高拉压刚度。轴承适度预紧，消除间隙。

(2) 缩短传动链，减少传动件的数量。

(3) 合理分配传动比，采用前密后疏的原则，使多数传动件受力较小。

(4) 对液压传动进给机构，应防止油液中混入空气。油液混入空气后，其容积弹性模量会急剧下降。

习题与思考题

8-1　简述主轴组件在机床中的功用及基本要求。

8-2　滚动轴承与滑动轴承相比其优缺点有哪些？

8-3　滚动轴承预紧的目的是什么？

8-4　滚动轴承润滑的目的是什么？常用的润滑剂有哪几类？

8-5　推力轴承有几种位置配置形式？各有什么特点？

8-6　机床支承件应满足哪些基本要求？

8-7　简述隔板的作用及布置形式。

8-8　机床导轨应满足的要求有哪些？

8-9　简述爬行的产生原因和消除爬行的措施。

8-10　简述常用支承件的截面形状和特点。

8-11　常用滑动导轨的材料及其要求是什么？

8-12　什么是液体静压导轨？有何特点？

8-13　机床支承件常用的材料有哪些？

第9章 组合机床设计

本章知识要点

(1)掌握组合机床的应用、组成、类型，以及组合机床的通用部件。

(2)了解组合机床总体设计中的工艺方案和配置形式的确定。

(3)掌握"三图一卡"的编制方法。

(4)了解通用多轴箱的设计内容。

9.1 组合机床概述

组合机床是根据工件加工需要，以大量系列化、标准化的通用部件为基础，配以少量专用部件，对一种或数种工件按预先确定的工序进行加工的高效专用机床。

组合机床是随着机械工业的不断发展由通用机床、专用机床发展而来的。由于通用机床的生产率较低，并且加工精度不稳定，因而难以满足要求较高精度的大批量生产的要求。专用机床虽然可以实现多刀切削，而且自动化程度高，结构较简单，生产效率也较高，但是，专用机床的设计、制造周期长，造价高，工作可靠性差。另外，专用机床是针对某工件的一定工序设计的，当产品改进，工件的结构、尺寸稍有变化时，就不能继续使用。因此，专用机床不能适应机械工业迅速发展、产品不断更新的要求。为了满足机械工业高速发展、产品更新迅速的要求，人们分析了各种机床的结构特点，将其划分为若干具有一定功能的独立部件，并使其中一些能在各种专用机床上相互通用的部件，按系列化、标准化和通用化设计，并预先组织成批生产。这些相互通用的部件称为通用部件。根据工件的加工要求，选用合适的通用部件，再设计少量适应加工对象要求的专用部件，就可组成所需的专用机床。这种专用机床就是组合机床。

组合机床能够对工件进行多刀、多轴、多面、多工位同时加工。就目前使用情况来说，组合机床主要用于平面加工和孔加工两类工序。平面加工包括铣平面、车端面和刮端面等；孔加工包括钻、扩、铰、镗孔以及倒角、攻螺纹、锪沉孔等。随着组合机床技术的不断发展，组合机床的工艺范围也在不断扩大，不但可以车外圆、车外螺纹、磨削、滚压孔、拉削、抛光、珩磨，甚至还可以完成冲压、焊接、热处理、装配和自动测量等工序。

与其他机床相比较，组合机床具有以下特点。

(1)设计和制造组合机床，只需设计、制造少量专用部件，不仅设计、制造周期短，而且也便于使用和维修。

(2)通用部件经过了长期生产实践的考验，且由专业厂集中成批制造，质量易于保证，因而机床工作稳定可靠，制造成本也较低。

(3)当加工对象改变时，通用零、部件可以重复使用，组成新的机床，有利于产品更新。

组合机床广泛应用于大批量的生产行业，如汽车、拖拉机、电动机、内燃机、阀门等制造业。组合机床主要加工箱体类零件，如气缸体、变速箱体、气缸盖、阀体等，也可用来完成轴套类、轮盘类、盖板类零件的部分或全部工序的加工。一些重要零件的关键加工工序，虽然生产批量不大，也采用组合机床来保证其加工质量。目前，组合机床的研制正向高效、高精度、高自动化的柔性化方向发展。

9.1.1　组合机床的组成

图 9-1 所示为一台单工位双面复合式组合机床。它是由滑台 1、镗削头 2、夹具 3、多轴箱 4、动力箱 5、立柱 6、立柱底座 7、中间底座 8、侧底座 9 以及控制部件和辅助部件(图中未示出)等组成的。

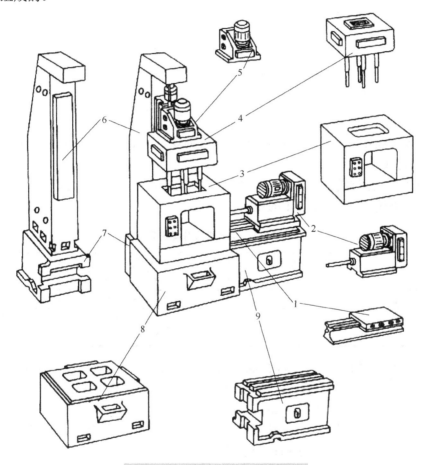

图 9-1　单工位双面复合式组合机床

1-滑台；2-镗削头；3-夹具；4-多轴箱；5-动力箱；6-立柱；7-立柱底座；8-中间底座；9-侧底座

工件安装在夹具 3 中，加工时固定不动；多轴箱 4 上的若干钻头(或其他孔加工刀具)和镗削头 2 上的镗刀，分别由电动机通过动力箱 5、多轴箱或传动装置驱动作旋转主运动，并由各自的滑台带动作直线运动，完成一定的运动循环。组成上述组合机床的主要部件中，除夹具和多轴箱是专用部件外，其余都是通用部件，而且专用部件中的绝大多数零件也是通用的，如多轴箱的主轴、传动轴、齿轮和润滑装置以及夹具的定位和夹紧元件等。通常，一台组合机床中通用部件和零件占整台机床的 70%～90%。

9.1.2　组合机床的型号编制方法

(1) 型号表示方法。组合机床及其自动线的型号是产品的代号，按照机械行业标准《组合机床型号编制方法》(JB/T 4168—2011)，组合机床的型号由汉语拼音字母及阿拉伯数字组成，型号中有固定含义的汉语拼音字母按其相对应的汉字字意读音，没有固定含义的汉语拼音字母(如重大改进顺序号)，则按汉语拼音字母读音。

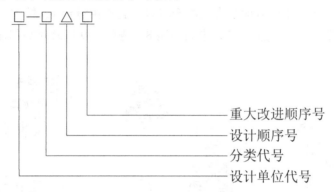

(2) 设计单位代号。设计单位代号按相关标准的规定。凡无代号及新建立的单位，当需要代号时，可自定代号。

(3) 分类代号。分类代号由汉语拼音字母组成，位于设计单位代号之后，并用"—"分开，读作"之"。分类代号应符合表 9-1 的规定。

表 9-1　组合机床分类代号

组合机床分类	分类代号	组合机床分类	分类代号
大型组合机床	U	大型组合机床自动线	UX
小型组合机床	H	小型组合机床自动线	HX
微型组合机床	W	微型组合机床自动线	WX
自动换刀、换箱数控组合机床	K	自动换刀、换箱数控组合机床自动线	KX

(4) 设计顺序号。设计顺序号以阿拉伯数字表示，位于分类代号之后，设计顺序号机床由"001"起始，自动线由"01"起始，顺序号超过规定位数时，按顺序依次进位。

(5) 重大改进顺序号。当机床的结构、性能有重大改进和提高，并需按新产品重新设计、试制时，在机床型号之后按 A、B、C 等汉语拼音字母的顺序选用(但"I、O"两个字母不得选用)，加入型号的尾部以区别于原机床型号。

例如，大连组合机床研究所设计的第三台自动换刀或换箱数控组合机床，其型号为 ZHS-K003。

9.1.3　组合机床的类型

组合机床的通用部件分大型和小型两大类。用大型通用部件组成的机床称为大型组合机床，用小型通用部件组成的机床称为小型组合机床。大型组合机床和小型组合机床在结构和配置形式等方面有较大的差别。小型组合机床也是由大量通用零部件组成的，其配置特点是，常用两个以上具有主运动和进给运动的小型动力头分散布置、组合加工。动力头有套筒式、滑台式，横向尺寸小，配置灵活性大，操作使用方便，易于调整和改装。小型组合机床分单工位和多工位两类。目前在生产中使用较多的是各种多工位小型机床，其中最常用的是回转工作台式小型组合机床。

本章重点介绍大型组合机床及其设计。根据大型组合机床的配置形式，可将其分为具有固定夹具的单工位组合机床、具有移动夹具的多工位组合机床和转塔式组合机床三类。

1. 具有固定夹具的单工位组合机床

单工位组合机床特别适用于加工大、中型箱体类零件。在整个加工循环中，夹具和工件固定不动，通过动力部件使刀具从单面、双面或多面对工件进行加工。这类机床加工精度较高，但生产率较低。

按照组成部件的配置形式及动力部件的进给方向，单工位组合机床又分为卧式、立式、倾斜式和复合式四种类型。

(1)卧式组合机床。卧式组合机床的刀具主轴水平布置，动力部件沿水平方向进给。按加工要求的不同，可配置成单面、双面或多面的形式(图 9-2(a)、(b)、(c))。

(2)立式组合机床。立式组合机床(图 9-2(d))的刀具主轴垂直布置，动力部件沿垂直方向进给。一般只有单面配置一种形式。

(3)倾斜式组合机床。倾斜式组合机床(图 9-2(f))的动力部件倾斜布置，沿倾斜方向进给。可配置成单面、双面或多面的形式，以加工工件上的倾斜表面。

(4)复合式组合机床。复合式组合机床(图 9-2(e))是上述两种或三种形式的组合。

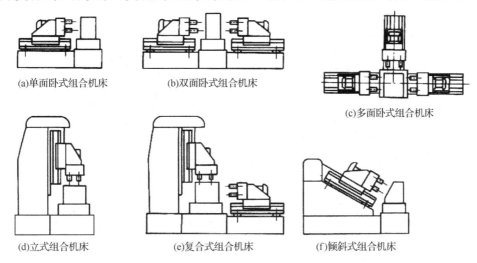

(a)单面卧式组合机床　　　　(b)双面卧式组合机床

(c)多面卧式组合机床

(d)立式组合机床　　　　(e)复合式组合机床　　　　(f)倾斜式组合机床

图 9-2　具有固定夹具的单工位组合机床

2. 具有移动夹具的多工位组合机床

多工位组合机床的夹具和工件可按预定工作循环，作间歇的移动或转动，以便依次在不同工位上对工件进行不同工序的加工。这类机床生产率高，但加工精度不如单工位组合机床，多用于大批量生产中对中小型零件的加工。

按照夹具和工件的输送方式不同，可分为移动工作台式、回转工作台式、中央立柱式和鼓轮式四种类型。

(1)移动工作台组合机床。图 9-3(a)所示的组合机床，可先后在两个工位上对工件进行加工，夹具和工件可随工作台直线移动来实现工位的变换。

（2）回转工作台组合机床。图 9-3（b）所示的组合机床，可同时在三个工位上对工件进行不同内容的加工。夹具和工件安装在绕垂直轴线回转的回转工作台上，并随其作周期转动，以实现工位的变换。这种机床适合于对中小型工件进行多面、多工序加工，具有专门的装卸工位，使装卸工件的辅助时间和机动时间重合，故生产率较高。

（3）中央立柱式组合机床。图 9-3（c）所示为一台六工位中央立柱式组合机床，其上的夹具和工件安装在绕垂直轴线回转的环形回转工作台（直径较大）上，并随其作周期转动，以实现工位的变换。在环形回转工作台周围以及中央立柱上均可布置动力部件，在各个工位上，对工件进行多工序加工。

（4）鼓轮式组合机床。图 9-3（d）所示为一台鼓轮式组合机床，其上的夹具和工件安装在绕水平轴线回转的鼓轮上，并作周期转动以实现工位的变换。在鼓轮的两端布置动力部件，从两面对工件进行加工。

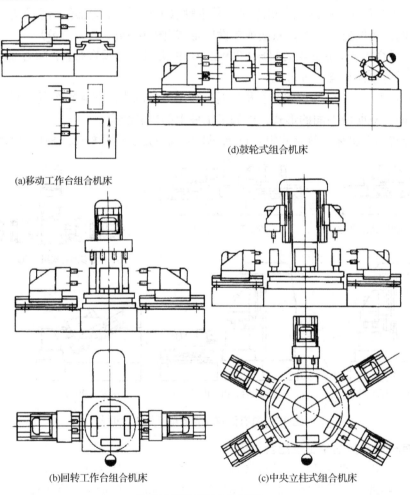

(d)鼓轮式组合机床

(a)移动工作台组合机床

(b)回转工作台组合机床　　　　　　(c)中央立柱式组合机床

图 9-3　多工位组合机床

3. 转塔式组合机床

转塔式组合机床（图 9-4）的特点是几个多轴箱安装在转塔头上，通过转塔转位，可将多轴箱依次引入加工位置，对工件进行加工。按多轴箱是否作进给运动，可将这类机床分为两类。

（1）只实现主运动的转塔式多轴箱组合机床。多轴箱安装在转塔回转头上（图 9-4（a）），主轴由电动机通过多轴箱内的传动装置带动作旋转主运动；工件安装在滑台的回转工作台上(如果不需要工件转位，则可直接安装在滑台上)，由滑台带动作进给运动。

(2)既实现主运动又可随滑台作进给运动的转塔式多轴箱组合机床。这类机床(图 9-4(b))的工件固定不动(也可以作周期转位)，转塔式多轴箱安装在滑台上并随滑台作进给运动。

转塔式组合机床可以完成一个工件的多工序加工，因而可以减少机床台数和占地面积，适宜于中、小批量生产。

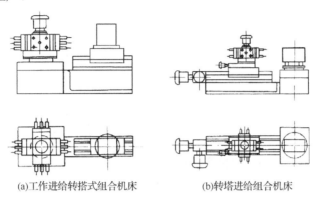

(a)工作进给转搭式组合机床　　　　　　　　(b)转塔进给组合机床

图 9-4　转塔式组合机床

9.1.4　组合机床的通用部件

通用部件是组合机床的基础。部件通用化程度标志着组合机床的技术水平。在组合机床设计中，选择通用部件是设计内容的重要组成部分。

1．通用部件的分类

随着科学技术的迅速发展，组合机床类型在不断更新和发展，如已有数控组合机床、专能组合机床等品种。所以，通用部件的品种、规格也日趋繁多。

通用部件按其尺寸大小、驱动和控制方式、单机和自动线的不同，可分为大型和小型通用部件，机械驱动、液压驱动、风动或数控通用部件，组合机床和组合机床自动线通用部件。但这些通用部件有其共性功能，按功能划分的类别覆盖面较大。

通用部件按其功能通常分为五大类。

(1)动力部件。动力部件是组合机床的主要部件，它为刀具提供主运动和进给运动。动力部件包括动力滑台及与其配套使用的动力箱和各种单轴头，其他部件均以选定的动力部件为依据来配套选用。其中单轴头是标准化了的专用轴头，用以实现切削的主运动，包括铣削头、钻削头、镗削头、车削头等，单轴头只有一根主轴，且属于刚性主轴结构，加工时不设置导向装置，加工精度主要靠主轴部件及滑台的精度来保证。

(2)支承部件。支承部件是组合机床的基础部件，它包括侧底座、立柱、立柱底座和中间底座等，用于支承和安装各种部件。组合机床各部件之间的相对位置精度、机床的刚度主要由支承部件保证。

(3)输送部件。输送部件用于带动夹具和工件的移动与转动，以实现工位的变换，因此，要求有较高的定位精度。输送部件主要有移动工作台和回转工作台。

(4)控制部件。控制部件是组合机床的"中枢神经"，用于控制组合机床按预定的加工程序进行循环工作，它包括可编程控制器、各种液压元件、操纵板、控制挡铁和按钮台等。

(5)辅助部件。辅助部件包括用于实现自动夹紧工件的液压或气动装置、机械扳手、冷却和润滑装置、排屑装置以及上下料的机械手等。

2. 通用部件的型号、规格及配套关系

通用部件型号的表示方法如下：

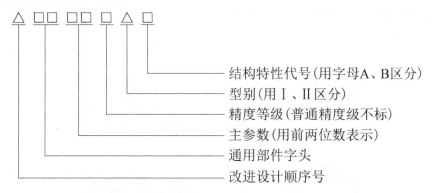

结构特性代号(用字母A、B区分)
型别(用Ⅰ、Ⅱ区分)
精度等级(普通精度级不标)
主参数(用前两位数表示)
通用部件字头
改进设计顺序号

通用部件的字头用大写的汉语拼音字母表示：

液压滑台	HY	动力箱	TD
机械滑台	HJ	立柱	CL
铣削头	TX	立柱底座	CD
镗削头与车端面头	TA	中间底座	CZ
钻削头	TZ	侧底座	CC

按通用部件标准，动力滑台的主参数为其工作台面宽度，其他通用部件的主参数取与其配套的滑台主参数来表示。例如，1HY25GIB 表示台面宽度为 250mm，经过一次重大改进，采用镶钢导轨的高精度短行程液压滑台；1TD32 表示与台面宽度为 320mm 滑台配套的齿轮传动动力箱。

我国于 1983 年颁布了与国际标准等效的通用部件标准，据此，陆续设计了"1 字头"新系列通用部件。通用部件系列标准中，对通用部件的外廓尺寸及与其他部件之间连接处的联系尺寸(如结合面的大小，连接螺钉布置、尺寸及定位销位置等)，均作了统一规定，即互换尺寸标准。因此，只要各部件的规格、技术性能符合设计要求，就可以在不同功用的组合机床上相互通用。

表 9-2 列出了按组合机床通用部件标准设计的"1 字头"系列通用部件的型号、规格及其配套关系。

表 9-2 "1 字头"系列通用部件的型号、规格及其配套关系

部件名称	标准	名义尺寸/mm					
		250	320	400	500	630	800
液压滑台	GB/T 3668.4—1983	1HY25	1HY32	1HY40	1HY50	1HY63	1HY80
		1HY25M	1HY32M	1HY40M	1HY50M	1HY63M	1HY80M
		1HY25G	1HY32G	1HY40G	1HY50G	1HY63G	1HY80G
机械滑台		1HJ25	1HJ32	1HJ40	1HJ50	1HJ63	
		1HJ25M	1HJ32M	1HJ40M	1HJ50M	1HJ63M	
		$1HJ_b25$	$1HJ_b32$	$1HJ_b40$	$1HJ_b50$	$1HJ_b63$	
		$1HJ_b25M$	$1HJ_b32M$	$1HJ_b40M$	$1HJ_b50M$	$1HJ_b63M$	

续表

部件名称	标准	名义尺寸/mm					
		250	320	400	500	630	800
动力箱	GB/T 3668.5—1983	1TD25	1TD32	1TD40	1TD50	1TD63	1TD80
侧底座	GB/T 3668.6—1983	1CC251 1CC252 1CC251M 1CC252M	1CC321 1CC322 1CC321M 1CC322M	1CC401 1CC402 1CC401M 1CC402M	1CC501 1CC502 1CC501M 1CC502M	1CC631 1CC632 1CC631M 1CC632M	1CC801 1CC802 1CC801M 1CC802M
立柱	GB/T 3668.11—1983	1CL25 1CL25M 1CL$_b$25 1CL$_b$25M	1CL32 1CL32M 1CL$_b$32 1CL$_b$32M	1CL40 1CL40M 1CL$_b$40 1CL$_b$40M	1CL50 1CL50M 1CL$_b$50 1CL$_b$50M	1CL63 1CL63M	
铣削头	GB/T 3668.9—1983	1TX25 1TX25G	1TX32 1TX32G	1TX40 1TX40G	1TX50 1TX50G	1TX63 1TX63G	1TX80 1TX80G
钻削头		1TZ25	1TZ32	1TZ40			
镗削头与车端面头		1TA25 1TA25M	1TA32 1TA32M	1TA40 1TA40M	1TA50 1TA50M	1TA63 1TA63M	

注：① 机械滑台型号中，1HJ××型使用滚珠丝杠传动；1HJ$_b$××型使用铜螺母，普通丝杠传动。

② 侧底座型号中，1CC××1 型高度为 560mm；1CC××2 型高度为 630mm。

③ 立柱型号中，1CL$_b$××型与机械滑台配套使用；1CL××型与液压滑台配套使用。

3. 常用通用部件

1）动力滑台

动力滑台简称滑台，可带动安装于其上的动力箱、单轴头或工件实现直线进给运动。根据驱动方式不同，可分为液压滑台和机械滑台两个系列。

"1字头"动力滑台由滑座、滑鞍和驱动部件等组成；采用双矩形闭式导轨，纵向用双矩形的外侧导向，斜镶条调整导轨间隙；压板与支承导轨组成辅助导轨副，防止倾覆力矩过大导致滑鞍(动导轨)与滑座(支承导轨)分离。这种导轨制造工艺简单，导向精度高，刚度好。滑座导轨材料有两种，分别在型号后加 A、B 以示区别，A 表示滑座导轨材料为 HT300，高频淬火硬度为 42～48HRC；B 表示滑座为镶钢导轨，淬火硬度达 48HRC 以上。

机械滑台有 1HJ、1HJ$_b$、1HJ$_c$ 三个系列。其中 1HJ、1HJ$_b$ 两个系列机械滑台都有普通级、精密级两个精度等级，其刚度高、热变形小、进给稳定性高，常用于粗加工及半精加工；1HJ$_c$ 系列为高精度级机械滑台，适用于精加工。

由于液压滑台与机械滑台采用不同的传动装置，因而它们的工作性能有一定的差别。

(1)进给稳定性。机械滑台较容易得到较小的进给量，在电源电压稳定的情况下，其进给量可以认为是恒定的，不会因为载荷的变化而引起进给量的变化。液压滑台的进给量则往往受载荷和温度的影响，稳定性较差。

(2)进给量的可调性。液压滑台的进给量可在允许范围内，方便地进行无级调速；机械滑台的进给量一般采用交换齿轮(图 9-5 中的齿轮 A、B、C、D)进行有级变速，且调整麻烦费时。当需要滑台作二次进给时，液压滑台可通过液压系统方便地实现并能分别作无级调速；机械滑台则只能通过多速电动机来实现，且两次进给量的比值为一定值。所以，机械滑台不宜用于需要二次进给的场合。

(3)转换精度。液压滑台的转换位置误差一般为 0.1～0.5mm，机械滑台则为 0.5～2mm。

另外，当电气开关失灵时，会使机械滑台出现不能转换的现象，往往因此而损坏刀具或机床；而液压滑台只要死挡铁不失灵，一般不会出现上述现象。

1HJ 机械滑台快速移动电动机(图 9-5 中左侧电动机)带有电磁制动器。工进时，快速移动电动机处于制动状态，进给电动机(图 9-5 中上端电动机)运动经交换齿轮驱动蜗杆蜗轮转动，蜗轮带动行星轮系的转臂旋转。由于此时连接快速移动电动机轴的恒星轮被制动，使行星轮绕左侧恒星轮公转，同时自转；又由于双联行星齿轮齿数不同，因而驱动右侧恒星轮转动，再经齿轮传动，驱动进给丝杠，使滑台作工作进给运动。快速移动时，由于蜗轮不能作为主动件，致使行星轮系的转臂被制动，行星轮系变为定轴轮系，快速运动经左侧恒星轮、双联齿轮、右侧恒星轮、定比齿轮机构，传给进给丝杠，使滑台作快进或快退。当快速电动机正转时，滑台快进，反转时快退。滑台快速移动时，工作进给电动机可以转动，也可以不转动，它只略微影响快进或快退的速度。

机械滑台的工作电机根据需要可以左或右配置，不需要作任何补充加工或更换零件，只要将中间轴调头、左右两侧盖相互调换安装位置即可。

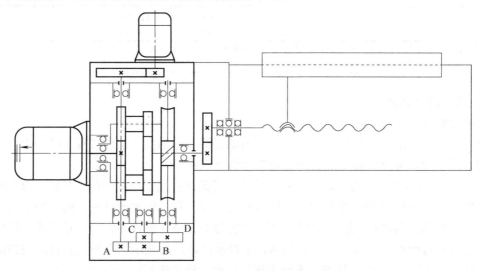

图 9-5　机械滑台的传动系统

2)动力箱

动力箱是为主轴提供切削主运动的部件。动力箱安装于滑台上，前端与多轴箱连接，输出轴驱动多轴箱的传动轴和主轴实现切削主运动。

图 9-6 所示为 1TD 系列齿轮传动的动力箱结构图。1TD 系列动力箱按结构形式分为两种：小型和大型组合机床动力箱。小型组合机床动力箱型号 1TD12～25，动力箱为平键输出，或端面键输出轴，即动力箱输出轴铣成"凸"形，多轴箱输入轴为"凹"形，1TD20、1TD25 的传动比分别为 i=21/31、21/38；大型组合机床动力箱型号 1TD32～80，平键输出轴，传动比 i=1/2。

3)单轴头

单轴头是具有一根刚性主轴的标准专用主轴头，可以根据加工需要，与相应规格的滑台配置成不同形式的动力部件。为了提高通用化程度，单轴头由头体和主运动传动装置两个独立部件组成。

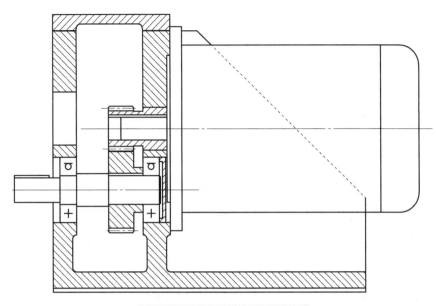

图 9-6　1TD 系列齿轮传动动力箱

(1)铣削头。铣削头是用于铣削工件平面的单轴头体，它在传动装置的驱动下可以实现旋转主运动，并且可以根据需要实现轴向调整移动。铣削头在精度上分为普通级、精密级和高精度级三种，其结构完全相同，仅主要零件和轴承的精度不同。在型别上分为Ⅰ型和Ⅱ型两种(主要以是否有让刀机构和主轴滑套是否有自动夹紧机构来区别)。1TX 系列铣削头，Ⅰ型手动移动和夹紧滑套，如图 9-7 所示，用于对刀调整；Ⅱ型液压自动移动和夹紧滑套，具有液压自动让刀机构，避免工件返回装卸工位的运动中，刀尖划伤已加工表面，用于精铣自动让刀或凹入面加工进退刀。

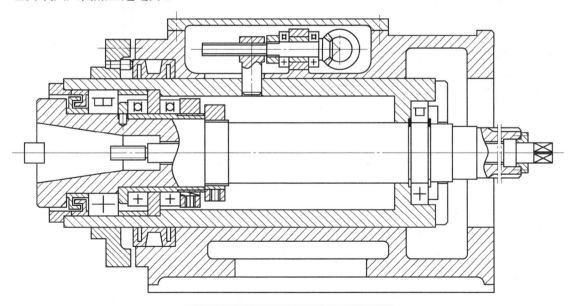

图 9-7　1TX 系列Ⅰ型铣削头结构示意图

(2)镗削头与车端面头。旧系列中有镗削头(TA 系列)和镗孔车端面头(TC 系列)两种单轴头。为了增加通用部件的灵活性，新系列取消了 TC 系列镗孔车端面头，改进了 TA 系列镗削头，并设计了与 1TA 系列镗削头配套的径向进给刀盘及其传动装置。因此，1TA 系列镗削头既可以单独作为镗削头使用，又可以装上配套件作为镗孔车端面头使用。镗削头与车端面头的纵向进给由滑台来实现，径向进给由径向进给刀盘来实现。图 9-8(a) 为 1TA 型镗削头的外形图，图 9-8(b) 为装上车端面刀盘的 1TA 型镗削头与车端面头的外形图。

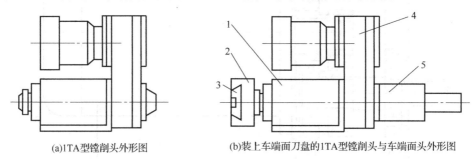

(a)1TA型镗削头外形图　　　　　(b)装上车端面刀盘的1TA型镗削头与车端面头外形图

图 9-8　1TA 系列镗削头与车端面头外形图

1-镗削头；2-径向进给刀盘；3-径向进给刀具溜板；4-主传动装置；5-径向进给刀盘传动装置

镗削头结构示意图如图 9-9 所示，主轴前端与卧式车床的短锥结构相似；镗削小直径孔时，镗刀杆用 4～6 号莫氏锥孔定位；镗削大直径孔时，外短锥(锥度为 1：4)作定位基面，拔销(图中未示出)传动转矩。

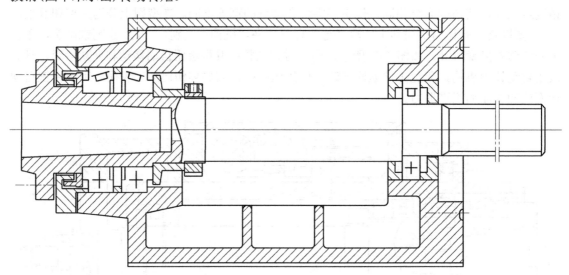

图 9-9　1TA 系列镗削头结构示意图

(3)钻削头。钻削头用于完成钻孔、扩孔、倒角和锪沉孔等工序的加工。其主要结构为前支承采用一个深沟球轴承和两个推力轴承，后支承为一个深沟球轴承的主轴部件。主轴与刀具之间采用标准接杆连接，并由主轴前端压紧螺钉固定接杆。

4)支承部件

组合机床的支承部件往往是通用和专用部件两部分的组合。例如，卧式组合机床的床身由通用的侧底座和专用中间底座组合而成，立式组合机床的床身则由立柱及立柱底座组合而成。此种组合结构的优点是加工和装配工艺性好，安装、运输较方便；其缺点是削弱了床身的整体刚性。常用的支承部件如下。

(1) 中间底座。中间底座是用于安装输送部件、夹具等的支承部件。其侧面可以与侧底座、立柱底座相连接，并通过端面键或定位销定位。根据机床配置形式的不同，中间底座有多种形式，如双面卧式组合机床的中间底座，两侧面都安装侧底座；三面卧式组合机床的中间底座为三面安装侧底座；立式回转工作台式组合机床，中间底座除安装立柱外，还需安装回转工作台。总之，中间底座的结构、尺寸应由工件形状、大小，夹具轮廓尺寸，加工工艺要求和组合机床的配置形式等因素来决定。所以，中间底座一般按专业部件进行设计，但为了不致使组合机床的外廓尺寸过分繁多，中间底座的主要尺寸应符合表 9-3 所列的规定标准。

表 9-3 中间底座主要尺寸 （单位：mm）

中间底座长	中间底座宽						
800	500	560	630	710	800	900	—
1000	—	—	630	710	800	900	1000
1250	—	—		710	800	900	1000
>1250	—	—		710	800	900	1000

注：① 中间底座和侧底座、立柱底座的定位方式：键定位，允许锥销定位。
② 高度 630mm 为优先采用值，可根据具体情况选用 560mm 和 710mm。
③ 当中间底座长度大于 1250mm 时，可从优先数系 R10（GB/T 321—2005）中选用。
④ 当中间底座宽超过表中规定数值时，可从优先数系 R20（GB/T 321—2005）中选用。

(2) 侧底座。侧底座用于与滑台共同组成卧式组合机床，其长度应与滑台相适应。因此，滑台有几种行程，侧底座的长度就相应有几种规格，其高度有 560mm、630mm 两种。为适应装料高度的要求，一般在侧底座和滑台之间安装调整垫。侧底座有普通级和精密级两种精度等级，与相同精度等级的滑台配套使用(高精度滑台可采用精密级侧底座)。

(3) 立柱及立柱底座。立柱用于安装立式布置的动力部件，它安装在立柱底座上，与滑台共同组成立式组合机床。根据主轴与工件间的距离要求，也可在立柱及其底座之间增加调整垫。立柱内装有平衡滑台台面及多轴箱等运动部件用的重锤。立柱和立柱底座均有普通级(用于普通滑台)和精密级(用于精密级和高精度级滑台)两种精度等级。

9.2 组合机床总体设计

组合机床总体设计的内容和步骤与普通机床相同，但由于组合机床只加工一种或数种工件的特定工序，工艺范围窄，主要技术参数已知，其工艺方案一旦确定，也就确定了结构布局。组合机床总体设计的内容和方法大致如下。

9.2.1 制定工艺方案

这是设计组合机床最重要的一步。工件加工工艺方案将决定组合机床的加工质量、生产率、总体布局和夹具的结构等。所以，在制定工艺方案时，必须认真分析被加工零件图，了解零件的形状、大小、材料、硬度、刚性、加工部位的结构特点、加工精度、表面粗糙度，以及现场所采用的定位、夹紧方法，工艺过程，所采用的刀具及切削用量，生产率要求，现场的环境和条件等。如果条件允许，还应广泛收集国内外有关技术资料，制定出合理的工艺方案。制定工艺方案时，还要考虑以下基本原则。

1. 选择合适、可靠的工艺方法

根据工件的材料，加工部位的尺寸、形状、结构特点，加工精度、表面粗糙度以及生产率要求等，结合组合机床的工艺范围及所能达到的加工精度，选择合适、可靠的工艺方法，以保证机床有稳定的加工质量和高的生产率。应注意以下问题。

(1)平面一般采用铣削加工。但孔口端面对孔有垂直度要求而加工尺寸较小时，常用钻锪或扩锪复合刀具加工；加工尺寸较大时常采用镗孔车端面的方法，一次加工出孔和端面。工件内端面可用径向走刀的方法加工。

(2)钻阶梯孔时，应先钻大孔后钻小孔。这样可缩短钻小孔的长度，提高生产率和减少小钻头钻孔时折断的事故。

(3)精镗孔时应注意孔表面是否允许留有退刀刀痕。这对机床的工作循环、多轴箱和夹具结构都有影响。如果允许有螺旋形刀痕，则刀具可不停转退刀；若只允许有直线形刀痕，则刀具必须停转后退刀；若不准留有刀痕，则刀具必须先停转、定位，并使刀具或工件让刀后方可退刀。当生产率许可时，刀具可按工进速度退回，这样既不留刀痕，又有利于提高加工精度。

(4)对互相结合的两壳体零件，均应分别从结合面加工连接孔。这样能更好地保证连接孔的位置精度，便于装配。

2. 粗、精加工分开原则

粗加工时的切削负荷较大，切削产生的热变形、夹紧力引起的工件变形以及切削振动等，对精加工工序十分不利，影响加工尺寸精度和表面粗糙度。因此，在拟定工件一个连续的多工序工艺过程时，应选择粗精加工工序分开的原则。并尽可能使精加工集中在所有粗加工之后，以减少内应力变形影响，有利于保证加工精度。

粗精加工分开原则有几种含义。其一是在同一台多工位机床(如回转工作台式机床)上，粗精加工工序分开在相隔工位数较多的两个位置上进行，使粗加工切削热有足够的冷却时间，避免或减轻对精加工的影响。同时粗精加工夹具要分别考虑，注意避免或减轻粗加工夹压变形对精加工的影响，必要时精加工前采取松夹或采用双工位夹具工件重装等措施。其二是粗精加工分开在自动线或流水线相隔机床数(工序数)较多的两台机床上进行，同样可使工件粗加工后有足够的冷却时间，又避免了粗加工时的振动和夹压变形对精加工的影响，机床较为简单可靠。但机床台数、占地面积和投资增大。为此，要综合分析，以满足加工要求为前提，权衡粗精加工工序不同安排方案的利弊。

3. 工序集中的原则

工序集中是近代机械加工的主要发展方向之一。组合机床正是基于这一原则发展而来的，即运用多刀(相同或不同刀具)集中在一台机床上完成一个或几个工件的不同表面的复杂工艺过程，从而有效地提高生产率。因此，拟定工艺方案时，在保证加工质量和操作维修方便的前提下，应适当提高工序集中程度，以便减少机床台数、占地面积和节省人力，取得理想的效益。但是，工序过于集中会使机床结构太复杂，增加机床设计和制造难度，机床使用调整不便，甚至影响机床使用性能，可靠性下降，并有可能由于切削负荷过大而引起工件变形，降低加工精度。因此，应使工序合理集中。例如，单一工序可以相对集中在一台机床或同一工位上完成，如钻孔、镗孔、攻螺纹等，但要考虑孔距的限制，以免给多轴箱的设计带来困难或无法进行；大量的钻、镗孔工序则不宜集中在同一多轴箱上完成，因为钻孔和镗孔的直径及加工时所采用的转速都相差很大，会导致多轴箱的设计困难，且钻孔的轴向力会影响镗孔的加工精度。

4. 定位基准及夹紧点的选择原则

定位基准及夹紧点的选择原则，已在有关课程中介绍，这里不再重述。但组合机床一般采用多刀、多面加工，因此，选择定位基准和夹紧部位时，应使工件有较多的敞开面，以利于加工。同时，应充分注意组合机床加工时切削力大、工件受力方向经常改变的特点，结合工件、夹具刚度的因素，慎重地选择夹紧点。

9.2.2　确定组合机床的配置形式和结构方案

通常，在确定工艺方案的同时，也就大体上确定了组合机床的配置形式和结构方案。但是还要考虑下列因素的影响。

(1) 加工精度的影响。加工精度要求较高时，应采用固定夹具的单工位组合机床；加工精度要求较低时，可采用移动夹具的多工位组合机床；工件各孔间的位置精度要求较高时，应采用在同一工位上对各孔同时精加工的方法；工件各孔间同轴度要求较高时，应单独进行精加工等。

(2) 工件结构状况的影响。对于外形尺寸和重量较大的工件，一般应采用固定夹具的单工位组合机床；对多工序的中小型零件，则宜采用移动夹具的多工位组合机床；对于大直径的深孔加工，宜采用具有刚性主轴的立式组合机床等。

(3) 生产率的影响。生产率往往是决定采用单工位组合机床、多工位组合机床还是组合机床自动线的重要因素。例如，根据其他因素考虑应采用单工位组合机床，但由于生产率满足不了要求，就不得不采用多工位组合机床，甚至自动线来进行加工。

(4) 现场条件的影响。使用组合机床的现场条件对组合机床的结构方案也有一定影响。例如，使用单位所在地气候炎热，车间温度过高，使用液压传动，机床不够稳定，则宜采用机械传动的形式。使用单位刃磨刀具、维修、调整机床能力以及车间布置的情况，都将影响组合机床的结构方案。

(5) 注意排屑通畅。如果采用前后导向进行加工的机床，最好卧式布置，以免切屑挤入前导向。对多工位机床，应特别注意前道工序留在孔中的切屑，尤其是立式机床加工盲孔(如攻螺纹前钻孔或铰孔前的钻、扩孔)应设吹屑或倒屑装置。条件允许，也可将孔钻(扩)深一些，以防孔内积屑折损刀具或破坏加工精度。

(6) 注意相关联的机床夹具结构的统一性。确定成套或流水线上的机床形式时，应尽量使机床和夹具形式一致，以保证加工精度、提高通用化程度，便于设计、制造和维修。

9.2.3　"三图一卡"的编制

编制"三图一卡"的工作内容包括：绘制被加工零件工序图、加工示意图、机床联系尺寸图，编制生产率计算卡。"三图一卡"是组合机床总体方案在图样上的具体体现。

1. 被加工零件工序图

被加工零件工序图是根据选定的工艺方案，表明零件形状、尺寸、硬度以及在所设计的组合机床上完成的工艺内容和所采用的定位基准、夹压点的图样。它是组合机床设计的主要依据，也是制造、验收和调整机床的重要技术文件。被加工零件工序图是在被加工零件图基础上，突出本机床或自动线的加工内容，并作必要的说明而绘制。图 9-10 所示为汽车变速器上盖单工位双面卧式钻、铰孔组合机床的被加工零件工序图。

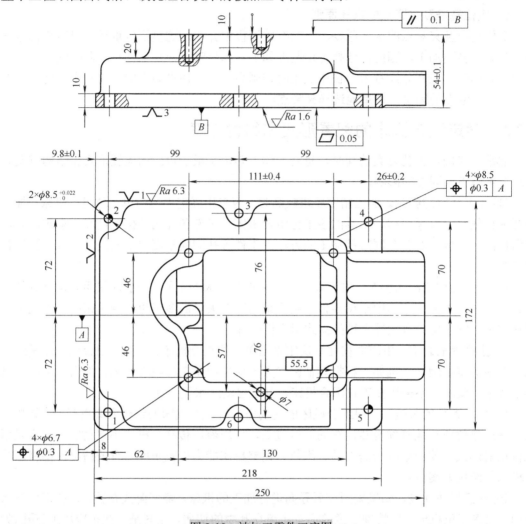

图 9-10　被加工零件工序图

1)被加工零件工序图上应标注的内容

(1)加工零件的形状、主要外廓尺寸和本机床要加工部位的尺寸、精度、表面粗糙度、几何精度等技术要求，以及对上道工序的技术要求等。

(2)本工序所选定的定位基准、夹紧部位及夹紧方向。

(3)加工时如果需要中间导向，应表示出工件与中间导向间有关部位的结构和尺寸，以便检查工件、夹具、刀具之间是否相互干涉。

(4)被加工零件的名称、编号、材料、硬度及被加工部位的加工余量等。

2)绘制被加工零件工序图的一些规定

(1)本工序的加工部位用粗实线绘制，其余部位用细实线绘制。

(2)本工序要保证的尺寸要打上方框，或在下面加一横线；选用的定位基准、夹紧部位、夹紧方向等需用符号表示清楚。

(3)加工部位的位置尺寸应由定位基准算起，当定位基准与设计基准不重合时，要进行换算。位置尺寸的公差不对称时，要换算成对称公差尺寸，如尺寸$10_{-0.3}^{-0.1}$应换算成9.8±0.1。

(4)应注明零件对机床加工提出的某些特殊要求。例如，精镗孔时，当不允许有退刀痕迹或只允许有某种形状的刀痕时必须注明。

(5)对简单的零件，可直接在零件图上作必要的说明，而不必另行绘制被加工零件工序图。

2. 加工示意图

加工示意图是被加工零件工艺方案在图样上的反映，表示被加工零件在机床上的加工过程，刀具的布置以及工件、夹具、刀具的相对位置关系，机床的工作行程及工作循环等。加工示意图是刀具、夹具、多轴箱、电气和液压系统设计选择动力部件的主要依据，是整台组合机床布局形式的原始要求，也是调整机床和刀具所必需的重要技术文件。图 9-11 为汽车变速器上盖孔双面钻(铰)加工示意图。

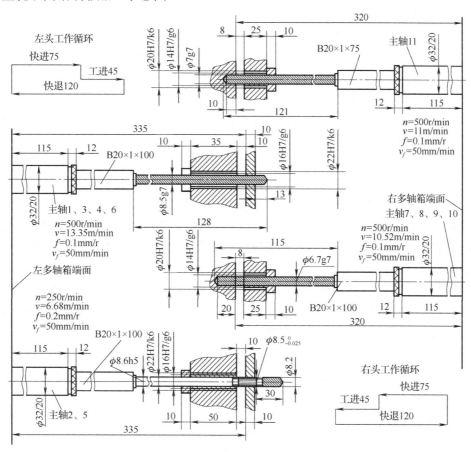

图 9-11 汽车变速器上盖孔双面钻(铰)加工示意图

1)在加工示意图上应标注的内容

(1)机床的加工方法、切削用量、工作循环和工作行程。

(2)工件、夹具、刀具及多轴箱之间的相对位置及其联系尺寸。例如，工件端面至多轴箱端面间的距离、刀具刀尖至多轴箱端面之间的距离等。

(3)主轴的结构类型、尺寸及外伸长度；刀尖类型、数量和结构尺寸；接杆、浮动卡头、导向装置、攻螺纹靠模装置的结构尺寸；刀具与导向装置的配合，刀具、接杆、主轴之间的连接方式。刀具应按加工终了位置绘制。

2) 绘制加工示意图的注意事项

(1) 加工示意图应绘制成展开图。

(2) 加工示意图的位置, 应按加工终了时的状况绘制, 且其方向应与机床的布局相吻合。

(3) 工件的非加工部位用细实线绘制, 加工部位则用粗实线绘制。工件在图中允许只画出加工部分。

(4) 同一多轴箱上, 结构、尺寸完全相同的主轴, 不管数量多少, 允许只绘一根, 但应在主轴上标注与工件孔号相对应的轴号。

(5) 主轴间的分布可以不按真实中心距绘制, 但须注意, 如果被加工的孔距很近或需设置径向尺寸较大的导向装置, 则相邻两主轴必须严格按比例绘制, 以便清晰看出相邻刀具、导向、工具、主轴等是否产生干涉。

(6) 对一些标准的通用结构(如钻头接杆、丝锥卡头、浮动卡头以及钻、镗主轴的悬伸部分等), 允许只绘外形, 不必剖视, 标上型号。但对一些专用结构(如导向、刀杆托架、专用接杆等), 则应绘出剖视图, 显示其结构和尺寸。

3) 绘制加工示意图之前的相关计算

加工示意图绘制之前, 应进行刀具、导向装置的选择以及切削用量、转矩、进给力、功率和有关联系尺寸的计算。

(1) 刀具的选择。选择刀具, 应考虑工艺要求与加工尺寸精度、工件材质、表面粗糙度、排屑及生产率等要求。只要条件允许, 尽量选择标准刀具。为了提高工序集中程度或满足精度要求, 可以采用复合刀具。孔加工刀具(钻、扩、铰等)的直径应与加工部位尺寸、精度相适应, 其长度应保证加工终了时刀具螺旋槽尾端与导向套外端面之间有 30～50mm 的距离, 以便于排屑和刀具磨损后有一定的向前调整量。在绘制加工示意图时应注意, 从刀具总长中减去刀具锥柄插入接杆孔内的长度。

(2) 导向套的选择。组合机床加工孔时, 除采用刚性主轴加工方案外, 零件上孔的位置精度主要靠刀具的导向装置来保证。因此, 正确选择导向装置的类型, 合理确定其尺寸、精度, 是设计组合机床的重要内容, 也是绘制加工示意图必须解决的问题。导向装置有两大类, 即固定式导向装置和旋转式导向装置。在加工孔径不大于 40mm 或摩擦表面的线速度小于 20m/min 时, 一般采用固定式导向装置, 刀具或刀杆的导向部分, 在导向套内既转动又作轴向移动。固定式导向装置一般由衬套、可换导套和压套螺钉组成, 如图 9-12 所示。衬套的作用是在可换导套磨损后, 可较为方便地更换, 不会破坏钻模体上孔的精度。

固定式导向套的长度一般 $l=(1\sim2)d$, 孔径 d 大时取小值, d 小时取大值, 对于 $d<5mm$ 的孔, $l\geqslant2.5d$。导向套的长度求出后, 可查阅相关资料取标准系列尺寸。

导套端面至工件端面应有一定的距离, 以便排屑。一般钻孔可取 $(1\sim1.5)d$, 加工脆性材料取小值, 否则取大值。扩、铰或镗较大的孔时, 可取 20～50mm。同时, 也不要取得太大, 否则容易产生钻头偏斜。对于在斜面、弧面上钻孔, 可取再小些。

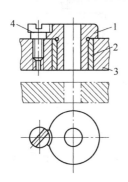

图 9-12　固定式导向装置示意图

1-可换导套; 2-衬套; 3-钻模板; 4-压套螺钉

加工孔径较大或线速度大于 20m/min 时，一般选用旋转式导向装置。旋转式导向装置是将旋转副和直线移动副分别设置，按旋转副和直线副的相对位置分为内滚式和外滚式导向两种。图 9-13 左端 a 为内滚式导向，滚动轴承直接安装在镗杆上，镗套 2 固定不动，镗杆 4、轴承和导向滑套 3 在固定镗套 2 内可轴向移动，镗杆可转动，导向滑套只作直线移动。这种镗套两轴承支承距离远，尺寸长，导向精度高，多用于镗杆的后导向，即靠近机床主轴端。图 9-13 中右端 b 为外滚式导向，镗套 5 装在轴承内孔上，镗杆 4 与镗套为间隙配合，通过键连接可以一起回转，镗杆可在镗套内相对移动，镗套不随主轴一起移动。外滚式镗套尺寸较小，导向精度稍低一些，一般多用于镗杆的前导向。旋转式导向装置的极限转速由轴承的极限转速和刀具允许的切削速度决定；导向精度由轴承精度和刀杆、导向套的精度决定。旋转式导向装置一般通过滑块联轴器与主轴浮动连接。

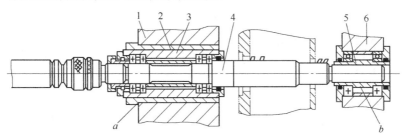

图 9-13　旋转式导向装置示意图

a-内滚式；b-外滚式

1、6-导向支架；2、5-镗套；3-导向滑套；4-镗杆

(3) 初定切削用量。组合机床往往采用多轴、多刀、多面同时加工，且组合机床上的刀具要有足够的使用寿命，以减少换刀频率。因此，组合机床切削用量一般比通用机床的单刀加工低 30% 以上。

同一多轴箱上的刀具由于采用同一滑台实现进给，所以，各刀具(除丝锥外)的每分钟进给量应该相等。因此，应按工作时间最长、负荷最重、刃磨较困难的"限制性刀具"来确定；对于其他刀具，可以在此基础上调整其每转进给量，以满足每分钟进给量相同的要求。另外，在多轴箱传动系统设计完毕，传动齿轮齿数确定之后，还要反过来调整初定的切削用量。

选择切削用量时，应尽量使相邻主轴转速接近，以使多轴箱的传动链简单些。使用液压滑台时，所选的每分钟进给量一般应比滑台的最小进给量大 50%，以保证进给稳定。

(4) 确定切削转矩、轴向力和切削功率。为分别确定主轴及其其他传动件尺寸、选择滑台及设计夹具、选择动力箱的驱动电动机提供依据。

切削转矩、轴向力和切削功率可利用计算图或利用下列公式计算。

例如，采用高速钻头钻铸铁孔时

$$F = 26Df^{0.8}\text{HBW}^{0.6}$$
$$T = 10D^{1.9}f^{0.8}\text{HBW}^{0.6}$$
$$P = \frac{Tv}{9550\pi D}$$

式中，F 为轴向切削力，N；D 为钻头直径，mm；f 为每转进给量，mm/r；T 为切削转矩，N·mm；P 为切削功率，kW；v 为切削速度，m/min；HBW 为材料硬度，一般取最大值。

(5)确定主轴直径及外伸尺寸。主轴直径可按下式计算：

$$d \geqslant B\sqrt[4]{T}$$

式中，d 为主轴直径，mm；T 为主轴所承受的转矩，N·mm；B 为系数，当材料的剪切弹性模量 $G=8.1\times10^4$ MPa 时，B 的取值为：刚性主轴 2.316，非刚性主轴 1.948，传动轴 1.638。

表 9-4 列出了通用钻削类主轴的系列参数，当计算出主轴的直径后，按表 9-4 选取主轴标准直径。

表 9-4　通用钻削类主轴的系列参数

主轴外伸部分	主轴类型	主轴直径/mm						
短主轴(用于与刀具浮动连接的镗、扩、铰等工序) 75 (立式60)	圆锥滚子轴承短主轴			25	30	35	40	50
长主轴(用于与刀具刚性连接的钻、扩、铰、倒角、锪平面等工序或攻螺纹工序) L (立式L-15)	圆锥滚子轴承长主轴		20	25	30	35	40	50
	深沟球轴承主轴	15	20	25	30	35	40	
	滚针轴承主轴	15	20	25	30	35	40	
主轴外伸尺寸/mm	D/d	25/16	32/20	40/28	50/36	50/36	67/48	80/60
	L	85	115	115	115	115	135	135
	孔深 l_1	74	77	85	106	106	129	129
接杆莫氏锥度		1	1, 2	1, 2, 3	2, 3	2, 3	3, 4	4, 5

(6)选取刀具接杆。由表 9-4 可知，多轴箱主轴的外伸尺寸为一定值，而刀具长度也是一定值，为了使多轴箱上各刀具同时到达加工终了位置，必须在主轴和刀具之间设置一可调环节。这个可调环节在组合机床上是通过可调整的刀具接杆来解决的(称为刚性连接)。表 9-5 列出了 B 型接杆的尺寸参数。

刀具接杆一端插入主轴孔内，与其配合，另一端的莫氏锥度与刀柄相配，因此，可根据尺寸 d 和刀具的莫氏锥号来查取刀具接杆。首先应确定加工孔径最大而加工终了位置距多轴箱端面最近的刀具接杆的长度(通常先按最小长度选取)，这样可保证多轴箱端面至工件端面的距离最小。

为提高加工精度、减小主轴位置误差和主轴振摆对加工精度的影响，在采用长导向或双导向和多导向进行镗、扩、铰孔时，一般孔的位置精度靠夹具保证。为避免主轴与夹具导套不同轴而引起的刀杆"别劲"现象影响加工精度，此时均可采用浮动卡头连接(称为浮动连接)。

表 9-5　可调接杆尺寸参数　　　　　　　　　　　　　（单位：mm）

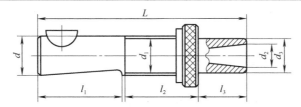

d(h6)	d_1(h6)	d_2		d_3	L	l_1	l_2	l_3	螺母厚度
		锥度	基准直径						
20	Tr20×2	莫氏 1 号	12.061	17	113	46	40	25	12
					138			50	
					163			75	
					188			100	
28	Tr28×2	莫氏 1 号或 2 号	12.061 或 17.780	25	120	51	42	25	12
					145			50	
					170			75	
					195			100	
36	Tr36×2	莫氏 2 号或 3 号	17.780 或 23.825	33	148	65	50	30	14
					178			60	
					208			90	
					238			120	
48	Tr48×2	莫氏 3 号或 4 号	23.825 或 31.267	45	184	76	65	40	18
					224			80	
					264			120	
					304			160	

（7）确定加工示意图的联系尺寸。多轴箱端面到工件端面之间的距离是加工示意图上最重要的联系尺寸，如图 9-11 中的 335mm、320mm。它等于刀具悬伸长度、螺母厚度、主轴外伸长度与接杆伸出长度之和，再减去加工孔深（如加工通孔，还应减去刀具的切出值）。

要求多轴箱端面到工件端面之间的距离越小越好，因为可使刀具悬伸和工作行程缩短，使机床结构紧凑。它取决于两方面：一是多轴箱上刀具、接杆、卡头、主轴等，由于结构和互相联系所要求的最小轴向尺寸，如采用麻花钻、扩孔钻时，要考虑其螺旋槽尾端应离开导套端面 30～50mm，以备排屑和钻头重磨后可向前调整；关于接杆长度，开始时通常按最小长度选取。二是机床总体布局所要求的联系尺寸，这两个方面互相制约。

（8）确定动力部件的工作循环和工作行程。动力部件的工作循环是指动力部件从原始位置开始运动，到加工终了又回到原始位置的动作过程。它是根据加工工艺的具体需要来确定的。

工作进给长度应等于所加工部位的长度（多轴加工时按最长的孔计算）与刀具切入和切出长度之和。切入长度应根据工件端面的误差，在 5～10mm 选择，误差大时取大值。组合机床上有第一工作进给和第二工作进给之分。第一工作进给是用于钻、扩、铰、镗孔等工序，当钻、镗孔之后，需要锪平面或倒大角等工序时，须采用第二工作进给，第二工作进给速度常比第一工作进给速度小得多。在有条件时，应力求做到转入第二工作进给时，除锪平面或倒大角的刀具外，其余刀具都离开加工表面，不再切削，否则将降低刀具使用寿命，破坏已加工表面。

快速退回长度一般等于快速引进与工作进给长度之和。快速引进是动力部件把刀具从原始位置送到工作进给开始位置，其长度按加工具体情况确定。一般在固定式夹具的钻、扩孔机床上，快速退回行程长度须保证把所有刀具都退至导套内，不影响工件装卸即可。而对于夹具需要回转和移动的机床，则快退行程长度必须把刀具、托架、钻模板以及定位销都退离到夹具运动可能碰到的范围之外。

3. 机床联系尺寸图

机床联系尺寸图是以被加工零件工序图和加工示意图为依据，并按初步选定的主要通用部件以及确定的专用部件的总体结构而绘制的，是用来表示机床的配置形式、主要构成及机床各部件安装位置、相互联系、运动关系和操作方位的总体布局图。用以检验各部件相对位置及尺寸联系能否满足加工要求和通用部件选择是否合适；它为多轴箱、夹具等专用部件设计提供重要依据；它可以看成是机床总体外观简图。由其轮廓尺寸、占地面积、操作方式等可以检验是否适应用户现场使用环境。

如图 9-14 所示，机床联系尺寸图的内容包括机床的布局形式，通用部件的型号、规格，动力部件的运动尺寸和所用电动机的主要参数，工件与各部件间的主要联系尺寸，专用部件的轮廓尺寸等。

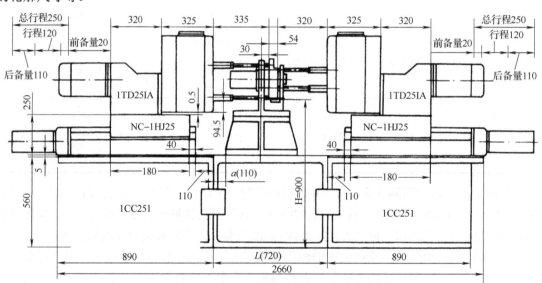

图 9-14　机床联系尺寸图

绘制机床联系尺寸图之前，应进行下列工作及有关计算。

1)选用动力部件及通用部件

(1)滑台的选择。通常，根据滑台的驱动方式、所需进给力、进给速度、最大行程长度和加工精度等因素来选用合适的滑台。

采用机械驱动还是液压驱动的滑台，可以参考通用部件介绍中对机械滑台和液压滑台的性能特点比较，结合具体的加工要求、使用条件等来确定。

根据进给力确定滑台的规格。总进给力可根据绘制加工示意图时所算得的各轴的进给力，按下式计算：

$$F_{\text{进}} = \sum F_i$$

式中，F_i 为各主轴加工时所产生的轴向进给力，N。

由于滑台工作时，除了克服各主轴的轴向力，还要克服滑台移动时所产生的摩擦阻力，因而，所选滑台的最大进给力应大于 $F_进$。

机械滑台的工作进给速度是分级的，由配换挂轮来决定；液压滑台的工作进给速度则可以在规定的范围内无级调速。液压滑台的实际工作进给速度应大于滑台最小工作进给速度的 0.5～1 倍；当液压进给系统中采用压力继电器时，实际进给速度还应更大些。

滑台行程除保证足够的工作行程外，还应留有前备量和后备量。前备量用于刀具磨损后或机床制造误差的补偿调整，一般不小于 10～20mm。后备量用于装卸刀具，一般不小于 40～50mm，或不少于刀具尾柄插入刀具接杆锥孔内的长度。

"1 字头"系列滑台分为普通、精密和高精密三种精度等级，根据加工精度要求，选用不同精度等级的滑台。

(2)动力箱的选用。动力滑台的规格确定后，动力箱的规格也随之确定。但应按下式核算动力箱的功率。

多轴箱传动系统尚未确定前，可按下式估算：

$$P_主 = \frac{P_切}{\eta}$$

式中，η 为多轴箱传动效率，加工黑色金属时 η =0.8～0.9；加工有色金属时 η =0.7～0.8。主轴数多、传动复杂时取小值，反之取大值。

多轴箱的传动系统确定后，可按下式计算：

$$P_主 = P_切 + P_空 + P_附$$

动力箱电动机功率应大于计算值，并结合各主轴转速，合理选择动力箱的电动机功率和型号。

当某一规格动力部件的功率或进给力不能满足要求，但又相差不大时，不要轻易选用大一规格的动力部件，而应根据具体情况适当降低切削用量，或使刀具按先后顺序错开加工，以降低切削功率和进给力。但是，这样会增加单件工时。

选择动力部件时，还应考虑多轴箱轮廓尺寸的影响。例如，各刀具的合力作用点应在多轴箱和动力箱的结合面内，并应尽量减小合力作用线在垂直方向上与滑台液压缸(丝杠)中心的距离，以减小倾覆力矩。

(3)其余通用部件的选择。当滑台和动力箱的规格选定后，可以根据组合机床的总体方案，查表 9-2 选用通用的立柱、立柱底座或侧底座等。

2)确定装料高度

装料高度指工件安装基面至机床底面的距离。组合机床标准中，推荐装料高度为 1060mm。但应考虑具体情况。

由图 9-14 可知，装料高度与其他部件联系尺寸的关系如下：

$$H = h_1 + h_2 + h_3 + h_4 + h_5 - h_{min}$$

式中，H 为装料高度，mm；h_1 为多轴箱最低主轴至多轴箱底面的距离，mm；h_2 为多轴箱底面至滑台顶面之间的距离，一般为 0.5mm；h_3 为滑台的高度，mm；h_4 为调整垫的厚度，mm；h_5 为侧底座高度，mm；h_{min} 为被加工零件最低孔至工件安装基面的距离，mm。

由上式可知，当各部件确定后，装料高度 H 仅与多轴箱最低主轴至多轴箱底面间的距离

h_1 及调整垫的厚度 h_4 有关。当装料高度确定后，可先确定 h_1，最后确定 h_4。如果 h_4 有某些限制，可最后确定 H，即 H 在 850～1060mm 的范围内选取。本例取装料高度为 900mm。

3) 确定夹具轮廓尺寸

夹具主要是用于工件定位和夹紧的，所以工件的轮廓尺寸形状和结构是确定夹具轮廓尺寸的主要依据。夹具轮廓尺寸的确定除了要考虑工件大小，还要考虑能够布置下保证工件加工要求的定位，夹紧机构、镗杆、镗模、导套和其他辅助机构还要有足够的刚度。对于结构复杂的夹具，最好事先绘制较为详细的夹具结构方案草图，确定夹具的主要技术特性、基本结构原则及其外形控制尺寸。

在加工示意图中已确定了工件端面至钻、镗模板间的距离、导向装置尺寸及其有关联系尺寸。因此，夹具长度的确定主要是合理选取钻、镗模架底座厚度。根据这些尺寸再确定出夹具体底座长度尺寸。本例取夹具体底座长度为 400mm。

夹具体底座高度要根据夹具大小（反映工件大小和复杂程度）确定，既要考虑装料高度，又要考虑内部需要布置液压自动定位和工件让刀等机构，尤其对于精加工机床，更要使其具有足够的刚性。一般情况下，夹具体底座高度取 240～450mm。本例取 240mm。

4) 确定中间底座轮廓尺寸

中间底座的轮廓尺寸，要保证夹具底座在其上的安装，其长度方向尺寸的确定，要根据选定的动力部件（滑台等）及其相应配套部件（侧底座等）的位置关系，考虑部件联系尺寸的合理性。一定要保证加工终了时工件端面至多轴箱端面的距离不小于加工示意图给定的距离，同时要考虑动力部件处于前端时（加工终了位置），多轴箱与夹具外廓间应有一距离，以便维修、调整机床，为便于排屑和冷却液回收，中间底座周边尚须有一定宽度的沟槽，即要保证图 9-14 中的 a 尺寸。当机床不使用冷却液时，a 取 10～15mm；使用冷却液时，a 取值不能小于 70～100mm。

中间底座的宽、高方向轮廓尺寸，除了考虑上述一些有关因素外，一定要注意不削弱刚性，对精加工机床尤应注意。

初定出中间底座的轮廓尺寸后，应优先在标准中选用尺寸与之相近的标准中间底座，以简化设计。

中间底座长度 L，参考图 9-14，可按下式计算：

$$L = \left(L_{1z} + L_{1y} + 2L_2 + L_3\right) - 2\left(l_1 + l_2 + l_3\right)$$

式中，L_{1z}、L_{1y} 为加工终了位置，左右多轴箱端面至工件端面间的距离，mm，本例中 L_{1z}=335mm，L_{1y}=320mm；L_2 为多轴箱厚度，mm，本例中 L_2=325mm；L_3 为工件长度，mm，本例中 L_3=54mm；l_1 为滑台与多轴箱的重合长度，mm，本例中 l_1=180mm；l_2 为加工终了位置，滑台前端面至滑座前端面的距离，mm，本例中 l_2=40mm；l_3 为滑座前端面与侧底座端面的距离，mm，本例中 l_3=100mm。则可计算出中间底座长度 L=699mm，取 L=720mm。

中间底座长度尺寸确定后，多轴箱端面至工作端面间的距离就最后确定了，因此，刀具接杆的长度也随之最后确定。此时应重新调整各刀具接杆的长度。

5) 确定多轴箱轮廓尺寸

多轴箱轮廓尺寸的确定原则是力求小巧紧凑，节省材料。通用钻、镗类多轴箱已有轮廓尺寸的系列标准。多轴箱的厚度有两种尺寸，325mm 适用于卧式配置，340mm 适用于立式配置；宽度和高度按标准尺寸系列选取。确定多轴箱尺寸时主要是确定多轴箱的宽度和高度以及最低主轴高度，该尺寸是根据工件需要加工孔的分布距离、安置齿轮的最小距离来确定的。
图 9-15 表示工件孔的分布与多轴箱轮廓尺寸之间的关系。

多轴箱宽度 B、高度 H 可按下式确定：

$$B = b + 2b_1$$

$$H = h + h_1 + h_2$$

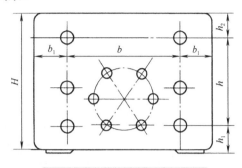

式中，b 为工件上要加工的在宽度方向上相隔最远的
两孔距离，mm；b_1 为最边缘主轴中心至多轴箱外壁
的距离，mm，通常推荐 $b_1 > 70 \sim 100$ mm；h 为工件
上要加工的在高度方向上相隔最远的两孔距离，mm；
h_1 为最低主轴中心至多轴箱底平面的距离，即最低主
轴高度，mm，推荐 $h_1 > 85 \sim 120$ mm，h_1 如取值过小，

图 9-15 多轴箱轮廓尺寸确定图

润滑油易从主轴衬套处泄漏箱外；h_2 为最上边主轴中心至多轴箱外壁的距离，mm，推荐
$h_2 > 70 \sim 100$ mm。

根据上述公式计算出来的多轴箱宽度和高度值，在多轴箱轮廓尺寸系列标准中，寻找合
适的标准轮廓尺寸。选定的多轴箱标准轮廓尺寸通常大于计算值，应根据选定的尺寸重新分
配 b_1、h_1、h_2 等值。

本例中根据标准选取的多轴箱尺寸为 $B \times H = 400$ mm $\times 400$ mm。

4．生产率计算卡

生产率计算卡是反映机床工作循环过程及每一过程所用时间、切削过程所选择的切削用
量、该机床生产率和负荷率等的技术文件，同时反映所设计机床的自动化程度。

通过生产率计算卡的编制，可以分析所制定的机床方案是否满足生产要求及机床使用是
否合理。

机床生产率 Q_1 以每小时生产的零件数表示，即

$$Q_1 = \frac{60}{T_d} = \frac{60}{T_j + T_f}$$

$$T_j = \frac{L_1}{v_{f1}}$$

$$T_f = t_1 + t_2 + t_3 + t_4 = \frac{L_2}{v_{f2}} + \frac{L_3}{v_{f3}} + t_2 + t_3 + t_4$$

式中，T_d 为单件作业时间，min；T_j 为机动时间，min；T_f 为辅助时间，min；L_1 为工作进给
行程，mm；v_{f1} 为工作进给速度，mm/min；t_1 为空行程时间，即快速进给和快速退回的时间，
min；L_2、L_3 为快进、快退行程长度，mm；v_{f2}、v_{f3} 为快进、快退速度，mm/min；t_2 为死挡
铁停留时间，min，当加工沉孔、止口、光整表面时，在加工终了位置无进给状态下刀具相对
工件旋转的时间，一般相当于主轴转 10r 左右的时间；t_3 为工作台移动或转位时间，min，一
般取 0.1min 左右；t_4 为装卸工件时间，min，它取决于工件质量大小、装卸是否方便及工人
的熟练程度，据统计分析，一般为 $0.5 \sim 1.5$min，确切数据根据实际情况确定。

如果计算出的机床 Q_1 不能满足生产纲领所要求的生产率 Q，即 $Q_1 < Q$，则必须重新选择
切削用量或修改机床方案。生产纲领所要求的生产率 Q 按下式计算：

$$Q = \frac{N}{K}$$

式中，N 为年生产纲领，件；K 为机床全年有效工作时间，h。

机床负荷率 η 为

$$\eta = \frac{Q}{Q_1}$$

一般单机取 η =75%～90%，自动线为 η =60%～70%，机床复杂时取小值，反之取大值。典型的钻、镗、攻螺纹类组合机床，按其复杂程度参照表 9-6 确定；对于精度较高、自动化程度高或加工多品种组合机床，宜适当降低负荷率。

表 9-6　组合机床允许最大负荷率

机床复杂程度	单面或双面加工			三面或四面加工		
主轴数	15	16～40	41～80	15	16～40	41～80
负荷率	≈0.9	0.9～0.86	0.86～0.80	≈0.86	0.86～0.80	0.80～0.75

生产率计算卡的一般格式如表 9-7 所示。

表 9-7　机床生产率计算卡

被加工零件	图号						毛坯种类				
	名称						毛坯重量				
	材料						硬　度				
工 序 名 称							工 序 号				
序号	工步名称	工件数量	加工直径/mm	加工长度/mm	工作行程/mm	切削速度/(m/min)	每分钟转速/(r/min)	进给量/(mm/r)	进给速度/(mm/min)	工时/min		
										机动时间	辅助时间	共计
备注							单件总工时				
							机床生产率				
							要求生产率				
							负荷率				

9.3　通用多轴箱设计

9.3.1　组合机床多轴箱概述

多轴箱是组合机床的主要部件之一，一般具有多根主轴，同时对多个孔进行加工，其主要作用是，根据被加工零件的加工要求，将动力和运动由电动机及动力部件传给各工作主轴，使之得到要求的转速和转向。

多轴箱按结构特点分为通用(即标准)多轴箱和专用多轴箱两大类。通用多轴箱按专用要求进行设计，由通用零件和少量专用零件组成，采用非刚性主轴，借助导向套引导刀具来保证加工孔的位置精度。专用多轴箱根据加工零件特点及其加工工艺要求进行设计，由大量的专用零件组成，采用不需刀具导向装置的刚性主轴来保证加工孔的位置精度。其结构和设计方法与通用机床类似，这里不再重述。本节只介绍通用多轴箱设计的有关问题。

1. 多轴箱结构组成

通用多轴箱在生产中应用较广，常见的有钻削类多轴箱、攻螺纹多轴箱、钻攻复合多轴箱。

通用多轴箱主要由箱体、主轴、传动轴、齿轮等零件和通用(或专用)的附加机构组成，其结构如图 9-16 所示。

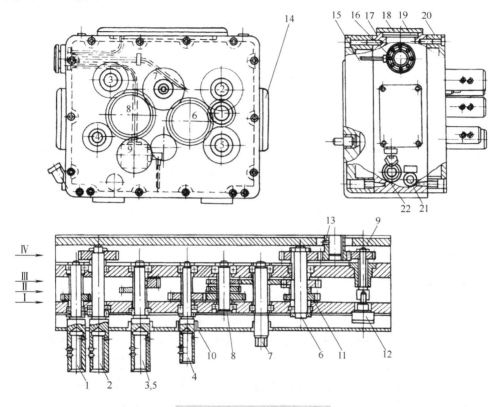

图 9-16 通用多轴箱基本结构

1～5-主轴；6、8-传动轴；7-手柄轴；9-润滑油泵轴；10-防油套；11-传动齿轮；
12-润滑泵；13-驱动轴齿轮；14-侧盖；15-后盖；16-分油器；17-箱体；
18-上盖；19-油盘；20-前盖；21-排油塞；22-注油杯

图中箱体 17、前盖 20、后盖 15、上盖 18、侧盖 14 等为箱体类零件。通常，卧式多轴箱的厚度为 325mm，立式多轴箱的厚度为 340mm。

主轴 1～5、传动轴 6、六方头手柄轴 7(供更换、调整刀具和多轴箱装配及维修检查主轴精度时回转主轴用)、传动齿轮 11、驱动轴齿轮 13 等为传动类零件。

润滑泵 12、分油器 16、注油杯 22、排油塞 21、通用油盘 19(立式多轴箱不用)和防油套 10 等为润滑和防油元件。

在多轴箱箱体前后壁之间可安排厚度为 24mm 的齿轮三排，或 32mm 厚的齿轮两排；在箱体后壁与后盖之间可安排一排或两排齿轮。

油泵把箱内存的油送到分油器，分送到第Ⅳ排啮合齿轮的上部及油盘中，从油盘淋下来的油润滑多轴箱体中的轴承及齿轮。

2．多轴箱的通用零件

多轴箱通用零件编号的组成型式和表示方法如下。

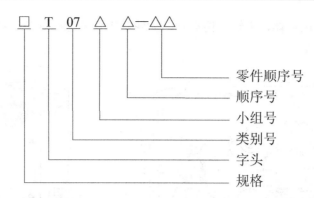

编号中 T07 表示多轴箱的通用零件。小组号 1 表示箱体类，2 表示主轴类，3 表示传动轴类，4 表示齿轮类。顺序号和零件顺序号表示的内容则随类别号和小组号不同而不同。例如，600×400T0711—11，表示宽 600mm、高 400mm 的多轴箱体；30T0721—41，表示用圆锥滚子轴承支承、直径为 ϕ30mm 的扩、镗主轴；30T0731—42，表示用圆锥滚子轴承支承、直径为 ϕ30mm 的传动轴，并带第Ⅳ排齿轮；2×25×30T0741—91，表示宽 30mm、模数为 2mm、齿数为 25，内孔直径为 ϕ30mm 的传动齿轮。

1）通用箱体类零件

通用多轴箱箱体类零件的材料大多数采用铸铁，箱体材料为 HT200，前、后、侧盖等材料为 HT150。箱体的大小根据宽×高尺寸不同，有多种规格，其具体形状和尺寸应按《组合机床通用部件多轴箱箱体和输入轴尺寸》（GB/T 3668.1—1983）标准选择。

多轴箱后盖与动力箱结合面上连接螺孔、定位销孔的大小、位置应与动力箱联系尺寸相适应。多轴箱箱体的标准厚度为 180mm，用于卧式的多轴箱前盖厚度为 55mm（基型），用于立式的多轴箱前盖兼作油池，加厚为 70mm。基型后盖厚度为 90mm，其余三种厚度的后盖（50mm、100mm、125mm）可根据动力部件与多轴箱的具体连接情况分别选用。

2）通用轴类零件

通用轴类零件包括通用主轴和通用传动轴。

通用主轴分为钻削类主轴和攻螺纹类主轴两种。

钻削类主轴按支承形式分为圆锥滚子轴承主轴、深沟球轴承主轴、滚针轴承主轴三种。圆锥滚子轴承主轴，前后支承均为圆锥滚子轴承，可承受较大的径向力和轴向力，轴承数量少，结构简单，装配调整方便，广泛用于扩、镗、铰孔和攻螺纹工序。球轴承主轴，前支承为深沟球轴承和推力球轴承，后支承为深沟球轴承或圆锥滚子轴承。前支承的推力球轴承设置在深沟球轴承的前面，承受的轴向力较大，适用于钻孔工序。滚针轴承主轴，前后支承均为无内圈滚针轴承和推力球轴承，径向尺寸小，适用于主轴间距较小的多轴箱。

主轴头外伸长度为 75mm（立式为 60mm）的主轴称为短主轴，采用浮动卡头与刀具连接，采用长导向，用于镗、扩、铰孔工序。主轴头外伸长度大于 75mm（立式为 60mm）的主轴称为长主轴，与刀具刚性连接，用于钻、扩、铰、倒角、锪平面或攻螺纹工序。

攻螺纹类主轴按支承形式分为圆锥滚子轴承主轴和滚针轴承主轴两种。

主轴材料一般为 40Cr，热处理 C42；用滚针轴承的主轴材料一般为 20Cr，热处理 S0.5～1，C59。

通用传动轴按其用途和支承形式分为圆锥滚子轴承传动轴、滚针轴承传动轴、埋头式传动轴、手柄轴、油泵传动轴、攻螺纹用蜗杆轴六种。通用传动轴材料一般为 45，热处理 T215；

滚针轴承传动轴用 20Cr，热处理 S0.5～1，C59。

3）通用齿轮

通用齿轮有三种，即传动齿轮、动力箱齿轮和电机齿轮。材料均采用 45 钢，热处理为齿部高频淬火 G54。

9.3.2　多轴箱设计

多轴箱是组合机床的重要部件之一，它关系到整台机床质量的好坏。具体设计时，除了要熟悉多轴箱设计本身的一些规律和要求，还须依据"三图一卡"，仔细分析研究零件的加工部位、工艺要求，确定多轴箱与被加工零件、机床其他部分的相互关系。因此，进行多轴箱设计的依据是"三图一卡"。下面讨论多轴箱设计的主要内容。

1．绘制多轴箱设计原始依据图

多轴箱设计原始依据图就是根据"三图一卡"整理编绘出多轴箱设计的原始要求和已知条件。该图一般应包括以下内容。

(1)所有主轴的位置尺寸及工件与多轴箱的相关尺寸。图 9-17 所示为多轴箱的原始依据图，图中多轴箱的两定位销孔中心连线为横坐标，箱体中垂线为纵坐标(纵坐标视工件和加工孔的位置而定，工件和加工孔基本对称时，可选择中垂线为纵坐标，当工件及加工孔不对称时，纵坐标一般选择在左定位销孔处)。多轴箱上的坐标尺寸基准和被加工零件工序图的尺寸基准经常不重合，此时应标注出其相对位置关系尺寸。图 9-17

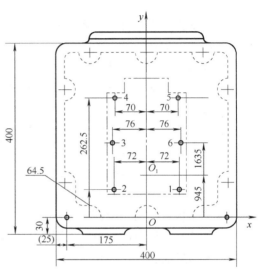

图 9-17　多轴箱原始依据图

中水平方向的尺寸基准重合，均为孔的对称中心线；垂直方向的尺寸基准不重合，图中的 64.5 即零件工序图与多轴箱的相对位置关系尺寸，此尺寸把被加工零件和多轴箱的相对位置确定下来。在标注主轴的位置及相关尺寸时，要注意多轴箱和被加工零件在机床上是面对面摆放的，因此，多轴箱横截面上的水平方向尺寸应与被加工零件工序图的水平尺寸方向相反。

(2)在图中标注主轴转向。由于标准刀具多为右旋，因此要求主轴一般为逆时针旋转(面对主轴看)，所以逆时针转向不标注，只标注顺时针转向的主轴。

(3)图中应标注多轴箱的外形尺寸及其他相关部件的联系尺寸。

(4)另列表标明工件材料、加工表面要求，并标出各主轴的工序内容，主轴外伸部分尺寸和切削用量等，如表 9-8 所示。

表 9-8　主轴外伸尺寸及切削用量

轴号	主轴外伸尺寸		工序内容	切削用量			
	D/d	L		$n/(r/min)$	$v/(m/min)$	$f/(mm/r)$	$v_f/(m/min)$
1、4、6	30/20	115	钻 $\phi 8.5$	500	13.35	0.1	50
2、5	30/20	115	钻铰 $\phi 8.5H8$	250	6.68	0.2	50

注：① 被加工零件名称：汽车变速器上盖。材料：HT200。硬度：175～255HBW。
②　动力部件型号：1TD25IA 动力箱，电动机型号 Y100L—6，功率 P=1.5kW，转速 n=940r/min，动力箱输出轴转速 520r/min；NC-1HJ25I 数控机械滑台，交流伺服电动机型号 DKS04—IIB，功率 P=1.5kW，额定转速 n=750r/min，转速范围 0～2400r/min。

(5)注明动力部件型号、功率、转速及其他主要参数。

2. 确定主轴结构形式及齿轮模数

1)主轴结构形式的选择

主轴结构形式由零件加工工艺决定，并应考虑主轴的工作条件和受力情况，轴承形式是主轴部件结构的主要特征。例如，进行钻削加工的主轴，轴向切削力较大，最好用推力球轴承承受轴向力，而用深沟球轴承承受径向力。又因钻削时轴向力是单向的，因此推力球轴承在主轴前端安排即可。进行镗削加工的主轴，轴向切削力较小，但不能忽略。有时由于工艺要求，主轴进退都要切削，此时有两个方向的轴向力，根据此特点，一般选用前后支承均为圆锥滚子轴承的结构。这种支承可承受较大的径向力和不大的轴向力，且结构简单，轴承个数少，装配调整比较方便，因此使用比较广泛，如扩孔、镗孔、铰孔、攻螺纹等加工，只要是轴向切削力不大的都可选用此种结构。上述两种结构在径向尺寸上都是较大的，如果主轴孔间距较小，可选用滚针轴承和推力球轴承组成前后支承，此种结构无论是结构刚度、轴承本身精度和装配工艺性都是较差的，这必然会影响工件的加工精度，除非必要，最好不选用。主轴结构形式的选择，除了轴承之外还应考虑轴头结构。根据轴头外伸长度，分为短主轴和长主轴两种。短主轴外伸长度为75mm，用于立式多轴箱的短主轴，外伸长度为60mm(考虑外伸太长会增加立柱高度)，短主轴采用浮动卡头与刀具连接，以长导套导向，最常用于镗削工序，有时扩铰工序也采用。长主轴外伸长度大于 75mm，其优点是轴头内的轴孔长，可增大与刀具尾部连接的接触面，因而可增强刀具与主轴的连接刚度，减少刀具前端下垂，可用标准导套导向，用于钻、扩、铰等工序。钻、扩、镗、铰的主轴，轴头用圆柱孔和刀具连接，用单键传递转矩，固定螺钉作轴向定位。攻螺纹主轴因靠模螺杆在主轴孔内要作轴向移动，为了获得良好的导向性，一般采用双键结构，不用轴向定位。

2)主轴直径和齿轮模数的初步确定

初选主轴直径一般在编制"三图一卡"时进行。初选齿轮模数主要是用类比法，也可按公式估算，即

$$m \geqslant (30 \sim 32)\sqrt[3]{\frac{P}{zn}}$$

式中，m 为估算的齿轮模数，mm；P 为齿轮所传递的功率，kW；z 为一对啮合齿轮中的小齿轮齿数；n 为小齿轮的转速，r/min。

目前大型组合机床通用多轴箱中常用的齿轮模数有 2、2.5、3、3.5、4 等几种，为了便于组织生产，同一多轴箱中的齿轮模数最好不多于两种。

3. 传动系统的设计

多轴箱的传动系统设计，就是通过一定的传动链把驱动轴传进来的动力和转速按要求分配到各主轴。传动系统设计的好坏，将直接影响多轴箱的质量、通用化程度、设计和制造工作量的大小以及成本的高低。因此，应十分重视这一设计环节，对各种传动方案要充分讨论，分析比较，从中选出最佳方案。

1)对传动系统的一般要求

设计传动系统，应在保证主轴强度、刚度、转速和转向的前提下，力求使主要传动件(主轴、传动轴、齿轮等)的规格少、数量少、体积小，以达到整个多轴箱的体积小、重量轻、质量好和效率高的指标。因此，在设计传动系统时，要注意以下几点。

（1）尽量用一根中间传动轴带动多根主轴。当齿轮啮合中心距不符合标准时，可用变位齿轮或略变传动比的方法解决。

（2）一般情况下，尽量不用主轴带动主轴，以免增加主动主轴的负荷，影响加工质量。当遇到主轴分布很密且切削负荷又不大时，为了减少中间轴，也可用一根强度较高的主轴带动1～2 根主轴的传动方案。

（3）为了达到结构紧凑，多轴箱体内的齿轮传动副的最佳传动比为 $1.5^{-1} \leqslant i \leqslant 1.5$。在多轴箱后盖内的第Ⅳ排或第Ⅴ排齿轮，根据需要，其传动比的范围可以取大些，但一般 $3.5^{-1} \leqslant i \leqslant 2$。

（4）根据转速与转矩成反比的原理，一般情况下在驱动轴转速较高时，可采用逐步降速传动；在驱动轴转速较低时，可先升高一点再降速。这样可使前面几根轴、齿轮等在较高转速范围下传动，结构也可小些。组合机床多轴箱的传动和结构与普通机床差异较大，其传动链较短，难分前后，且经常是一根中间轴带多根主轴，所以，合理安排结构往往成为主要矛盾。如果为了使主轴上的齿轮不过大，经常最后一级采用升速传动。

（5）粗加工切削力大，主轴上的齿轮应尽量安排靠近前支承(设置在第Ⅰ排)，以减小主轴的扭转变形；精加工主轴上的齿轮应设置在第Ⅲ排，以减少主轴端的弯曲变形。

（6）齿轮排数的安排可按以下方法：相邻轴上齿轮不相碰，可放在箱体内同一排上；相邻轴上齿轮与轴或轴套不相碰，可放在箱体内不同排上；齿轮与轴相碰，可放在后盖内。

（7）与驱动轴发生关系的传动轴数不能超过两根，否则会给装配带来困难；如遇粗、精加工合一的多轴箱，其粗、精传动路线最好从驱动轴后就分开。

对于大型通用多轴箱的设计，当齿轮固有排数Ⅰ～Ⅳ排不够使用时，可以增加排数。比如，使原来第Ⅰ排齿轮的位置上改装两排薄齿轮(薄齿轮的强度能满足要求时)，或在箱体与前盖之间增设 0 排齿轮。

2）主轴分布类型及传动系统设计方法

组合机床加工的零件是多种多样的，结构也各不相同，但零件上孔的分布大体可归纳为同心圆分布、直线分布和任意分布三种类型。所以，多轴箱中主轴的分布也可分为与之相应的三种类型。

对于同心圆分布的情况，可在同心圆圆心上设置一根传动轴，由其上的一个或几个齿轮来带动各主轴旋转。

对于直线分布的情况，可在两外侧主轴中心连线的垂直平分线上设置传动轴，由其上的一个或几个齿轮来带动各主轴旋转。图 9-18 中给出了主轴按直线等距分布和直线不等距分布的情况，图 9-18(b)中，传动轴上的大齿轮与中间的主轴干涉，因此，该大齿轮应为第Ⅳ排齿轮。

对于任意分布的情况，可将靠近的主轴组成同心圆分布和直线分布，只有较远的主轴才单独处理。

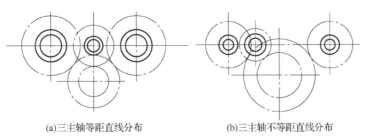

(a)三主轴等距直线分布　　　　　　　(b)三主轴不等距直线分布

图 9-18　主轴为直线分布的传动图

拟定多轴箱传动系统的基本方法就是"从主轴布置开始，最后引到驱动轴上"，即先把全

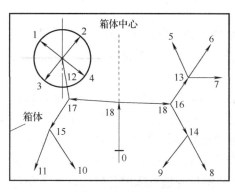

图 9-19　传动树形图

部主轴中心尽可能分布在几个同心圆上，在各个同心圆的圆心上分别设置中心传动轴，非同心圆分布的一些主轴，也宜设置中间传动轴，然后根据已选定的各中心传动轴再取同心圆，并用最少的传动轴带动这些中心传动轴，最后通过合拢传动轴与动力箱驱动轴连接起来。该方法可以用传动树形图来描述，如图 9-19所示。但应注意，驱动轴的中心必须处于多轴箱箱体宽度的中心线上，其中心高则从选定的动力箱的联系尺寸图中查出。排列齿轮时，要注意先满足转速最低及主轴间距最小的那组主轴的要求。

9.3.3　攻螺纹多轴箱的设计

在组合机床上攻螺纹，根据工件加工部位分布情况和工艺要求，常有攻螺纹动力头攻螺纹、攻螺纹靠模装置攻螺纹和活动攻螺纹靠模板攻螺纹三种方法。

攻螺纹动力头用于同一方向纯攻螺纹工序。利用丝杠进给，攻螺纹行程较大，但结构复杂，传动误差大，加工螺纹精度较低(一般低于 7H 级)。目前极少应用。

攻螺纹靠模装置用于同一方向纯攻螺纹工序。由攻螺纹多轴箱和攻螺纹靠模头组成。靠模螺母和靠模螺杆是经过磨制并精细研配的，因而螺孔加工精度较高。靠模装置结构简单，制造成本低，并能在一个攻螺纹装置上方便地攻制不同规格的螺纹，且可各自选用合理的切削用量。目前应用很广泛。

若在一个多轴箱完成攻螺纹的同时还要完成钻孔等工序，就要采用攻螺纹靠模板攻螺纹，即只需在多轴箱的前面附加一个专用的活动攻螺纹靠模板，便可完成攻螺纹工作。

1. 纯螺纹工序攻螺纹靠模装置

组合机床与通用机床一样，加工螺纹时，主运动和进给运动之间须保持严格的传动比关系。在组合机床上加工螺纹的工艺方式是用丝锥攻制螺纹，其加工特点是靠刀具的自引法。自引法是指当丝锥攻入螺孔 1～2 扣之后，丝锥自行引进，主运动和进给运动之间严格的传动比关系由丝锥自身保证，丝锥旋转一圈，轴向移动一个导程。工作进给由丝锥实现，滑台仅提供快进和快退。为保证丝锥稳定可靠地切入工件，在攻螺纹接杆上须设置攻螺纹靠模装置，其原理如图 9-20 所示。滑台 6 带动其上所有部件快速移动，快速移动行程终了，滑台停止；动力头 1 正转，通过主轴箱 2 驱动螺纹主轴 3 旋转，从而带动靠模装置 4 中的靠模螺杆转动，靠模螺杆转动的同时，相对于固定的靠模螺母轴向移动，带动螺纹卡头 5 转动并轴向进给，通过末端的丝锥完成攻螺纹；攻螺纹完毕，主轴反转，丝锥退回；丝锥离开工件后，动力头停止转动，滑台快速退回。

攻螺纹过程中，为了不干扰丝锥的自行引进量，要求靠模螺杆的向前进给与丝锥的自行引进完全同步。为了实现该功能，组合机床上，在丝锥和靠模螺杆之间大多不采用刚性连接，而是在二者之间设置进给补偿环节，补偿越灵活，加工出的螺纹精度越高。图 9-20 中螺纹卡头 5 就是靠模系统进给量与丝锥自行引进量的补偿环节。

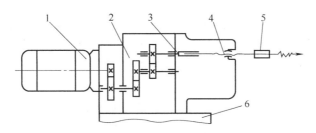

图 9-20 攻螺纹靠模装置原理图

1-动力头；2-攻螺纹主轴箱；3-螺纹主轴；4-靠模装置；5-螺纹卡头；6-滑台

图 9-21 所示为纯攻螺纹工序使用的 T0281 型攻螺纹靠模装置。压板 3 将套筒 2 固定在攻螺纹多轴箱前盖上；靠模螺杆 1 的中部支承在衬套 4 中，靠模螺杆的尾部插入攻螺纹主轴孔内，中间螺纹部分与靠模螺母 7 组成螺纹摩擦副；靠模螺母通过结合子 6 与套筒 2 连接；螺纹卡头 8 前端装夹丝锥，卡头的心杆插入靠模螺杆中。攻螺纹主轴靠双键将旋转运动传给靠模螺杆，靠模螺杆在攻螺纹主轴内的最大轴向位移为 60mm，此长度即最大攻螺纹长度。当靠模螺杆 1 转动时，由于靠模螺母固定不动，迫使靠模螺杆轴向移动，推动丝锥切入工件。为了避免靠模装置与丝锥损坏，当丝锥因故不能前进时，转矩增大，迫使压板打滑，导致靠模螺母、套筒与靠模螺杆同步转动，停止轴向进给，所以装配时压板的压力要适当。

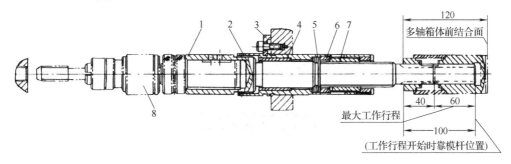

图 9-21 T0281 型攻螺纹靠模装置

1-靠模螺杆；2-套筒；3-压板；4-衬套；5-弹簧；6-结合子；7-靠模螺母；8-螺纹卡头

靠模系统进给量与丝锥自行引进量的补偿环节螺纹卡头的结构如图 9-22 所示。动力由靠模螺杆传给螺纹卡头体 1，经销 3 传给卡头心杆 4，最后传给弹簧卡头和丝锥，实现攻螺纹。卡头心杆 4 可在卡头体 1 内相对滑动，以消除丝锥与攻螺纹靠模螺杆的导程误差。

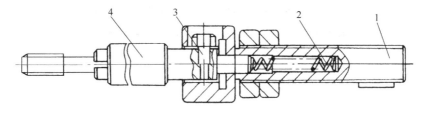

图 9-22 螺纹卡头

1-卡头体；2-压缩弹簧；3-销；4-卡头心杆

2. 钻孔、攻螺纹混合的多轴箱设计

在钻孔、攻螺纹混合的多轴箱中，钻孔主轴的进给运动是由动力滑台提供的，而攻螺纹

仍是自引法，为了使滑台的移动不影响螺纹加工，螺纹卡头相对于攻螺纹主轴是滑移的。为了保证丝锥能够顺利切入工件，钻攻混合的多轴箱仍采用攻螺纹靠模装置攻螺纹，为使丝锥能够退离工件，攻螺纹主轴采用单独的电动机和传动系统，利用电动机的正反转使丝锥攻进和退回。靠模机构安装在靠模板上，靠模板利用固定在多轴箱前盖上的导杆导向，快速移动时随多轴箱一起移动，称为活动靠模板；工进时靠模板利用分别固定在攻螺纹模板和夹具上的定位装置（定位销、定位孔）定位，即工进时靠模板固定不动，与攻螺纹多轴箱相同。用靠模板攻螺纹的钻攻混合多轴箱传动原理如图 9-23 所示。

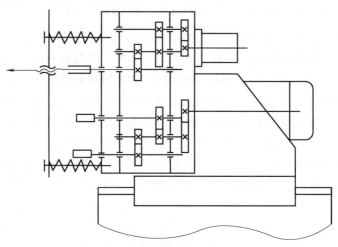

图 9-23　钻攻混合多轴箱传动原理图

习题与思考题

9-1　什么是组合机床？

9-2　与其他机床相比，组合机床具有哪些特点？

9-3　组合机床的通用部件按功能如何分类？

9-4　液压滑台与机械滑台在工作性能上有什么区别？

9-5　简述组合机床总体设计的内容。

9-6　被加工零件工序图上应标注的内容有哪些？

9-7　确定组合机床的配置形式和结构方案要考虑哪些因素的影响？

9-8　在制定组合机床工艺方案时，需要考虑哪些内容和原则？

9-9　多轴箱传动系统的设计需要注意哪些内容？

参 考 文 献

蔡光起，2002．机械制造技术基础[M]．沈阳：东北大学出版社．

陈立德，2006．机械制造装备设计[M]．北京：高等教育出版社．

戴曙，1993．金属切削机床[M]．北京：机械工业出版社．

冯辛安，黄玉美，关慧贞，2005．机械制造装备设计[M]．2版．北京：机械工业出版社．

韩广利，曹文杰，2005．机械加工工艺基础[M]．天津：天津大学出版社．

黄鹤汀，2009．机械制造装备[M]．2版．北京：机械工业出版社．

吉卫喜，2001．机械制造技术[M]．北京：机械工业出版社．

贾亚洲，1996．金属切削机床概论[M]．北京：机械工业出版社．

金属切削机床设计编写组，1985．金属切削机床设计[M]．上海：上海科学技术出版社．

李庆余，孟广耀，2008．机械制造装备设计[M]．2版．北京：机械工业出版社．

李森林，2004．机械制造基础[M]．北京：化学工业出版社．

李文斌，李长河，孙末，2013．先进制造技术[M]．武汉：华中科技大学出版社．

李长河，2009．机械制造基础[M]．北京：机械工业出版社．

李长河，丁玉成，2011．先进制造工艺技术[M]．北京：科学出版社．

林江，2006．机械制造基础[M]．北京：机械工业出版社．

卢秉恒，2006．机械制造技术基础[M]．2版．北京：机械工业出版社．

卢秉恒，于骏一，张福润，1999．机械制造技术基础[M]．北京：机械工业出版社．

马树奇，2005．机械加工工艺基础[M]．北京：北京理工大学出版社．

孟少农，1992．机械加工工艺手册[M]．北京：机械工业出版社．

曲宝章，黄光烨，2002．机械加工工艺基础[M]．哈尔滨：哈尔滨工业大学出版社．

任家隆，2005．机械制造技术[M]．北京：机械工业出版社．

王启义，2002．机械制造装备设计[M]．北京：冶金工业出版社．

吴国华，1999．金属切削机床[M]．北京：机械工业出版社．

谢家瀛，1996．组合机床设计简明手册[M]．北京：机械工业出版社．

谢家瀛，2001．机械制造技术概论[M]．北京：机械工业出版社．

杨斌久，李长河，2009．机械制造技术基础[M]．北京：机械工业出版社．

杨方，2002．机械加工工艺基础[M]．西安：西北工业大学出版社．

杨坤怡，2007．制造技术[M]．2版．北京：国防工业出版社．

张德泉，陈思夫，林彬，2003．机械制造装备及其设计[M]．天津：天津大学出版社．

张世昌，2002．机械制造技术基础[M]．天津：天津大学出版社．

赵永成，2002．机械制造装备设计[M]．北京：中国铁路出版社．

周增文，2003．机械加工工艺基础[M]．长沙：中南大学出版社．

朱正心，2001．机械制造技术[M]．北京：机械工业出版社．